EUROPA-FACHBUCHREIHE
für elektrotechnische Berufe

SPS
Theorie und Praxis

mit Übungsaufgaben

und Programmier- und Simulationssoftware

4. Auflage

VERLAG EUROPA-LEHRMITTEL · Nourney, Vollmer GmbH & Co. KG
Düsselberger Straße 23 · 42781 Haan-Gruiten

Europa-Nr.: 30009

Autor

Herbert Tapken Dipl.-Ing (FH), Dipl. Berufspädagoge 26203 Wardenburg

ISBN 978-3-8085-3209-6

4. Auflage 2014
Druck 5 4 3 2 1

Alle Drucke derselben Auflage sind parallel einsetzbar, da sie bis auf die Behebung von Druckfehlern untereinander unverändert sind.

Umschlaggestaltung: Media-Creativ, 40723 Hilden
Satz und Layout: rkt, 42799 Leichlingen, www.rktypo.com
Druck: Triltsch Print und digitale Medien GmbH, 97199 Ochsenfurt

Inhalt der CD zum Buch:

CD: 1. Visualisierungsdateien zu den Aufgaben des Buches

2. SPS-Projekte zur Fehlersuche
(Siehe Kapitel 14 Fehlersuche)

Download-Hinweis:

Die im Buch verwendete Software kann aus dem Internet geladen werden. Bei den angegeben Links handelt es sich um kostenlose Test- bzw. Demoversionen. Die Vollversionen können bei den Herstellern erworben werden.

1. **TIA-PORTAL** (SPS-Programmiersoftware)
   SIMATIC STEP 7 PROFESSIONAL V13 TRIAL (21 Tage Testversion)
   http://support.automation.siemens.com/WW/view/de/78793685

2. **SPS-VISU** S5/S7, SPS-Vilsualisierungssoftware
   http://www.mhj-online.de/de/download

3. **Siemens Ausbildungsunterlagen**
   Für weiterführende Informationen, die über den Rahmen dieses Buches hinausgehen stellt Siemens Ausbildungsunterlagen zur Verfügung:
   http://www.automation.siemens.com/mcms/sce/de/fortbildungen/ausbildungsunterlagen/Seiten/default.aspx

Vorwort

In Industrie und Handwerk sind automatisierte Prozesse nicht mehr wegzudenken. Über Speicherprogrammierbare Steuerungen (SPS) werden Maschinen und Anlagen gesteuert. Die Automatisierungstechnik ist ein fester Bestandteil der Technik geworden.

Das vorliegende Buch ist ein Lehr- und Arbeitsbuch. Es soll Grund- und Aufbaukenntnisse im Bereich der Speicherprogrammierbaren Steuerungen vermitteln. Die einzelnen Themen werden zunächst fachlich erklärt und dann durch Wiederholungsfragen gefestigt. Anhand von Übungsaufgaben mit verschiedenen Schwierigkeitsgraden kann das Gelernte angewendet werden. Eine Vielzahl von Aufgaben kann mit der Software SPS-VISU durch animierte Visualisierungen simuliert werden.

Die theoretischen Erläuterungen, die Beispiele und Übungen basieren auf dem Automatisierungssystem SIMATIC und der Software Step7 der Fa. Siemens. Die Aufgaben können jedoch mit jeder beliebigen SPS-Software bearbeitet werden.

Das Buch richtet sich an alle Berufe aus dem Bereich **Elektrotechnik, Metalltechnik** und **Mechatronik** sowie an **alle beruflichen Vollzeitschulen,** die sich mit der Thematik der Steuerungs- und Automatisierungstechnik beschäftigen. Es kann sowohl als Lehr- und Arbeitsbuch für die **schulische oder betriebliche Aus- und Weiterbildung** als auch für das **Selbststudium** genutzt werden.

Der fachliche Teil des Buches reicht von einfachen Digitalverknüpfungen bis zu Bussystemen. Zudem wird auch auf die SPS-Hardware und auf die Fehlersuche eingegangen. Für noch weiterreichende Informationen ist auf der Buch-CD eine umfangreiche Bibliothek mit Ausbildungsunterlagen der Fa. Siemens hinterlegt.

Die Aufgaben im Buch haben eine Bandbreite von einfachen Programmierübungen bis hin zu komplexen Projekten. Daher ist das Buch sowohl für die **Berufsausbildung** als auch für die **Meister- oder Technikerschule** bis hin zum **Studium** geeignet.

Zu dem Buch ist ein Lösungsbuch mit den Lösungen aller Aufgaben erhältlich.

Bei der Erstellung des Buches, der Aufgaben und der Lösungen wurde mit großer Sorgfalt vorgegangen. Da Fehler aber nie ganz auszuschließen sind, können Verlag und Autor für fehlerhafte Angaben oder Lösungen keine Haftung oder juristische Verantwortung übernehmen.

Bei der Bearbeitung des Buches wünsche ich viel Spaß und Erfolg bei der Lösung der Aufgaben.

Vorwort zur 4. Auflage

Bei der Programmiersoftware vollzieht sich ein Wandel zur TIA-Portal. Im Hardwarebereich kommt mit der CPU1200 und der CPU1500 eine neue CPU-Familie auf den Markt. Beides wurde in die neue Auflage aufgenommen. Im Buch werden sowohl die bisherige Software Step 7 V5.x als auch das TIA-Portal behandelt. Zur besseren Veranschaulichung sind alle Hinweise auf das TIA-Portal farblich hinterlegt.

Zudem wurden die IEC-Zeiten und IEC-Zähler ins Buch aufgenommen. Bei den Ablaufsteuerungen wird sowohl die Darstellung nach GRAFCET als auch nach DIN EN 61131-3 behandelt.

Die Software für die Programmierung und Visualisierung liegt dem Buch nicht mehr als DVD bei. Dafür gibt es jetzt die Möglichkeit, sich stets die aktuellste Demo-Version aus dem Internet zu laden. Die Links sind im Buch angegeben.

Bei der Lektüre des Buches sowie beim Bearbeiten der Aufgaben wünsche ich Neugier, Spaß und Erfolg!

Wardenburg, im Sommer 2014

Herbert Tapken (Autor)

1 SPS-Grundlagen

1.1 Einleitung

Im Alltag begegnet uns eine Vielzahl von Steuerungen, die wir aber nicht bewusst wahrnehmen. Auf dem Weg zur Arbeit steuert die Autoelektronik die technischen Prozesse der Autos, wie Einspritzpumpe, Antiblockiersystem und elektrische Scheibenwischer. Auf der weiteren Fahrt begegnet man vielleicht einer Ampelsteuerung, einer automatisch gesteuerten Straßenbeleuchtung, der gesteuerten Lichtreklame, einer automatischen Parkplatzschranke und vielen anderen Steuerungen.

Die Steuerungstechnik ist aus unserer heutigen Zeit nicht mehr wegzudenken. Sie nimmt uns viele Aufgaben ab und ermöglicht es, Prozesse automatisch ablaufen zu lassen.

Der Mensch verlässt sich ganz auf die Hard- und Software der Steuerungstechnik, z. B. bei einer Ampelsteuerung oder bei einem Fahrstuhl. Die Aufgabe eines Entwicklers von Steuerungseinheiten ist es, die Steuerung so zuverlässig und sicher zu gestalten, dass sich die Anlage oder Maschine jederzeit so verhält, wie es von ihr erwartet wird.

1.2 Arten von Steuerungen

Steuerungen

Verbindungsprogrammierte Steuerungen
- Schützschaltung
- Steuerung über integrierte Schaltkreise (Steuerungsplatine)

Speicherprogrammierte Steuerungen
- Kleinsteuerung, z.B. LOGO!
- Speicherprogrammierbare Steuerung (SPS)
- Mikrocontroller
- Steuerungscomputer

Bild 1: Möglichkeiten von Steuerungen

Um Steuerungen zu realisieren, gibt es verschiedene Möglichkeiten. Sie reichen von der einfachen Schützsteuerung bis zur speicherprogrammierbaren Steuerung mit Busanbindung und der Möglichkeit des weltweiten Fernzugriffs.

Grundsätzlich sind zwei Arten von Steuerungen zu unterscheiden, die *Verbindungsprogrammierten Steuerungen (VPS),* wie sie z.B. in Schützschaltungen zu finden sind, und die *Speicherprogrammierten Steuerungen.*

Speicherprogrammierte Steuerungen können allerdings nur den Steuerstromkreis einer Schützschaltung ersetzen. Zum Schalten von großen Leistungen, z.B. das Einschalten eines Motors, werden nach wie vor Leistungsschütze benötigt.

Der Vorteil einer speicherprogrammierten Steuerung liegt in der wesentlich flexibleren Handhabung. Änderungen oder Ergänzungen sind im Gegensatz zur VPS mit wenig Aufwand vorzunehmen.

Vorteile einer speicherprogrammierten Steuerung
- Anpassungsfähigkeit
- Wartungsarmut
- Zeitsparende Projektierung
- Platzersparnis
- Automatische Programmdokumentation
- Visualisierung ist möglich
- Kommunikationsfähigkeit (Bussysteme)
- Fernwartung ist möglich

Nachteile einer speicherprogrammierten Steuerung
- Fachkenntnisse erforderlich
- Kosten für Hard- und Software

1.3 SPS-Bezeichnung

International		deutsch
PLC	⇔	**SPS**
Programmable Logic Controller		**Speicherprogrammierbare Steuerung**

1.4 SPS – Systemvergleich

Es gibt verschiedene SPS-Grundsysteme. Zum einen gibt es die Siemens-Produkte, wie S7-300, S7-1200 und S7-1500, die mit der Software Step 7 bzw. mit dem TIA-Portal programmiert werden. Auf der anderen Seite gibt es eine Vielzahl anderer Hersteller, die in der Regel über die Programmiersoftware CoDeSys (nach IEC61131-3) programmiert werden. Zusätzlich zu der Grundsoftware benötigt man eine firmenspezifische Target-Software, um das in CoDeSys erstellte Programm an die Steuerung anzupassen.

Die DIN EN 61131-3 ist die deutsche Fassung der internationalen Norm IEC 61131-3.

	SYSTEMVERGLEICH		
	Siemens		Andere Hersteller
Norm	Siemens spezifische Bausteine und IEC 61131-3	Siemens spezifische Bausteine und IEC 61131-3	IEC 61131-3
Software	**Step 7 V5.x**	**TIA-Portal ab V11**	**CoDeSys**
	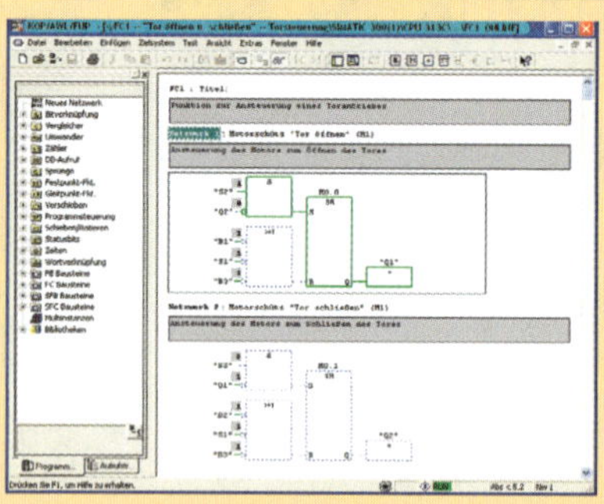	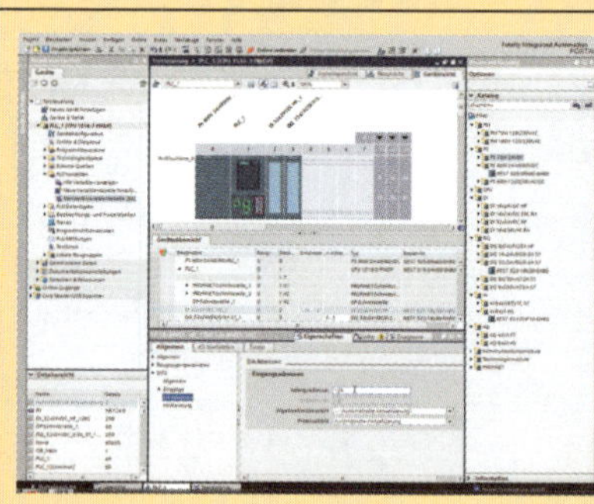	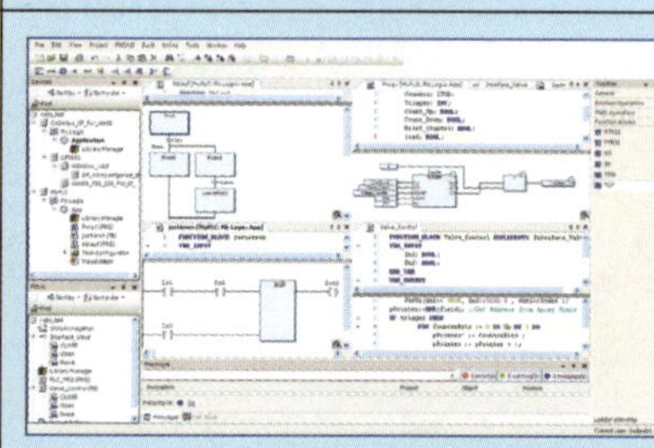
Eingänge/ Ausgänge	E 0.0 A 0.0	% E 0.0 % A 0.0	% IX 0.0 % Q 0.0
Hardware	S7-200 S7-300 S7-400	S7-300 S7-400 S7 1200 S7-1500	z. B.: Beckhoff WAGO Festo
	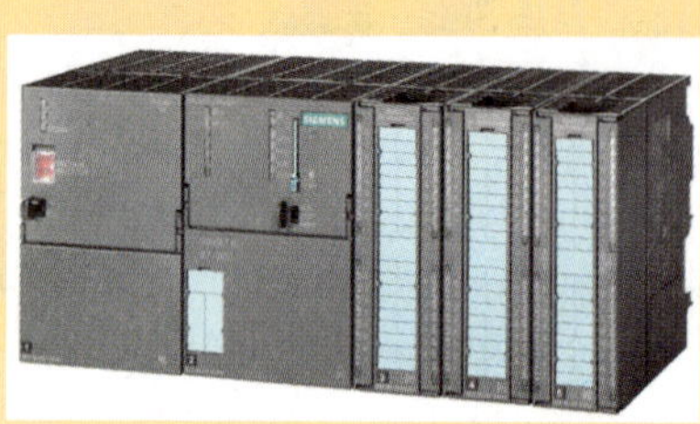		

1.5 Aufbau und Wirkungsweise einer SPS

Das EVA-Prinzip (Eingabe – Verarbeitung – Ausgabe) stellt die generelle Gliederung einer elektronischen Steuerung dar.

Die *Eingabe* kann durch eine Vielzahl verschiedener Sensoren erfolgen, die sowohl digitale als auch analoge Signale an die Steuerung weitergeben. Die Sensoren werden an die Eingabebaugruppen angeschlossen.

Die *Verarbeitung* erfolgt durch das Steuerungsprogramm der SPS, das zyklisch immer wieder durchlaufen wird, um Änderungen der Eingänge zu verarbeiten. Das Steuerungsprogramm wird über die Bediensoftware (bei Siemens: Step7) am Computer erstellt und dann in die SPS übertragen. In der CPU (Central Prozessor Unit) findet die Verarbeitung statt.

Dort befinden sich Speicher für:

- Betriebssystem
- Arbeitsspeicher
- Prozessabbild der Ausgänge
- Zeitglieder
- Merker
- Anwenderprogramm
- Prozessabbild der Eingänge
- Akkumulatoren
- Zähler

Außerdem ist eine CPU mit einer Schnittstelle für den Anschluss des Programmiergerätes ausgestattet. Optional können zusätzliche Bus-Schnittstellen vorhanden sein.

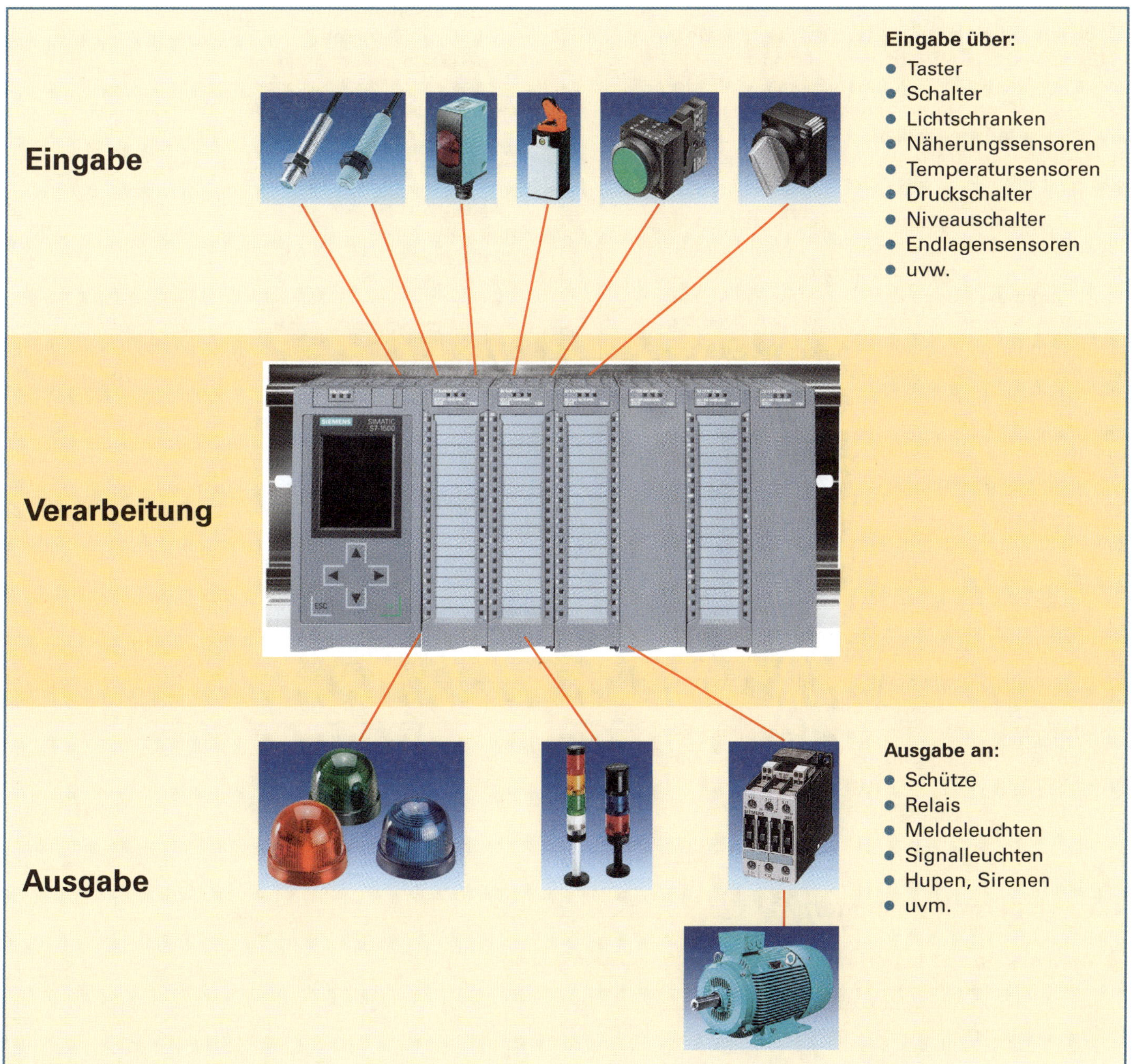

Bild 1: EVA-Prinzip

Die *Ausgabe* erfolgt durch Relais- oder Transistorausgänge. Sie dienen zur Ansteuerung von Aktoren wie Meldeleuchten, Pneumatikventile oder auch Schütze, die dann Motoren schalten. Aktoren werden an Ausgabebaugruppen angeschlossen.

Die Einsatzgebiete von speicherprogrammierbaren Steuerungen sind breit gestreut. Es werden einzelne Maschinen, Anlagen oder große Prozesse gesteuert.

- Montagestraßen
- Motorsteuerungen
- Elektropneumatische Steuerungen
- Verpackungsmaschinen
- Kunststoffverarbeitungsmaschinen
- Kontrollsysteme
- Sortieranlagen
- Pumpensteuerungen
- Signalanlagen
- Förderanlagen
- Chemische Prozesse
- Lüftungsanlagen
- Überwachungseinrichtungen
- ...

Eine SPS arbeitet das Steuerungsprogramm zyklisch ab, d.h. die im Folgenden beschriebenen Abläufe werden immer wieder durchlaufen. Dadurch werden Änderungen von Signalen sofort erkannt und können entsprechend umgesetzt werden.

Zu Beginn wird das *Prozessabbild der Eingänge (PAE)* erstellt. Darin wird der Zustand aller Eingangssignale gespeichert. Im zweiten Schritt wird das Anwenderprogramm abgearbeitet. Dabei greift die SPS nicht auf den aktuellen Zustand der Eingänge, sondern auf das Prozessabbild der Eingänge zurück.

Das Anwenderprogramm wird nacheinander abgearbeitet. Dabei werden in der Regel verschiedene Funktionen und Funktionsbausteine aufgerufen. Steueranweisungen für Ausgänge und Merker werden während der Bearbeitung des Anwenderprogramms noch nicht an die Ausgänge ausgegeben, sondern in das *Prozessabbild der Ausgänge (PAA)* geschrieben.

Nachdem die letzte Steueranweisung abgearbeitet worden ist, werden die Signalzustände des PAA an die Ausgänge gegeben.

Nun beginnt die Bearbeitung wieder von vorne. Die Zeit, die die SPS für die Bearbeitung eines Zyklus benötigt, bezeichnet man als *Zykluszeit.*

Treten während der Bearbeitung des Anwenderprogramms Fehler auf, wird die Bearbeitung unterbrochen. Wenn für den Fehler ein Fehler-Organisationsbaustein (Fehler-OB) programmiert wurde, wird dieser abgearbeitet und anschließend der Programmzyklus fortgesetzt. Wenn kein Fehler-OB existiert, geht die SPS in den STOP-Zustand. Das Anwenderprogramm wird dann unterbrochen.

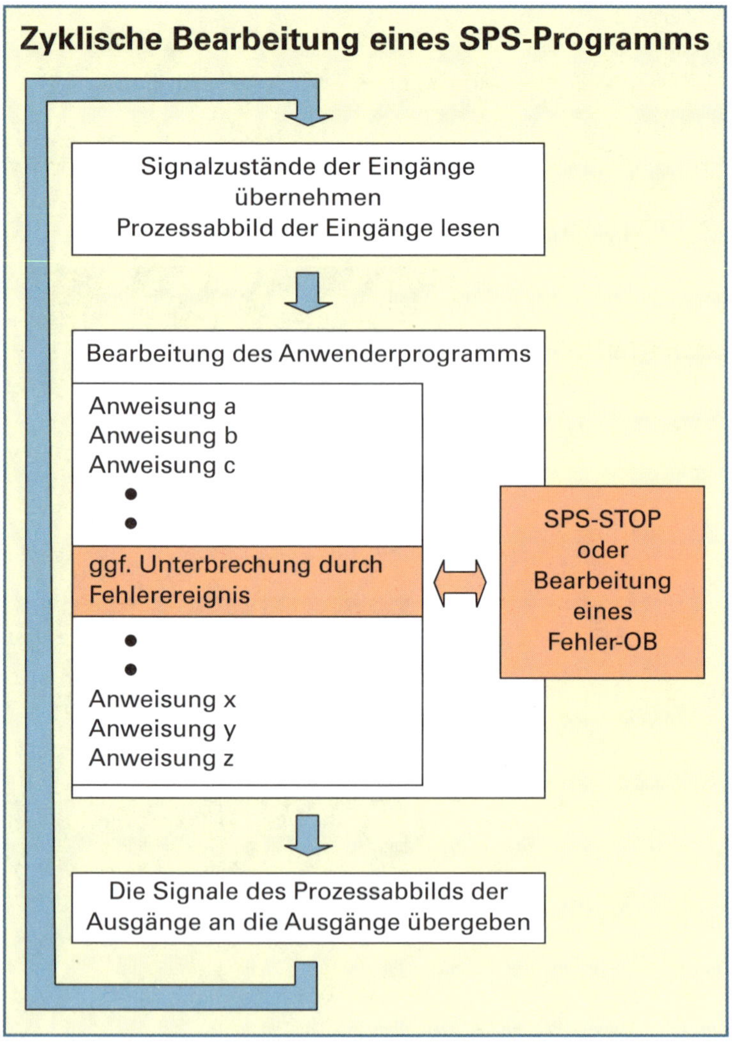

Bild 1: Zyklische Programmbearbeitung

1.6 Wiederholungsfragen

1 Welche Arten von speicherprogrammierten Steuerungen gibt es?

2 Warum haben sich speicherprogrammierbare Steuerungen gegenüber verbindungsprogrammierbaren Steuerungen durchgesetzt?

3 Erklären Sie das EVA-Prinzip.

4 Was ist ein Prozessabbild der Eingänge PAE?

5 Wie wird die zyklische Bearbeitung eines SPS-Programms durchgeführt?

6 Nennen Sie vier Anwendungsbeispiele für den Einsatz einer SPS.

2 Hardware

2.1 SPS-Aufbau

Der SPS-Hardwareaufbau besteht aus einem Netzteil, einem Steuerungsprozessor (CPU) und den benötigten Ein- und Ausgangskarten. Die Art und Anzahl der Signalbaugruppen kann individuell festgelegt werden und hängt von der Anzahl der Aktoren und Sensoren der zu steuernden Anlage ab. Zusätzlich können noch Kommunikations- und Funktionsbaugruppen verbaut werden. Durch den modularen Aufbau kann jede SPS individuell aufgebaut werden.

Die Verbindung des Programmiergerätes mit der SPS erfolgt über eine Schnittstelle an der CPU (MPI-Schnittstelle). Alle Baugruppen können über einen Rückwandbus miteinander Daten austauschen.

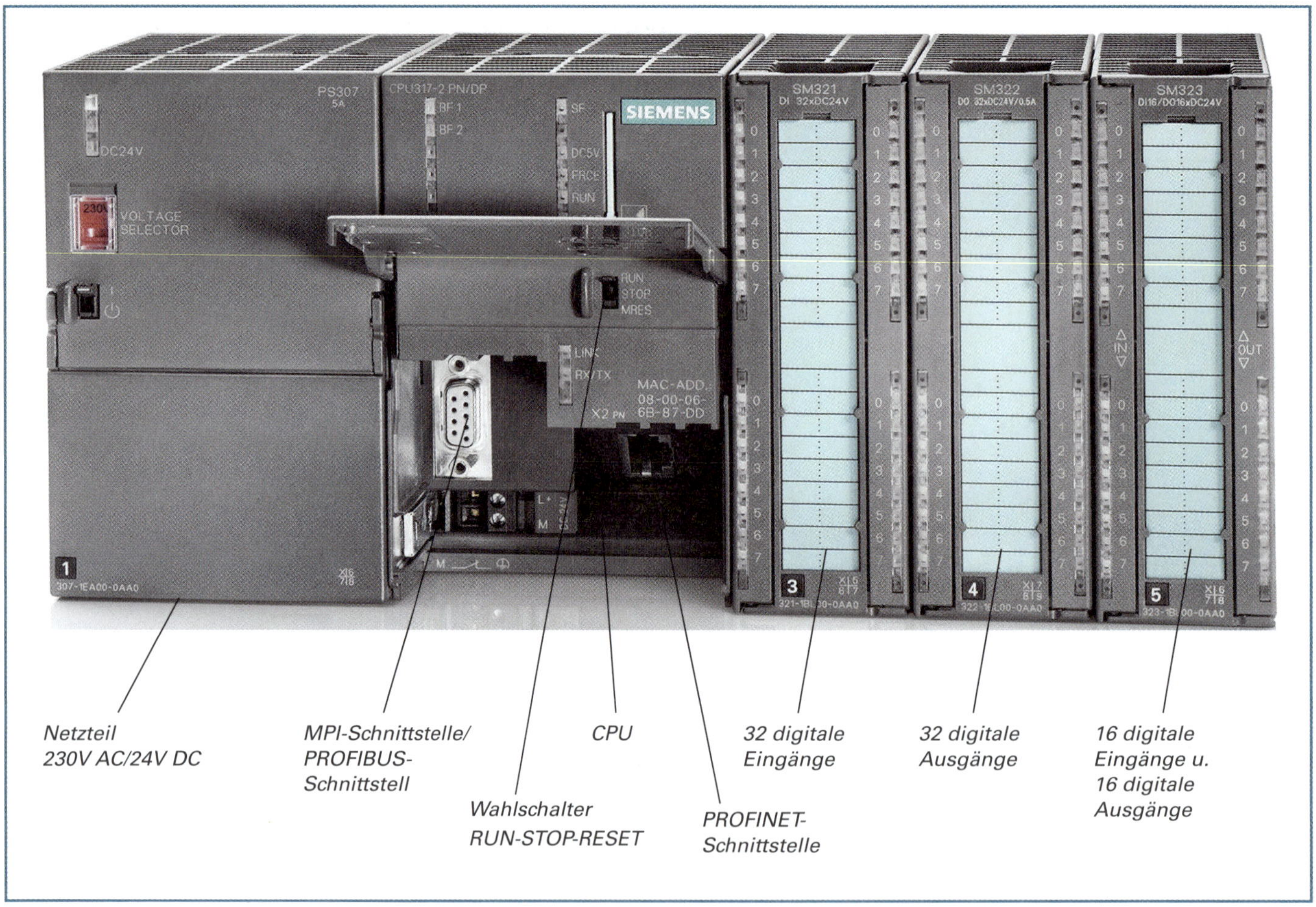

Baugruppen zum Aufbau einer speicherprogrammierbaren Steuerung	
Stromversorgungsbaugruppen	• Netzteil von 230VAC auf 24V DC
CPU	• Steuerungsprozessor • MPI-Schnittstelle • Speicher • ggf. Schnittstellen (PROFIBUS DP/PROFINET) • Wahlschalter RUN-STOP-RESET • ggf. integrierte Ein-/Ausgänge
Ein-/Ausgangskarten	• digitale Ein-/Ausgänge • analoge Ein-/Ausgänge
Kommunikationsbaugruppen	• Anschluss an Bussysteme
Funktionsbaugruppen	• Zählerbaugruppen • Positionierbaugruppen • usw.

2.2 SPS-Produktspektrum

In der Automatisierungstechnik gibt es eine Vielzahl von Anwendungsmöglichkeiten mit sehr unterschiedlichen Anforderungen an die Hardware. Das Spektrum reicht von sehr kleinen lokalen Steuerungslösungen bis hin zu komplexen Automatisierungslösungen mit einer Vielzahl von Teilnehmern, die über verschiedene Bussysteme miteinander kommunizieren.

Genau so breit wie das Anforderungsspektrum ist auch die Produktvielfalt der angebotenen SPS-Komponenten. Im Folgenden soll ein Überblick über die Vielfalt der Hardware am Beispiel der SIMATIC-Hardware der Fa. Siemens gegeben werden. Ergänzend werden auch Produkte anderer Hersteller beispielhaft angegeben.

SPS-Hardware

SPS-Controller

SPS-Controller sind einschaltfertige Geräte, die für Steuerungsaufgaben optimiert sind. Je nach Anbieter werden sie als Kompaktgerät oder als modulare SPS angeboten. Diese lassen sich, je nach Bedarf, mit den benötigten Ein-/Ausgangskarten, Funktions- und Kommunikationsbaugruppen aufbauen. Das Spektrum reicht von Kleinsteuerungen bis hin zu hochverfügbaren und fehlersicheren Steuerungen mit dezentraler Peripherie.

Siemens

LOGO!

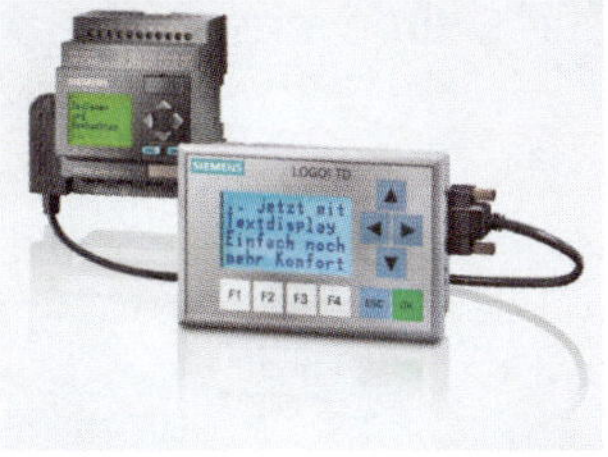

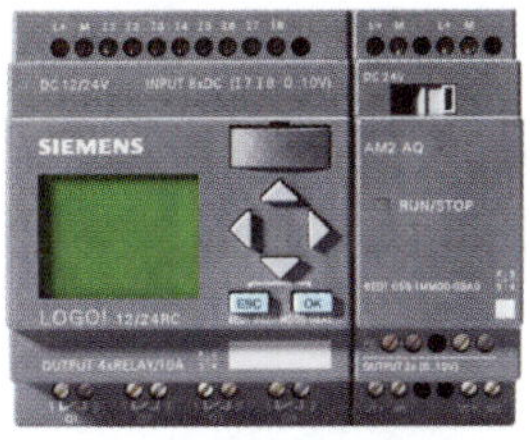

- Kleinsteuerung für einfache Steuerungsaufgaben in Industrie und Handwerk
- Programmierung über LOGO!-Soft Comfort

SIMATIC S7-200 / SIMATIC S7-1200

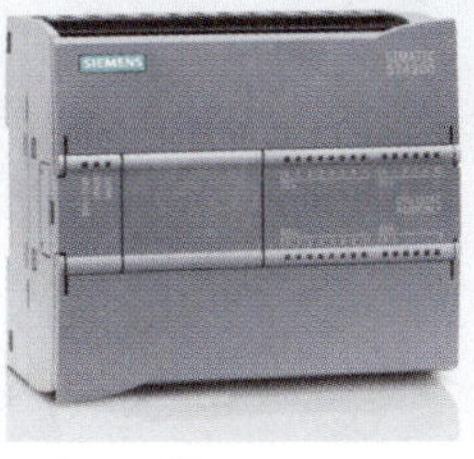

- für kleine und mittlere Steuerungsaufgaben
- Programmierung über *Step7 Micro* bzw. *SIMATIC Step7 Basic*
- S7-1200 ist das *Nachfolgeprodukt* von S7-200

SIMATIC S7-300

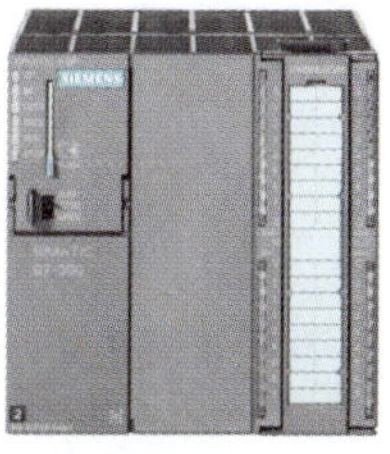

- für mittlere und größere Steuerungsaufgaben
- umfangreiche Funktionalität
- viele modulare Bauteile für die verschiedenen Aufgaben verfügbar
- Programmierung über *Step7*

SIMATIC S7-400

- für umfangreiche Steuerungsaufgaben
- umfangreiche Funktionalität
- viele modulare Bauteile für die verschiedenen Aufgaben verfügbar
- Programmierung über *Step7*

SIMATIC S7-1500

- Für mittlere bis umfangreiche Steuerungsaufgaben
- Umfangreiche Funktionalität
- Viele modulare Bauteile für verschiedene Bauteile verfügbar
- Nachfolgeprodukt von S7-300 und S7-400
- Programmierung über TIA-Portal

SPS-Controller

Siemens

Dezentrale Peripherie SIMATIC ET200

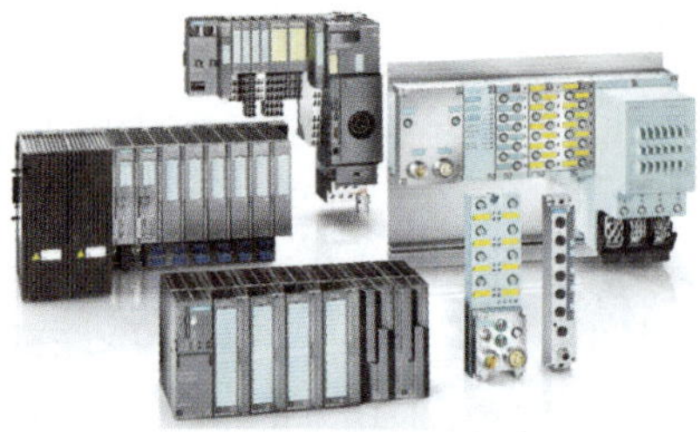

- modulare dezentrale Erweiterung der Steuerung
- dezentrale Ein-/Ausgänge und weitere Module
- Anbindung über Bussysteme
- Schutzart IP65/67 (ohne Schaltschrank) und IP20 (im Schaltschrank)

Eaton u. Omron

SPS

Eaton XC 200 *Werksbild Eaton*

Omron CJ1M

Beispiele für speicherprogrammierbare Steuerungen

Embedded Automation

Embedded Systeme verbinden einen Controller mit einem PC-System. Steuerung und PC-Applikationen laufen auf einer gemeinsamen robusten Plattform. So kann ein SPS-Programm gemeinsam mit einer Visualisierung auf einem Gerät laufen.

Siemens

Embedded Controller

- Kombination aus Controller und PC-basiertem System
- keine Verwendung von drehenden Teilen wie z.B. Festplatten oder Lüfter
- steuern, bedienen u. beobachten
- Datenverarbeitung
- Kommunikation

Beckhoff

Embedded Controller

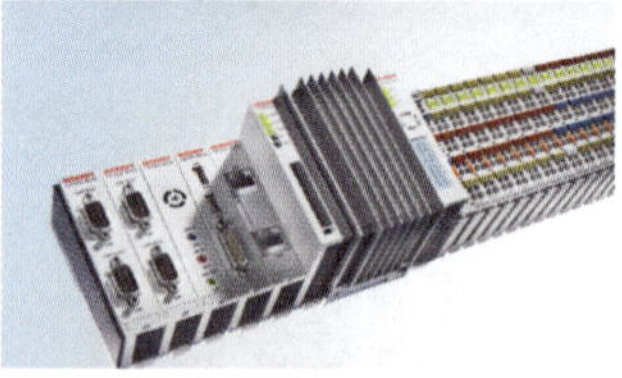

Embedded-PC
Serie CX1020, CX1030

PC-basierte Steuerungen

Bei PC-basierten Steuerungen wird auf einem PC eine Software-SPS verwendet.
Neben Steuerungs- und Visualisierungsfunktionen können Aufgaben mit hohem Datenaufkommen und schnelle technologische Funktionen auf einer PC-Plattform gelöst werden.

Siemens

PC-basierte Steuerung

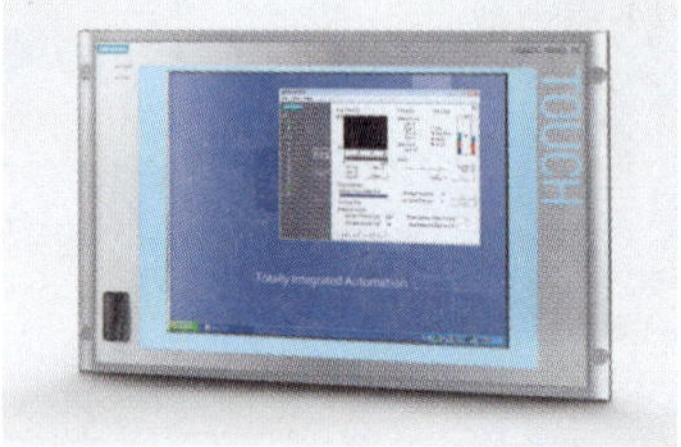

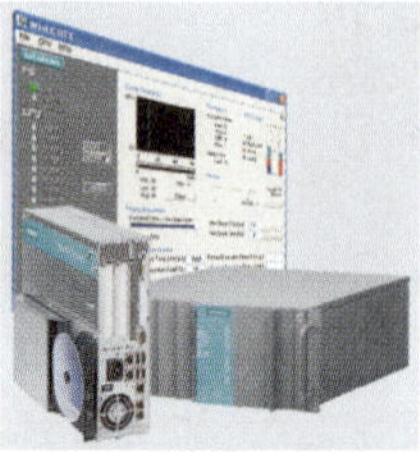

- steuern, bedienen und beobachten
- flexibel einsetzbar
- offene Hardware- und Software-Konfiguration
- Industrie-PC

Phönix Contact

PC-basierte Steuerung

Industrie-PC der Firma Phönix Contact,
Typ: S-MAX 400 CE PN II

Bedien- und Beobachtungssysteme

Bedien- und Beobachtungssysteme gibt es vom kleinen Textdisplay bis hin zur Visualisierung am PC-Arbeitsplatz oder am Großbildschirm. Bedien- und Beobachtungsdisplays werden immer häufiger in Schaltschränke verbaut. Über WLAN verbundene mobile Panels sind Stand der Technik.

Das Grundprinzip aller Systeme ist jedoch das Bedienen und Beobachten des Prozesses.

Siemens	**Key Panels**	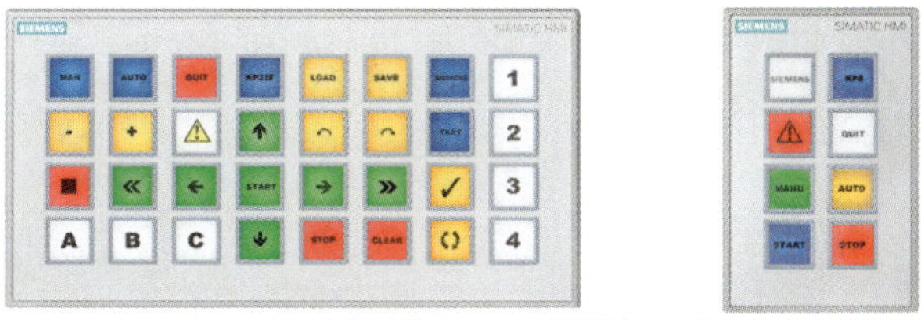	• Tastenfeld mit Busanbindung • Alternative zum herkömmlichen Tastenfeld
	Mobile Panels	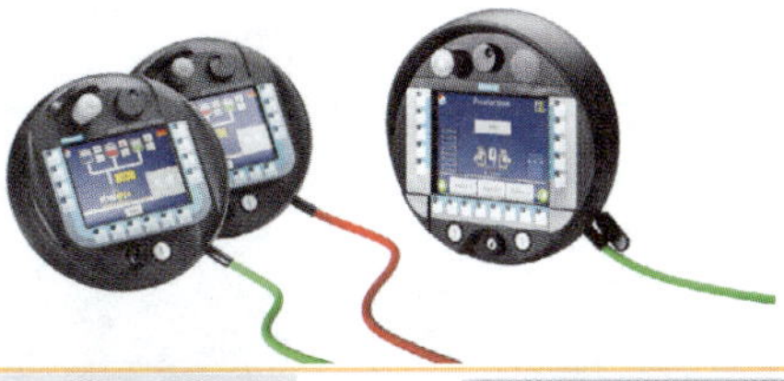	• tragbares Gerät zum Bedienen und Beobachten • leitungslose Geräte (WLAN) sind möglich
	Basic Panels		• Panels mit Basisfunktionen • Panels für den unteren Leistungsbereich • kostengünstiges Bedien- und Beobachtungssystem
	Touch Panels (TP) **Operator Panels (OP)**	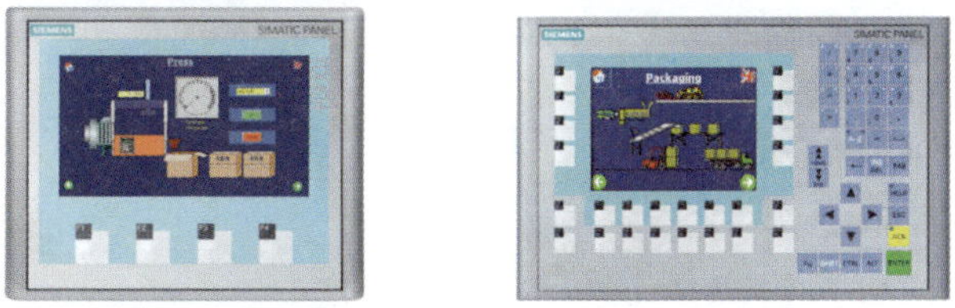	• Touch Panel mit berührungssensitivem Display • Operator Panel mit Display und Bedientasten • verschiedene Leistungsbereiche
	Multi Panels (MP)	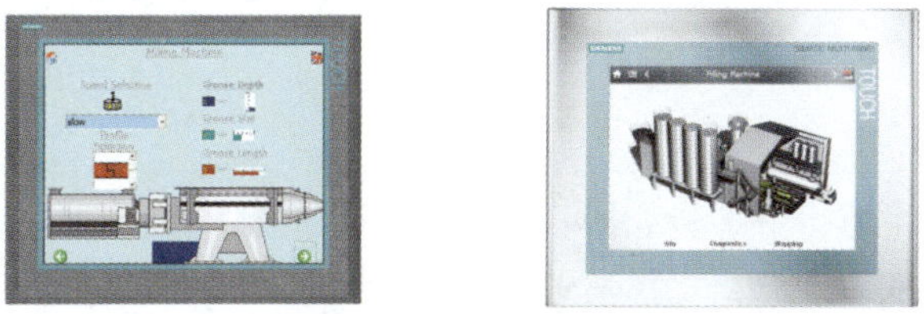	• Integration mehrerer Automatisierungsaufgaben auf einer Plattform • erweiterbar
	Panel PC	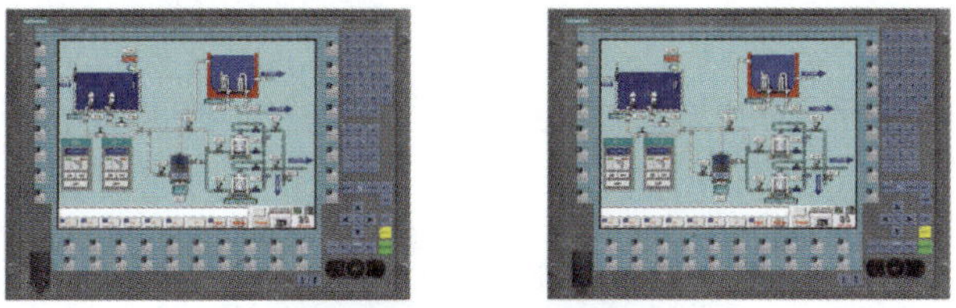	• leistungsstarker Industrie-PC mit Display • Touch- oder Tastenvariante
	PC-basiertes Bedienen und Beobachten	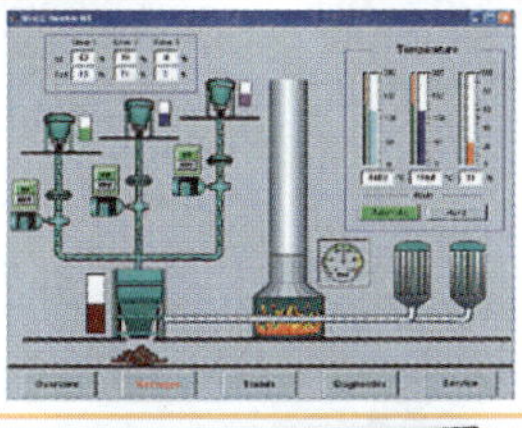	• PC-basierte Visualisierungsplätze
Telemecanique	**Touchpanel**	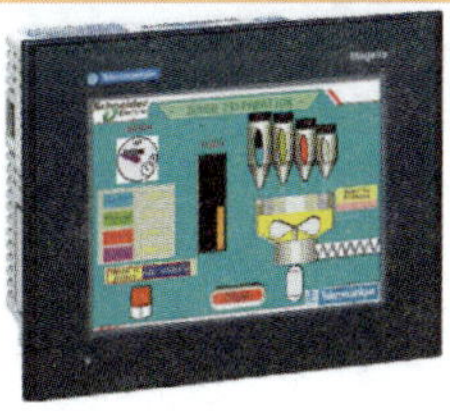	• Touch Panel mit berührungssensitivem Display

Sicherheitsgerichtete Steuerungen

An sicherheitsgerichtete elektronische Steuerungen werden genau so hohe Anforderungen wie an elektromechanische Sicherheitssysteme gestellt. Sowohl systematische wie auch zufällige Fehler sollen beherrscht werden.

Beim Auftreten eines Fehlers kann die sicherheitsgerichtete Steuerung flexibel in einen sicheren Zustand überführt werden. Für die Projektierung stehen unter Step7 vorgefertigte und vom TÜV zertifizierte Funktionsbausteine (FB's) zur Verfügung.

Auf dem Markt werden eine Vielzahl von sicherheitsgerichteten Komponenten angeboten.

Hochverfügbarkeit

In vielen Industrieanlagen können Ausfälle der Steuerungen zu kostspieligen Stillstandzeiten führen. Neben Kraftwerken, Versorgungseinrichtungen, Flughäfen usw. findet man ausfallsensible Anlagen auch in vielen anderen größeren und mittleren Industrieunternehmen.

Hochverfügbare Systeme ermöglichen einen ausfallsicheren Betrieb. Das Automatisierungssystem wird dabei redundant aufgebaut, d.h. die Steuerung für den hochverfügbaren Bereich wird doppelt ausgeführt.

Eine Master-Steuerung (Master-Controller) übernimmt im fehlerfreien Zustand die Steuerung der Anlage. Im Fehlerfall übernimmt eine Ersatzsteuerung (Backup-Controller) ihre Aufgaben. So kann die Anlage auch bei einem Fehler der Master-Steuerung weiterlaufen.

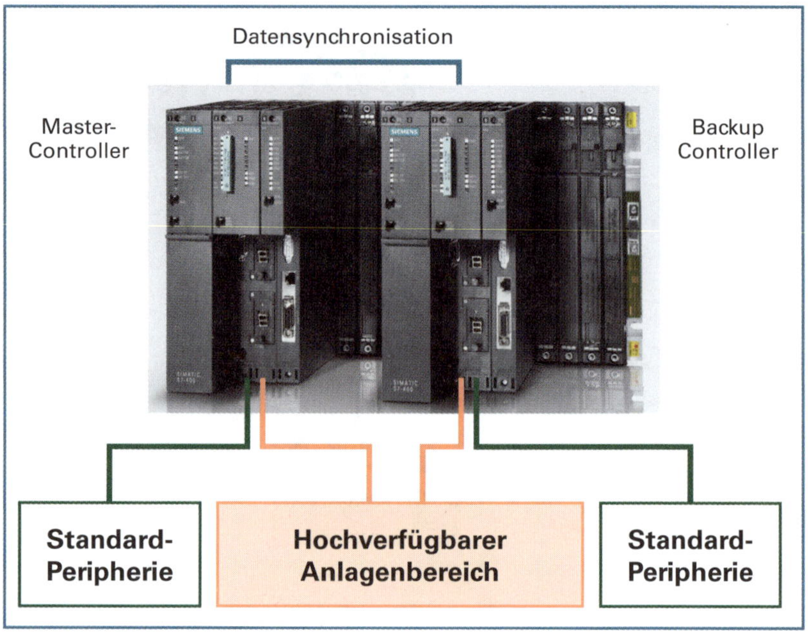

Teleservice

Häufig werden Anlagen an Orten betrieben, die sich weit entfernt vom Entwickler der Software befinden. Um im Fehlerfall einen schnellen Service gewährleisten zu können, besteht die Möglichkeit, aus der Ferne auf Automatisierungsgeräte zuzugreifen.

Dafür sind folgende Komponenten notwendig:

- TeleService-Adapter zur Verbindung des Automatisierungsgerätes mit dem Telefon- bzw. Mobilfunknetz
- TeleService-Software mit einer Zugangsdatenverwaltung, über die eine Verbindung mit den Automatisierungskomponenten hergestellt werden kann
- Funktionsbausteine für Fernwartung, Fernkopplung, Alarm über SMS oder Fax.
- Integrierte Netzwerke-Schnittstellen ermöglichen einen Fernzugriff über das Firmennetz.
- Einige Steuerungen verfügen über einen integrierten Webserver, sodass auf Prozessgrößen der Steuerung über das Internet zugegriffen werden kann.

a) Fernwartung
Zur Fernwartung kann man sich telefonisch in eine entfernte Anlage einwählen. Mit STEP7 lassen sich per Fernwartung Statusinformationen auslesen oder Korrekturen im Anwenderprogramm durchführen.

b) Fernkopplung
Bei der Fernkopplung werden Daten über das Telefonnetz übertragen. Auch Prozessdaten können zwischen mehreren Automatisierungssystemen ausgetauscht werden.

c) Senden einer SMS oder E-Mail von einer Anlage
Mit dieser Funktion ist es möglich, Meldungen per SMS von einer Anlage an ein Handy zu senden. Diese Meldung kann dann auch als Fax oder E-Mail weitergeleitet werden.

2.3 Darstellung von SPSen in Stromlaufplänen

Es gibt verschiedene Arten der Darstellung von SPSen in Stromlaufplänen. Im Folgenden werden einige Beispiele der Darstellung gezeigt.

a) Spannungsversorgung der SPS

Die Spannungsversorgung der CPU, sowie der Ein-/Ausgangskarten ist dargestellt. Über eine Not-Aus-Schaltung wird die Spannungsversorgung für einen Teil der Ausgänge, z.B. Motoransteuerungen, weggeschaltet. Bei einem anderen Teil der Ausgänge, z.B. Meldeleuchten, bleibt die Spannung erhalten, da von ihnen kein gefährlicher Zustand ausgeht.

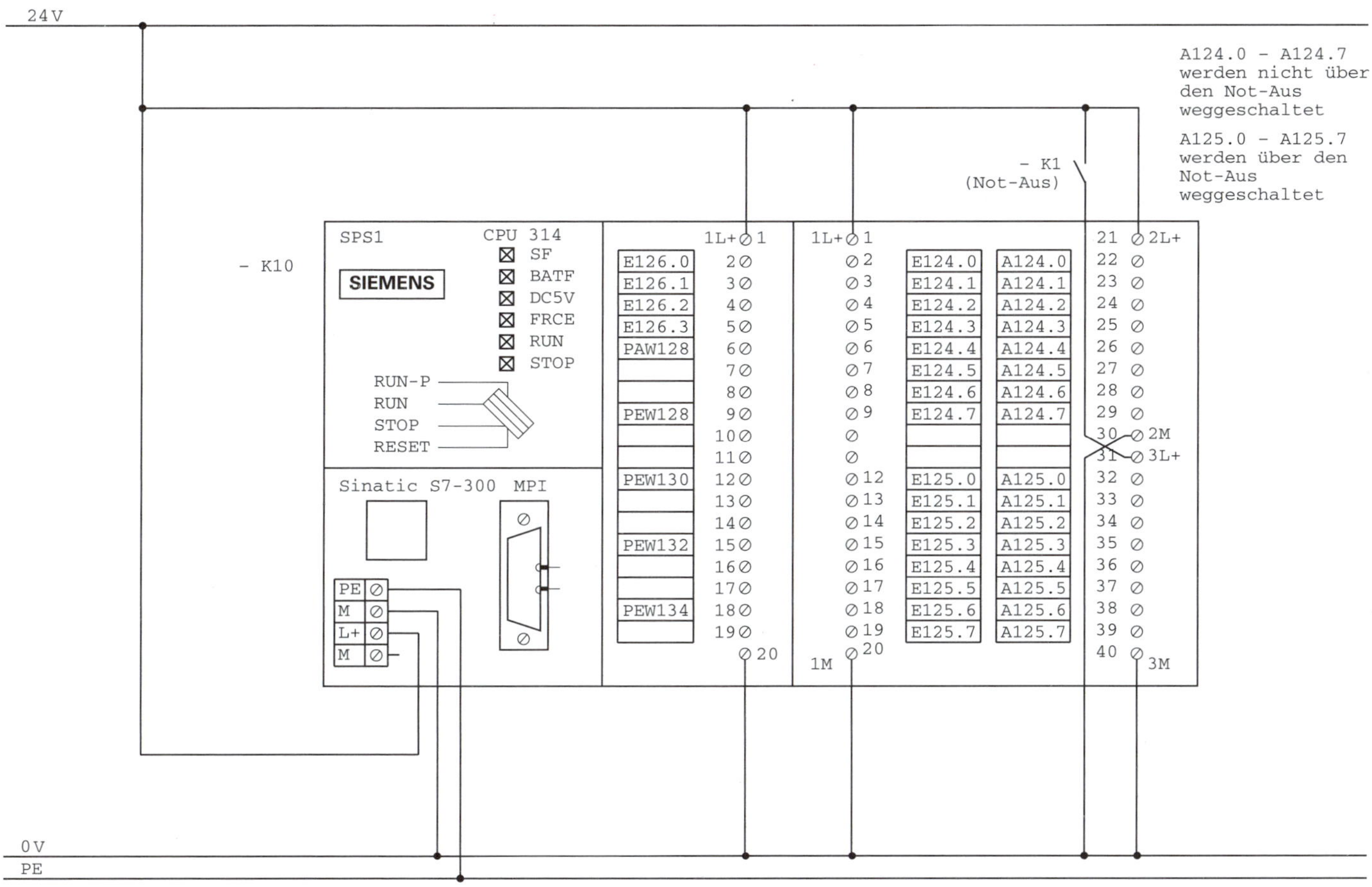

b) Darstellung von Ein-/Ausgängen

Die digitalen Ein-/Ausgänge werden in der aufgelösten Darstellung nur als Box mit Angabe der Anschlussklemme, der Adresse, der SPS-Bezeichnung und eines Kommentars dargestellt.

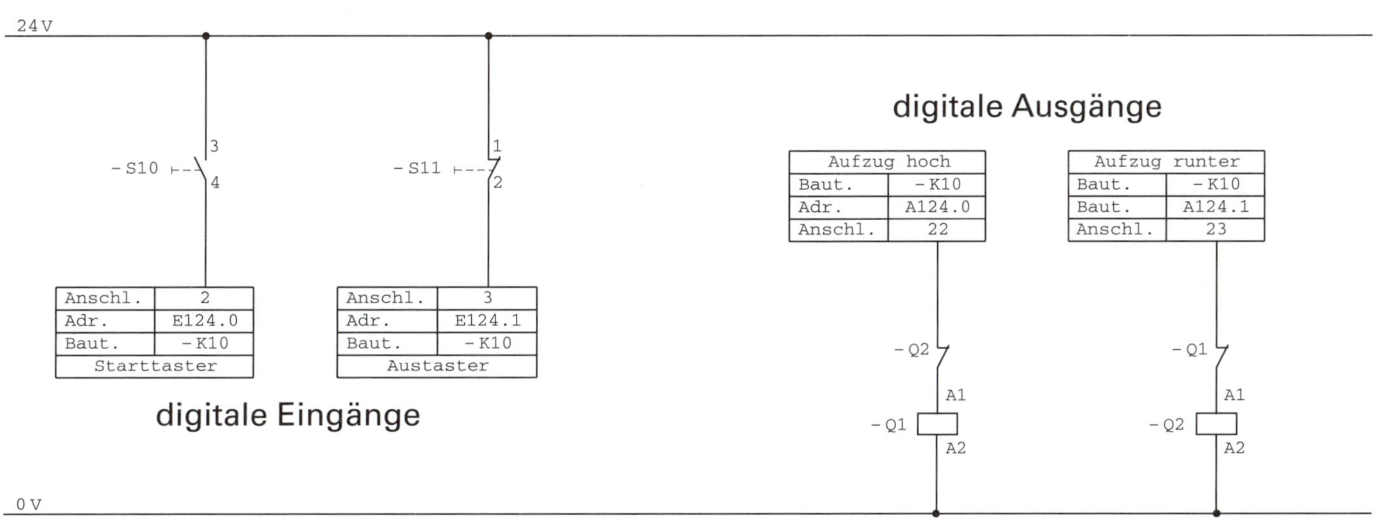

c) Vereinfachte Darstellung einer SPS

Bei sehr kleinen Schaltungen oder in Ausbildungsunterlagen wird häufig eine vereinfachte zusammenhängende Darstellung gewählt. In industriellen Schaltungsunterlagen ist sie wegen der Vielzahl der Ein- und Ausgänge nicht zu finden.

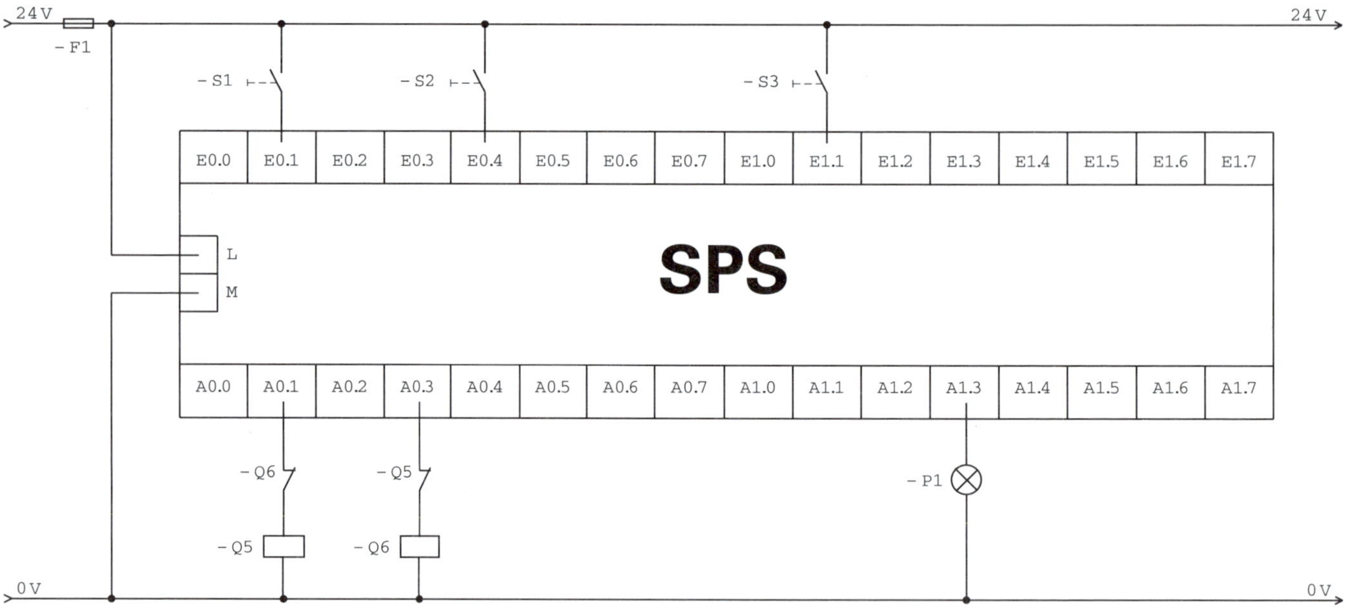

2.4 Wiederholungsfragen

1 Aus welchen Baugruppen kann eine SPS modular zusammengestellt werden?

2 Erklären Sie den Begriff Teleservice.

3 Informieren Sie sich im Internet oder mittels Kataloge über SPS-Hardware. Ergänzen Sie folgende Tabelle. Beschränken Sie sich bei den SPS-Komponenten auf S7-300.

	Angebotene Baugruppen	Unterscheidungsmerkmale (Auswahlkriterien)
1. CPU		
2. Ein-/Ausgabe – Baugruppen		
3. Kommunikations-baugruppen und Anschaltungen		
4. Funktions-baugruppen		
5. Dezentrale Peripherie		
6. Bedien- und Beobachtungs-systeme		

4 Im dargestellten Anschlussbild ist eine CPU mit integrierten Ein-/Ausgängen und eine Darstellung des Deckels mit Anschlussinformationen zu sehen:

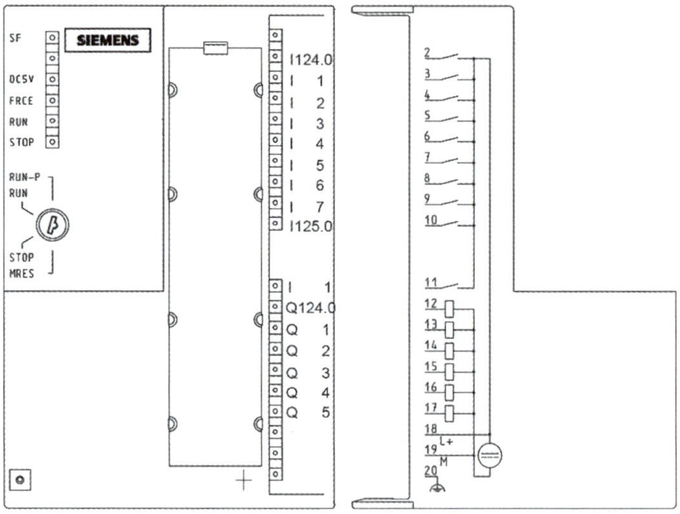

a) Wie viele integrierte Eingänge bzw. Ausgänge stehen zur Verfügung? Welche Ein-/Ausgangsadressen stehen zur Verfügung?

b) An welche Klemmen muss die Spannungsversorgung angeschlossen werden?

c) An welche Klemme muss ein Taster angeschlossen werden, wenn er dem Eingang E124.7 zugeordnet werden soll?

d) An welche Klemme muss ein Schütz angeschlossen werden, wenn es dem Ausgang A124.3 zugeordnet werden soll?

3 Step7 – Erstellen eines SPS-Programms

Problemstellung der Beispielaufgabe

Die Zufahrt eines Unternehmens wird durch ein Tor geschützt. Das Tor kann nur vom Pförtner bedient werden.

Wird S2 betätigt, öffnet das Tor. S3 schließt das Tor mit einer Verzögerung von 8 s.

Das Tor stoppt, wenn der Austaster S1 betätigt wird.

Meldet die Druckleiste B3 beim Schließen einen Kontakt, öffnet das Tor unmittelbar wieder.

Das Öffnen und Schließen des Tores wird durch die Warnleuchte P1 angezeigt. Sie bleibt eingeschaltet, bis der Vorgang abgeschlossen ist.

Technologieschema

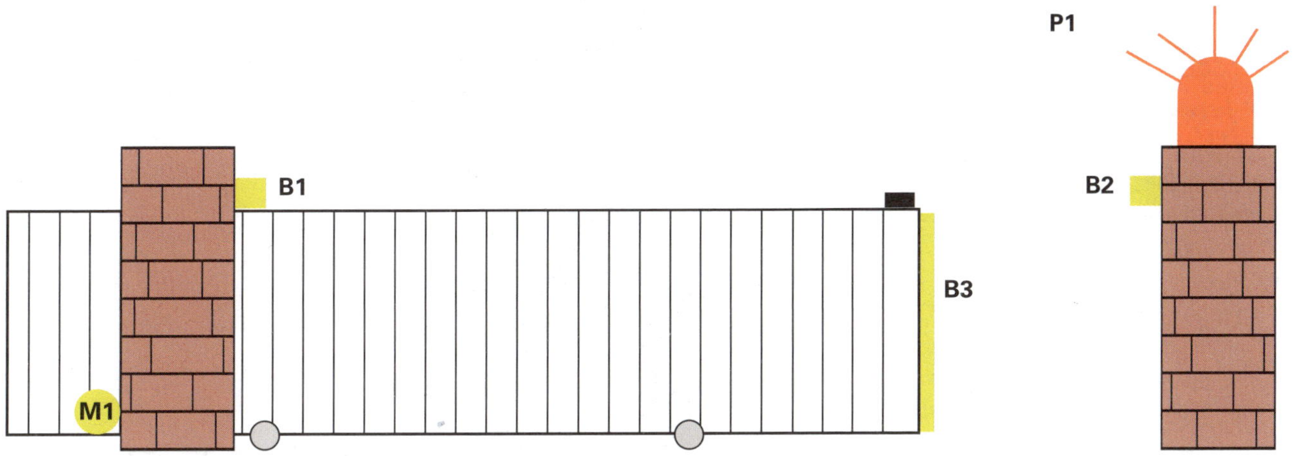

S1 Taster „Tor stoppen" (Öffner)
S2 Taster „Tor öffnen" (Schließer)
S3 Taster „Tor schließen" (Schließer)
B1 Endschalter „Tor auf" (Öffner)
B2 Endschalter „Tor zu" (Öffner)
B3 Druckleiste (Öffner)

Q1 Motorschütz „Tor öffnen" (M1)
Q2 Motorschütz „Tor schließen" (M1)
P1 Warnleuchte „Tor fährt"

3.1 Vorgehensweise bei der Projektbearbeitung

Nachfolgend wird die Vorgehensweise zur Erstellung eines Steuerungsprogramms mit der Programmiersoftware Step7 der Firma Siemens vorgestellt:

Eine CD mit einer Demoversion von Step7 liegt diesem Buch bei.
Mit ihr können alle Aufgaben dieses Buches programmiert und simuliert werden.
Die Demoversion ist zeitlich begrenzt.

SPS-Projekt erstellen

1. S7-Projekt anlegen
2. Hardwarekonfiguration erstellen
3. Symboltabelle/Variablentabelle erstellen
4. Bausteine hinzufügen
5. Programm erstellen
6. Programm übertragen
7. Inbetriebnahme/Beobachten von Bausteinen

3.2 TIA-Portal: Erstellen eines Projektes

TIA V1x

1. S7-Projekt anlegen

TIA V1x TIA-Portal

Programm öffnen

Das TIA-Portal wird über einen Doppelklick auf das Symbol „TIA-Portal" geöffnet.

Dabei erscheint die ***Portalansicht*** des Projektes!

Es kann zwischen ***Bestehendes Projekt öffnen, Neues Projekt anlegen*** und ***Projekt migrieren*** gewählt werden. Beim Migrieren wird ein Projekt, das mit Step7 V5.x erstellt worden ist in ein TIA-Projekt umgewandelt.

Wählen Sie ***Neues Projekt anlegen*** und geben Sie den ***Projektname*** und den ***Ablageort*** an. Bestätigen Sie mit ***Erstellen***!

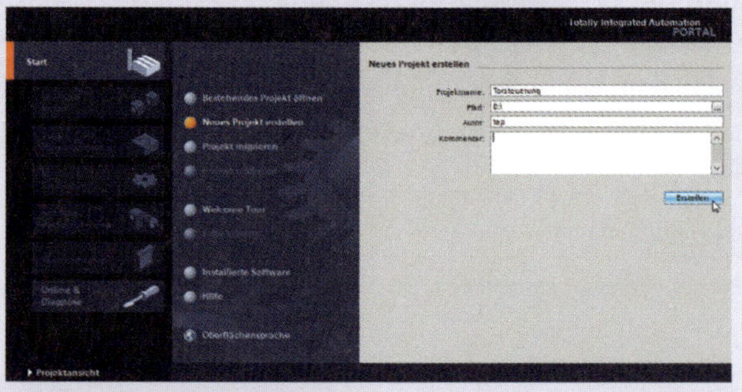

2. Gerätekonfiguration erstellen

Hardware auswählen

Unter ***Neues Gerät hinzufügen*** ⇒ ***Controller*** kann die verwendete CPU hier eine S7-1500 CPU 1516-3 PN/DP ausgewählt werden.

Nach dem Betätigen des Button ***Hinzufügen*** wechselt das Programm in die ***Projektansicht***.

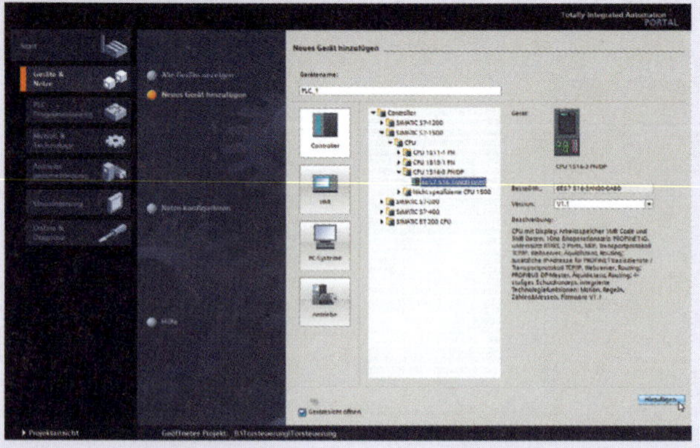

Projektansichtbeim TIA-Portal

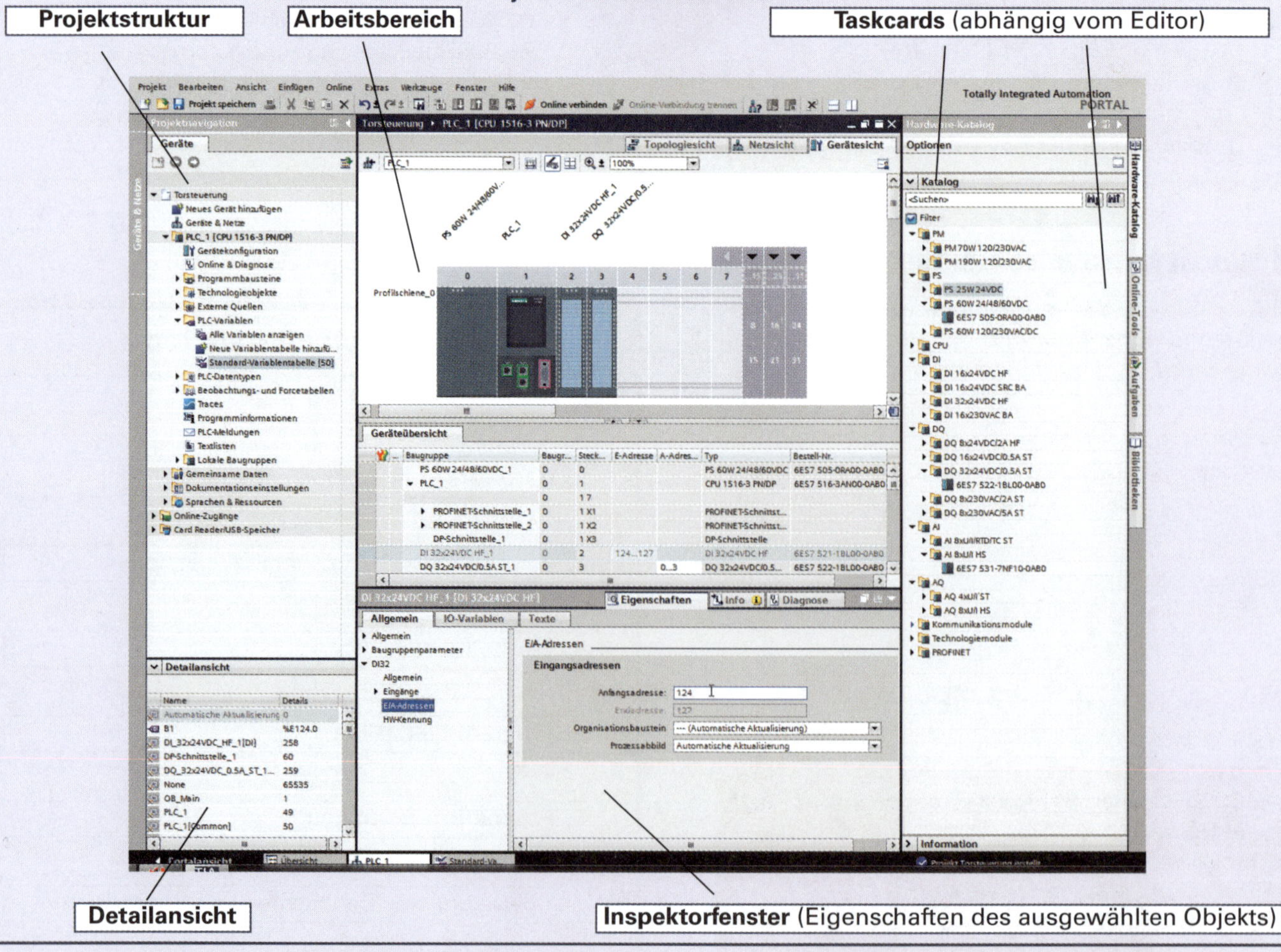

1. S7-Projekt anlegen

Hardware auswählen

Die einzelnen Hardwarekomponenten können aus dem Katalog im rechten Fenster ausgewählt und auf den entsprechenden Steckplatz gezogen werden.

Wenn im Arbeitsbereich ein Element ausgewählt wird, können im Inspektorfenster die Eigenschaften angesehen und geändert werden.

Ändern Sie (zur Übung) die Adressen der Ein- und Ausgänge jeweils auf die Anfangsadressen 124.

Speichern Sie die Gerätekonfiguration über ***Projekt speichern***!

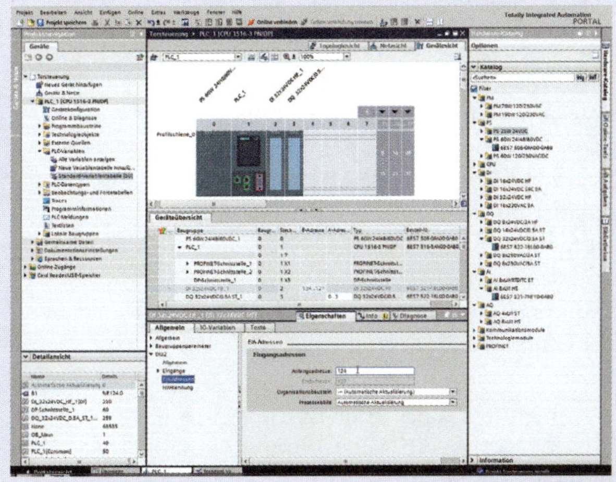

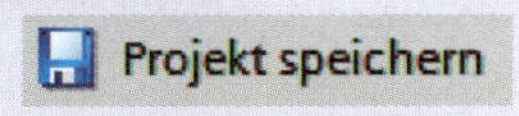

3. Variablentabelle erstellen

Wählen sie in der ***Projektstruktur*** die ***Standard-Variablentabelle*** an. Geben Sie die Eingänge, Ausgänge, Merker usw., die Sie verwenden möchte, ein. Unter Name kann ein ***symbolischer Name*** frei vergeben werden. Bei Feld Adresse wird die ***absolute Adresse***, entsprechende der Hardwarekonfiguration, zugeordnet. Außerdem kann ein ***Kommentar*** eingetragen werden.

Die internationale Schreibweise der E-/A-Adressen (%I0.0, %Q0.0) lässt sich auf die deutsche (%E0.o, %A0.0) unter ***Extras*** ⇒ ***Einstellungen*** ⇒ ***Mnemonik*** ⇒ ***deutsch*** umstellen.

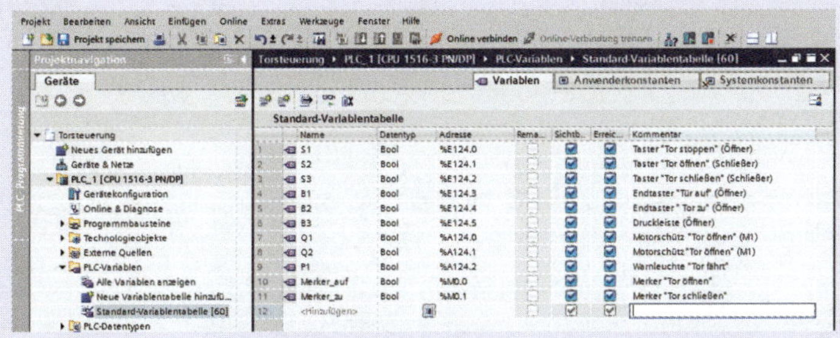

4. Bausteine hinzufügen

Über ***Neuen Baustein hinzufügen*** können die verschiedenen Bausteintypen hinzugefügt werden.

Erstellen Sie eine ***Funktion FC1*** in der Programmiersprache ***FUP***!

Bestätigen Sie mit ***OK***!

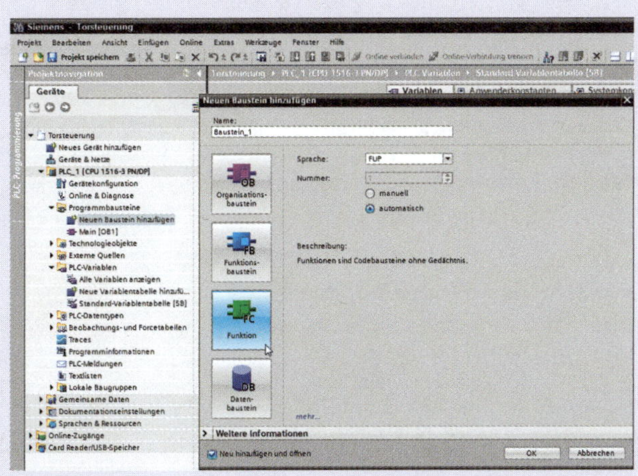

5. Programm erstellen

In der Funktion (hier: FC1) wird jetzt das Anwenderprogramm erstellt.

Die ***Programmiersprache*** kann im Inspektorfenster des FC bei Bedarf geändert werden.

Beim Programmieren kann über ein Auswahlfenster, das bei der Eingabe der Ein- und Ausgänge am rechten Rand erscheint, auf die Symboltabelle zugegriffen werden. Hier können die einzelnen Operanden angewählt werden.

Es ist auch möglich die Adressen oder den symbolischen Namen direkt einzugeben.

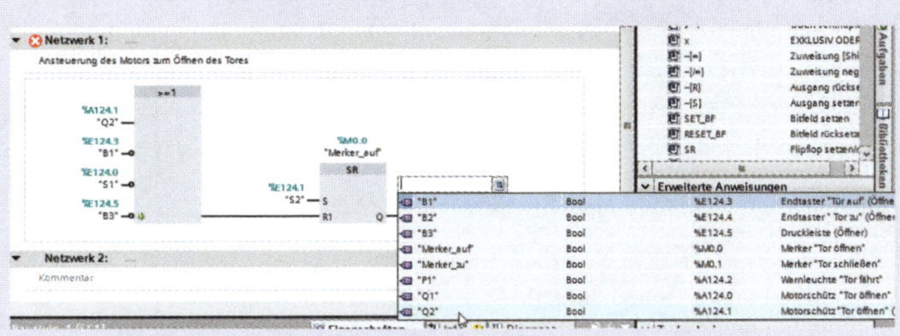

Programm zur Ansteuerung des Motors erstellen

Die Funktion FC1 ist in die zwei Netzwerke zum Öffnen und Schließen des Tores aufgeteilt.

In den beiden Netzwerken ist jeweils ein Flipflop vor den Ausgängen zur Ansteuerung des Motorschützes gesetzt worden. Das Eintasten (Setzen) des Flipflops geschieht durch den Taster S2 „Öffnen" bzw. S3 „Schließen".

Das Ausschalten (Rücksetzen) wird durch die Betätigung des Endlagenschalters B2 bzw. B3, des Stopptasters S1 oder durch die Betätigung der Druckleiste B3 ausgelöst.

Die beiden Motorschütze sind über die negierten Merker M0.0 bzw. M0.1 am Rücksetzeingang softwaremäßig gegeneinander verriegelt.

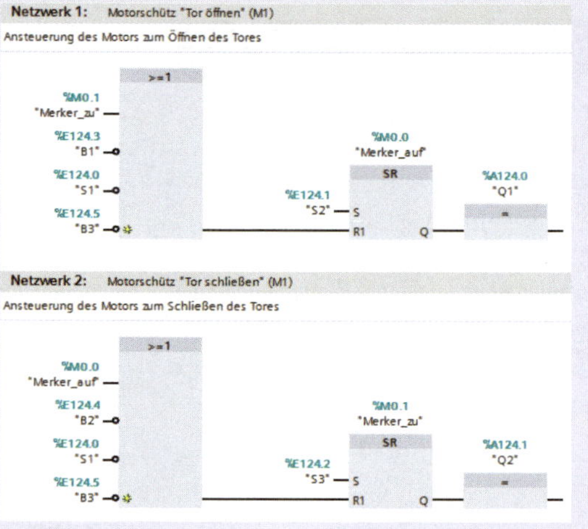

Programm zur Ansteuerung der Warnleuchte erstellen

Erstellen Sie zusätzlich zur Funktion FC1 eine Funktion FC2 zur Ansteuerung der Warnleuchte.

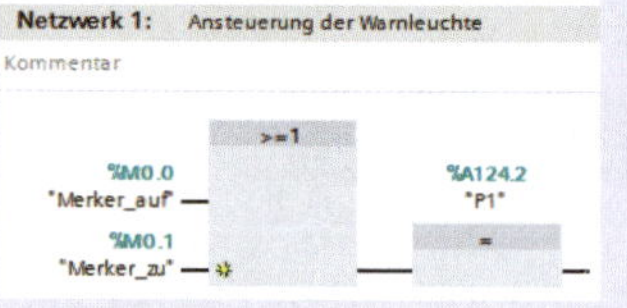

Aufruf der Funktionen FC1 und FC2 im OB1

Im Organisationsbaustein OB1 müssen die beiden erstellten Funktionen aufgerufen werden.

Öffnen Sie den OB1 durch einen Doppelklick auf den Programmbaustein. Ziehen Sie aus der Projektstruktur links die Bausteine in den OB1.

Hier ist die Programmiersprache FUP gewählt.

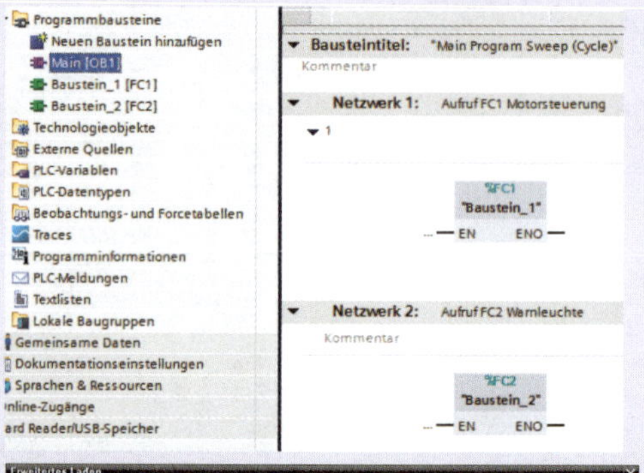

6. Programm übertragen

Wählen Sie ***Online*** ⇒ ***Laden in Gerät***!

Im sich öffnenden Fenster muss eingegeben werden wie mit der SPS kommuniziert wird.

Im Beispiel wird über ***PN/IE*** (PROFINET/Ethernet), die ***Netzwerkkarte*** des Programmiergerätes und schließlich über den ***Anschluss/Steckplatz X1*** auf die SPS zugegriffen.

Wählen Sie ***Laden*** ⇒ (neues Fenster) ***Laden*** ⇒ (neues Fenster) ***Alle starten*** ⇒ ***Fertig stellen***!

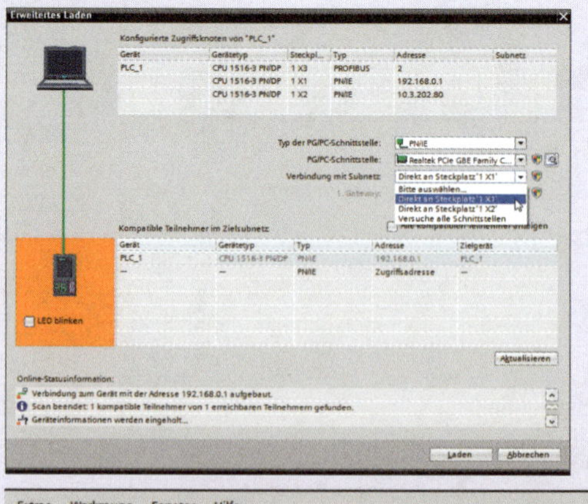

7. Beobachten von Bausteinen

Ist das Programm in die SPS übertragen, können in den einzelnen Programmbausteinen die Zustände beobachtet werden.

Wählen Sie den Button ***Beobachten ein/aus***!

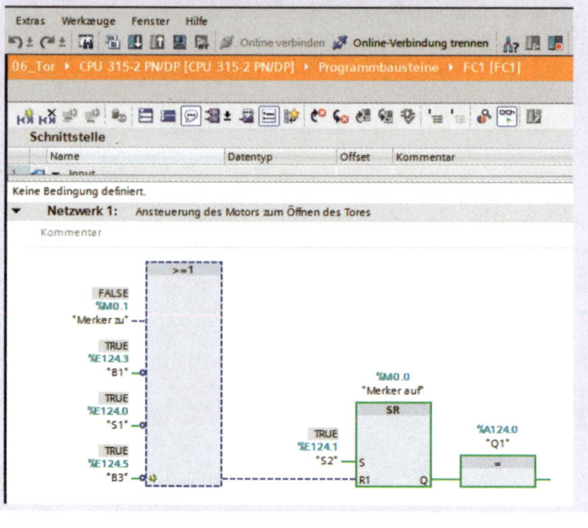

3.3 Step7 V5.x: Erstellen eines Projektes

1. S7-Projekt anlegen

Neues Projekt anlegen

Der ***SIMATIC Manager*** wird über einen Doppelklick auf das Programmsymbol SIMATIC Manager gestartet.

SIMATIC Manager

Falls der **SIMATIC Manager** den *Assistenten „Neues Projekt“* öffnet, betätigen Sie den Button **Abbrechen.**

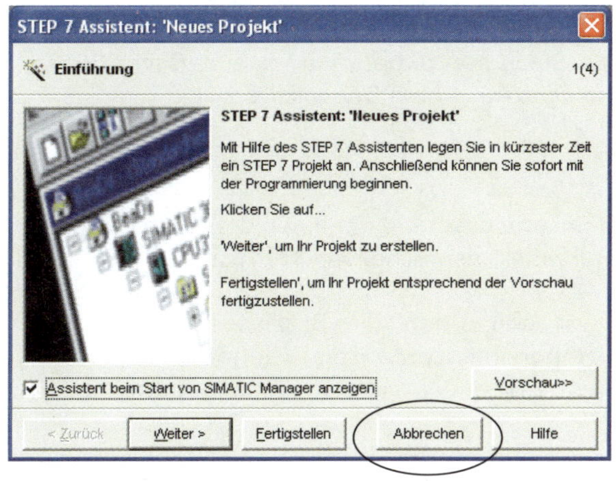

Projekt anlegen

Step7-Dateien sind als Projekte organisiert, die neben dem eigentlichen SPS-Programm noch eine Vielzahl anderer Informationen, wie Symboltabellen usw. enthalten.

Über ***Datei*** ⟹ ***Neu*** kann ein neues Projekt angelegt werden.

Es muss der ***Name*** des Projektes und der ***Ablageort*** (Pfad) gewählt werden. Bestätigen Sie dann mit **OK!**

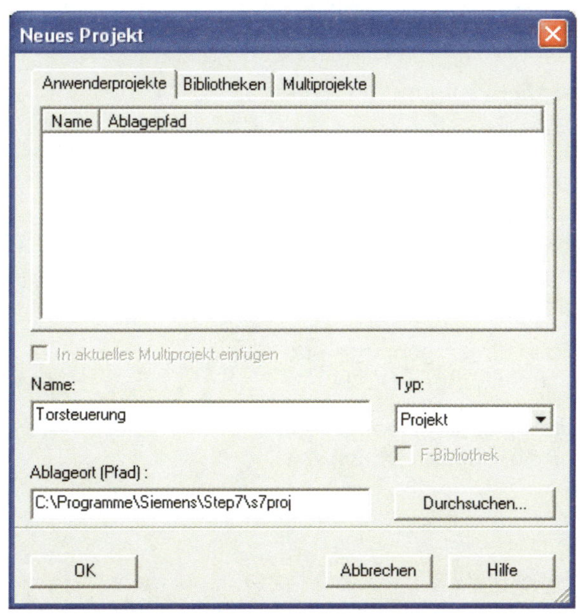

SPS einfügen

Über **Einfügen** ⟹ **Station** kann eine SIMATIC-Station eingefügt werden. In diesem Beispiel soll eine SIMATIC S7-300 eingefügt werden.

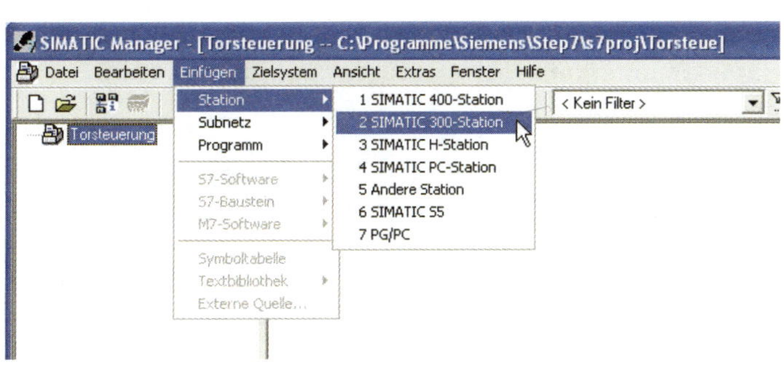

2. Hardwarekonfiguration erstellen

Hardware auswählen

Öffnen Sie den Ordner ***Hardware*** durch einen Doppelklick.

Es erscheint ein ***Hardwarekatalog.***
Wenn er nicht automatisch erscheint, kann er über ***Ansicht*** ⇒ ***Katalog*** geladen werden.

Wählen Sie unter ***Simatic 300*** zuerst ***Rack-300*** ⇒ ***Profilschiene*** mit einem Doppelklick aus.

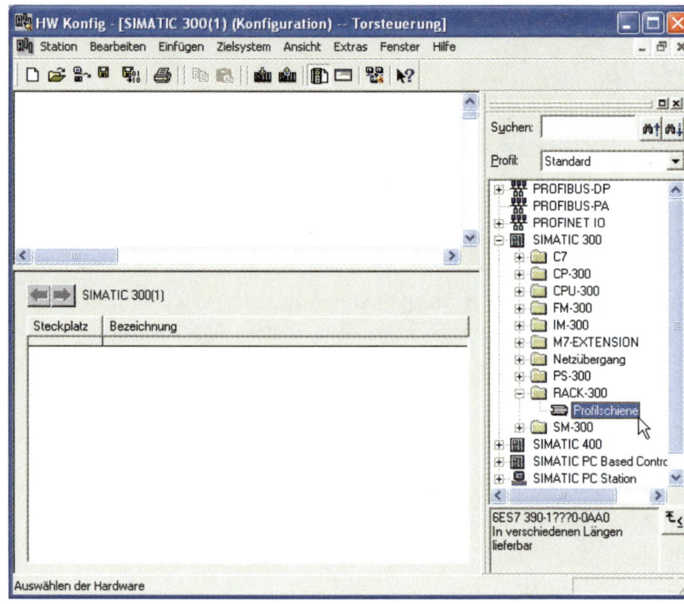

Fügen Sie entsprechend der Ihnen vorliegenden SPS-Hardware die entsprechenden Komponenten ein.

Dabei ist genau auf die Bezeichnung der Hardwarekomponenten und auf die richtige Bestellnummer zu achten, z.B bei der digitalen Eingangskarte.

Typ:	SM 321 DI16xDC24V
Bestellnummer:	6ES7-321-1BH00-0AA0

Der Typ der Hardwarekomponente ist auf dem SPS-Modul oben, die Bestellnummer unten angegeben.

Die Beispielkonfiguration umfasst:

1. Stromversorgungsbaugruppe PS307
2. CPU 313C mit integrierten
   24 digitalen Eingängen
   16 digitalen Ausgängen
   5 analogen Eingängen
   2 analogen Ausgängen
3. digitale Eingangsbaugruppe
   mit 16 Eingängen DC 24V
4. digitale Ausgangsbaugruppe
   mit 8 Ausgängen DC 24V/2A

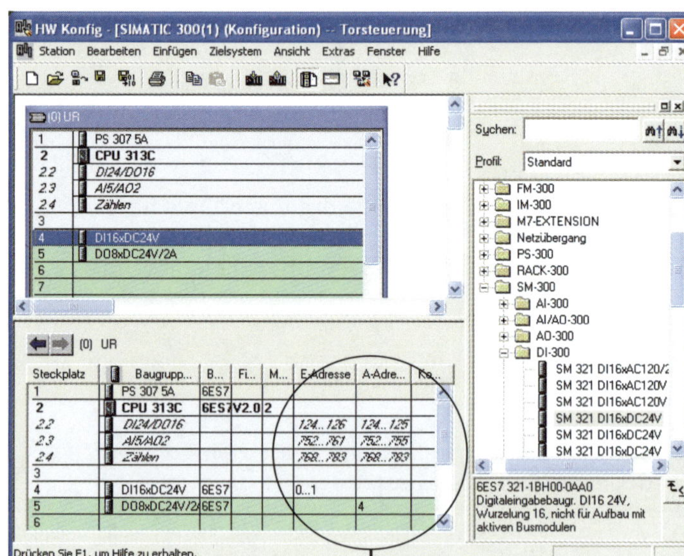

Verfügbare Eingangs- und Ausgangsadressen
z.B. integrierte Eingänge in der CPU 313C: 124.0 – 126.7

Der **Steckplatz 3** ist für Anschaltung bei mehrzeiligem Aufbau reserviert und bleibt hier frei.

Hardwarekonfiguration speichern und in die SPS übertragen

Nachdem die gesamte Hardwarekonfiguration erstellt worden ist, wird die Konfiguration übersetzt und gespeichert.

Anschließend wird die Hardwarekonfiguration in die SPS übertragen.

3. Symboltabelle erstellen

Vor der Programmierung sollten alle Eingänge, Ausgänge, Merker ggf. auch Funktionen und Funktionsbausteine in die Symboltabelle eingetragen werden.

Durch Anwahl des Schaltfläche ***Symbole*** kann die Symboltabelle geöffnet werden.

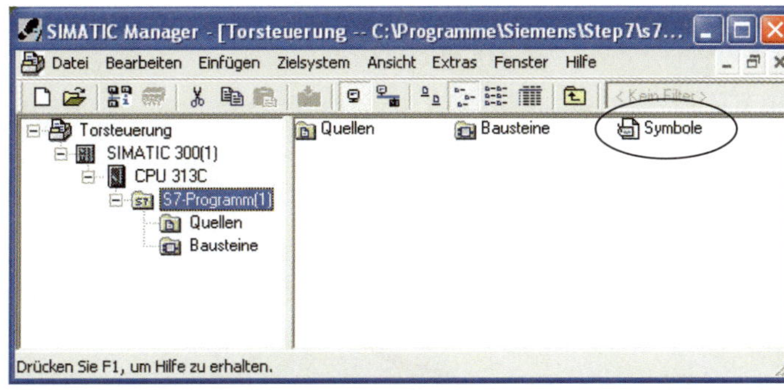

Bei der Programmerstellung kann auf die Symboltabelle zurückgegriffen werden.

Die Programmierung ist mit den absoluten Adressen, z.B. *E124.0* oder mit der symbolischen Adresse, z.B. *S1* möglich.

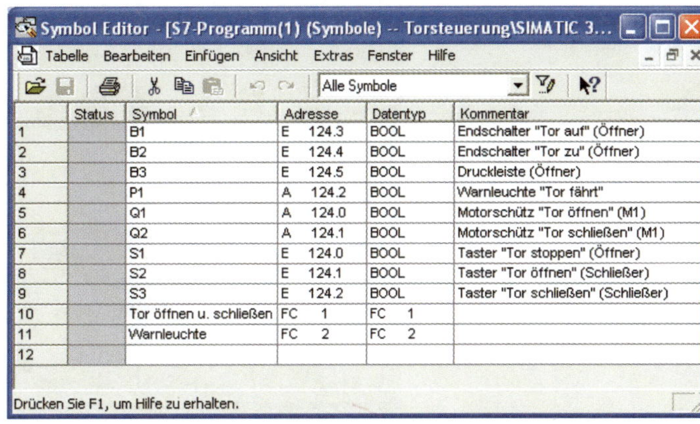

	Status	Symbol	Adresse	Datentyp	Kommentar
1		B1	E 124.3	BOOL	Endschalter "Tor auf" (Öffner)
2		B2	E 124.4	BOOL	Endschalter "Tor zu" (Öffner)
3		B3	E 124.5	BOOL	Druckleiste (Öffner)
4		P1	A 124.2	BOOL	Warnleuchte "Tor fährt"
5		Q1	A 124.0	BOOL	Motorschütz "Tor öffnen" (M1)
6		Q2	A 124.1	BOOL	Motorschütz "Tor schließen" (M1)
7		S1	E 124.0	BOOL	Taster "Tor stoppen" (Öffner)
8		S2	E 124.1	BOOL	Taster "Tor öffnen" (Schließer)
9		S3	E 124.2	BOOL	Taster "Tor schließen" (Schließer)
10		Tor öffnen u. schließen	FC 1	FC 1	
11		Warnleuchte	FC 2	FC 2	
12					

4. Bausteine hinzufügen

Programmstruktur

Bevor mit der Programmierung begonnen wird, muss überlegt werden, wie das Programm strukturiert werden soll (siehe Kapitel 7).

Das Beispielprogramm soll in zwei Funktionen aufgeteilt werden:

FC1	Tor öffnen
FC2	Warnleuchte

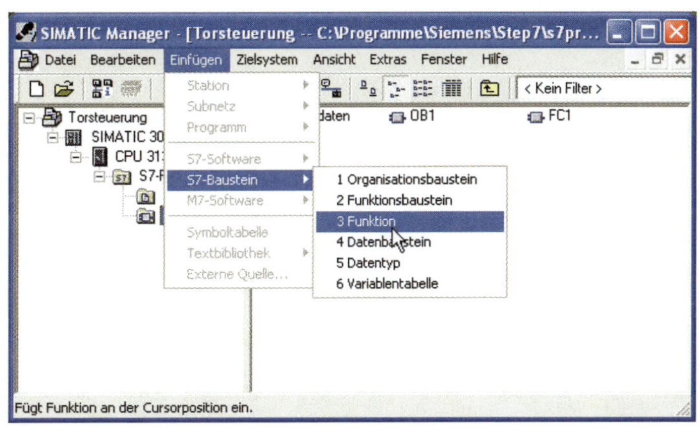

Funktion erstellen

Zum Erstellen der ersten Funktion wird der Ordner ***Bausteine*** markiert.
Über ***Einfügen*** ⇒ ***S7-Baustein*** ⇒ ***Funktion*** fügt man eine Funktion ein.

Die Bezeichnung der Funktion, z.B. FC1, sowie die Programmiersprache kann eingestellt werden.

Wenn die Funktion in der Symboltabelle angelegt worden ist, erscheint auch ein symbolischer Name.

Bestätigen Sie anschließend mit **OK.**

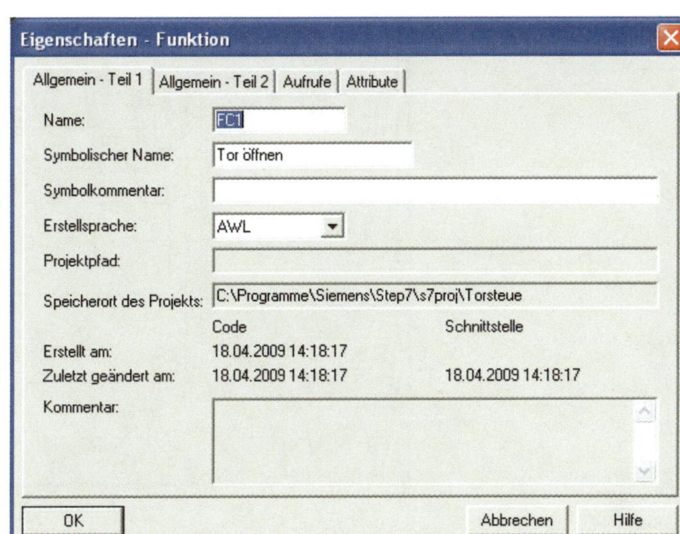

Projektstruktur in Step7

In STEP7 wird jedes Projekt in einer fest vorgegebenen Struktur angelegt. Die Programme sind in den folgenden Verzeichnissen abgespeichert:

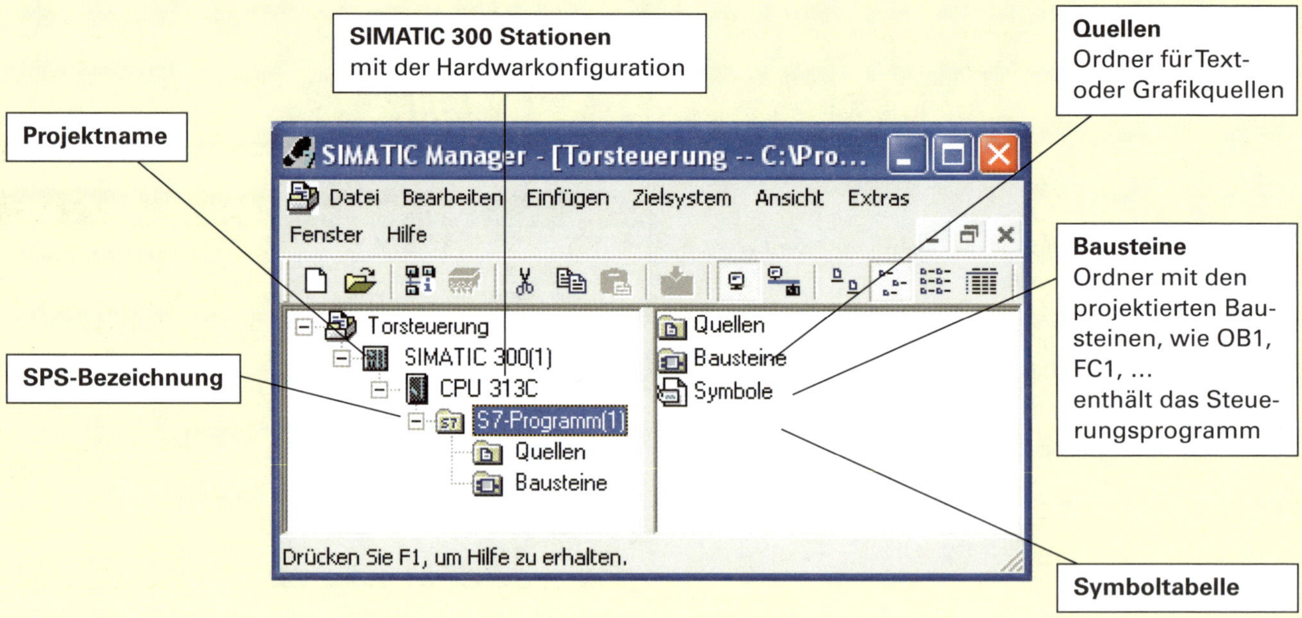

Bausteinstruktur in Step7

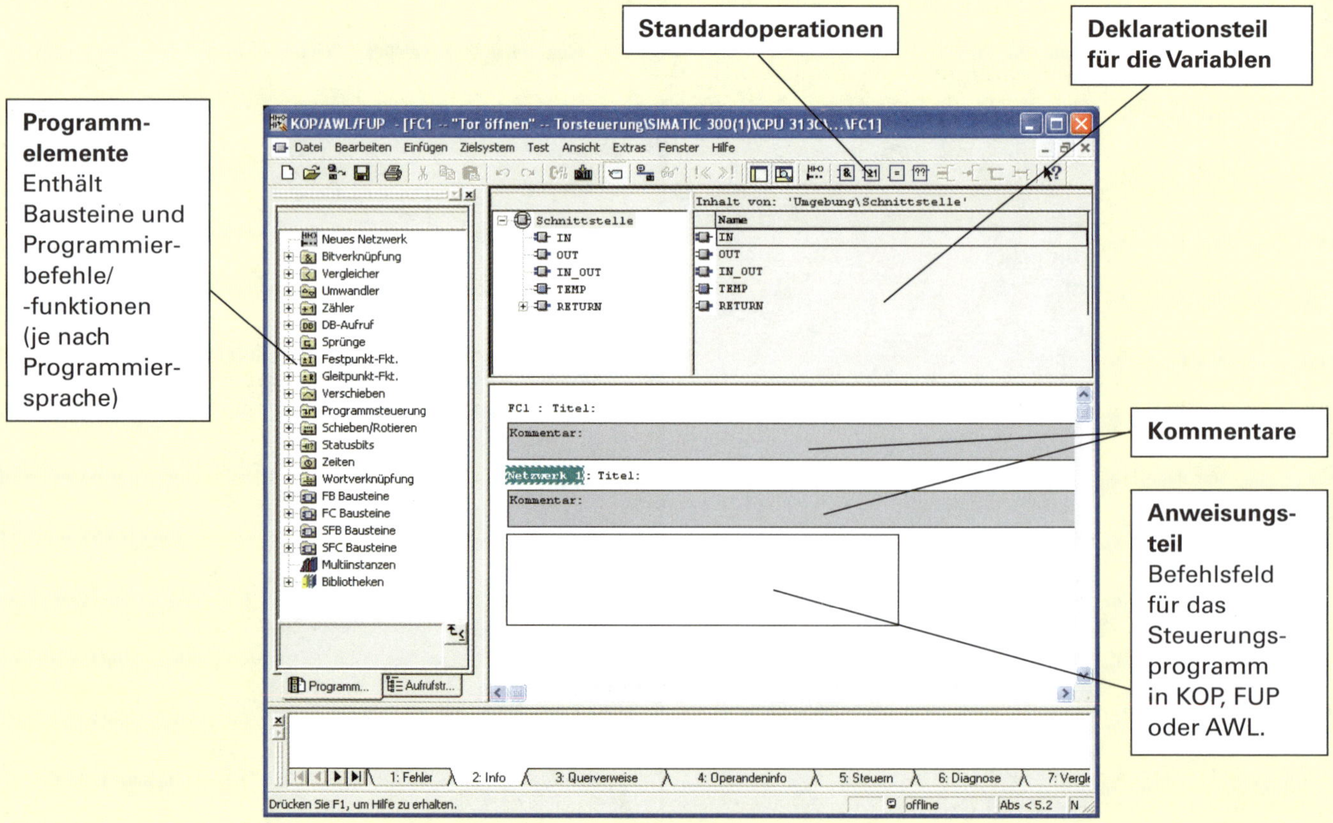

5. Programm erstellen

Programmierung der Funktion FC1 „Tor öffnen und schließen"

Die Programmiersprache, mit der das Steuerungsprogramm geschrieben wird, kann unter ***Ansicht*** gewählt werden.

Die Funktion FC1 ist in die zwei Netzwerke Motorschütz „Tor schließen" und Motorschütz „Tor öffnen" aufgeteilt.

Unter ***Ansicht*** ⟹ ***Anzeigen*** kann gewählt werden, ob das Programm mit den absoluten Adressen, wie in Netzwerk 1, oder mit symbolischer Darstellung, wie in Netzwerk 2, angezeigt werden soll.

In den beiden Netzwerken ist jeweils ein Flipflop vor den Ausgängen zur Ansteuerung des Motorschützes gesetzt worden. Das Eintasten (Setzen) des Flipflops geschieht durch den Taster S2 „Öffnen" bzw. S3 „Schließen".
Das Ausschalten (Rücksetzen) wird durch die Betätigung des Endlagenschalters B2 bzw. B3, des Stopptasters S1 oder durch die Betätigung der Druckleiste B3 ausgelöst.
Die beiden Motorschütze sind über die Merker M0.0 und M0.1 am Rücksetzeingang softwaremäßig gegeneinander verriegelt.

FC1: Titel:

Funktion zur Ansteuerung eines Torantriebes

Netzwerk 1: Motorschütz „Tor öffnen" (M1)

Ansteuerung des Motors zum Öffnen des Tores

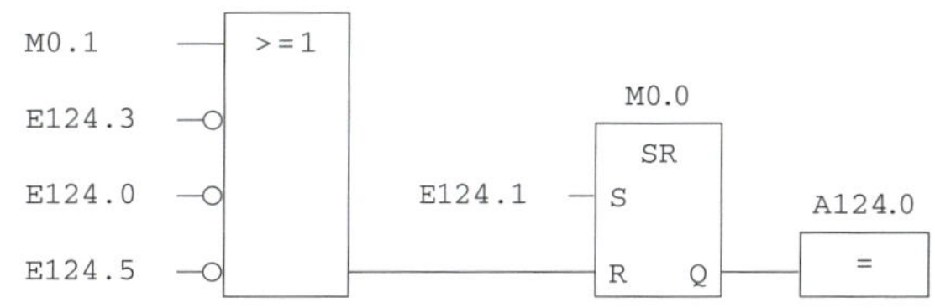

Netzwerk 2: Motorschütz „Tor schließen" (M1)

Ansteuerung des Motors zum Schließen des Tores

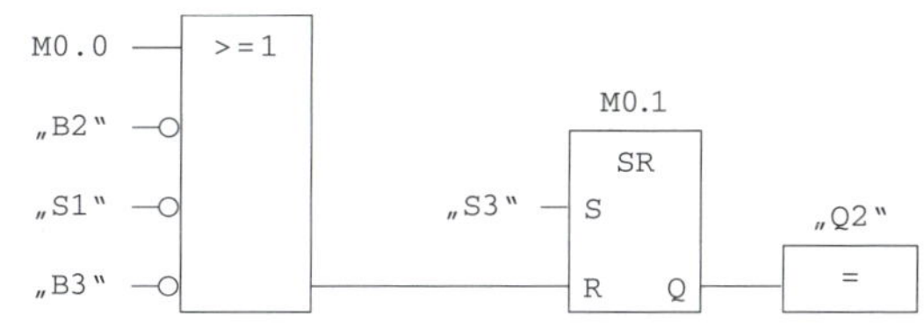

Programmierung der Funktion FC2 „Warnleuchte"

Zusätzlich zur Funktion FC1 soll eine Funktion FC2 zur Ansteuerung der Warnleuchte erstellt werden.

Durch das Markieren eines Einganges und Betätigen der rechten Maustaste kann über ***Symbol einfügen*** auf die Symboltabelle zugegriffen werden.

Hier kann mit einem Doppelklick der gewünschte Ein- oder Ausgang gewählt werden.

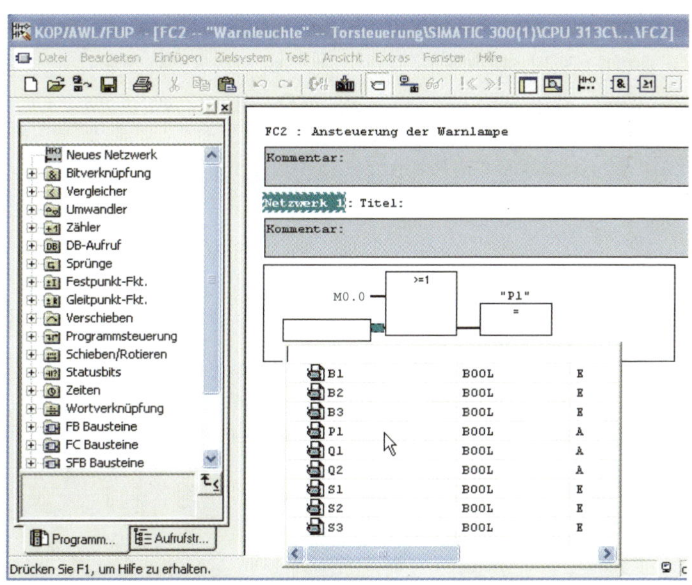

Die Warnleuchte P1 wird angesteuert, wenn das Tor geöffnet oder geschlossen wird.

FC2: Ansteuerung der Warnlampe

Kommentar:

Netzwerk 1: Titel:

P1 wird angesteuert, wenn das Tor öffnet oder schließt.

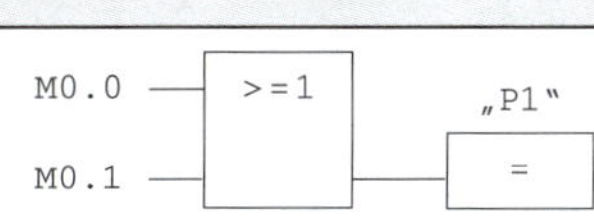

Programmierung des Organisationsbausteins OB1

Im Organisationsbaustein OB1 wird die Programmstruktur festgelegt. Hier werden zuerst die Funktion FC1 und dann die Funktion FC2 aufgerufen und in der Reihenfolge abgearbeitet.

```
OB1: „Mein Programm Sweep (Cycle)"

Aufruf von FC1 und FC2 in Anweisungsliste AWL

Netzwerk 1: Aufruf FC1

Kommentar

    CALL „Tor öffnen u. schließen"

Netzwerk 2: Aufruf FC2

Kommentar

    CALL „Warnleuchte"
```

6. Programm übertragen

Wenn alle Bausteine programmiert worden sind, können sie in die SPS übertragen werden.

Überprüfen der PG/PC-Schnittstelle

Vor der Übertragung sollte man die Verbindung zur SPS überprüfen. Neben der hardwaremäßigen Verbindung muss auch die Schnittstelle in der Step7-Software richtig eingestellt werden.

Unter **Extras ⟹ PG/PC-Schnittstelle einstellen** kann die vorhandene Verbindung zwischen Programmiergerät und SPS eingestellt werden. Im Beispiel ist eine Kopplung über einen PC-Adapter (MPI) eingestellt.

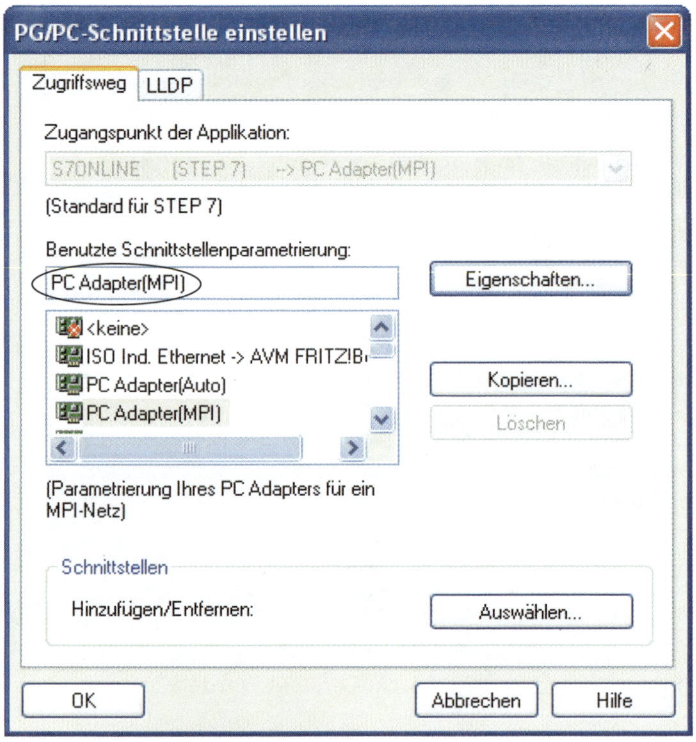

SPS auf STOP stellen

Die SPS besitz an der CPU einen Wahlschalter mit den Schaltstellungen **RUN, STOP** und **MRES**.
Zur Übertragung des Programms muss der Wahlschalter auf **STOP** gestellt werden.

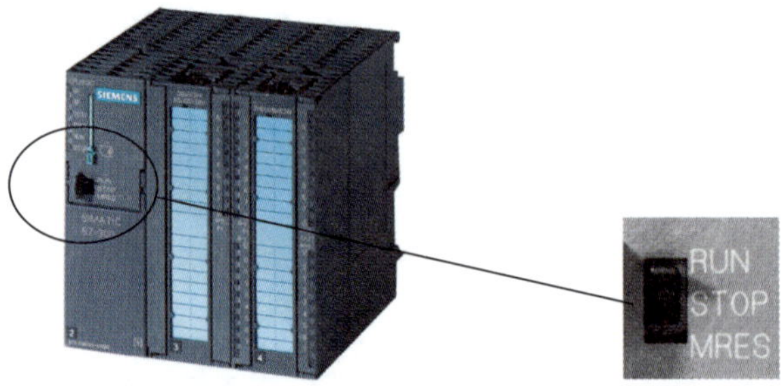

Übertragen des Programms

Zum Übertragen des Steuerungsprogramms werden alle Bausteine markiert. Über das Symbol **Laden** oder über **Zielsystem ⟹ Laden** werden sie in die SPS übertragen.

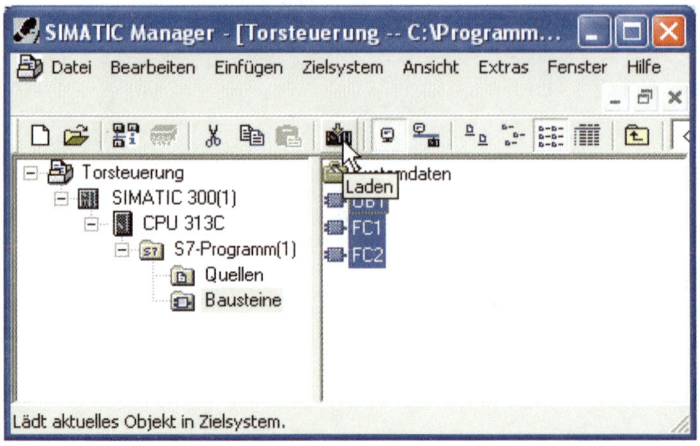

SPS auf RUN stellen

Das Programm ist in die SPS übertragen. Durch Umschalten des CPU-Wahlschalters auf **RUN** wird die SPS aktiviert. Das Steuerungsprogramm wird nun von der SPS ausgeführt.

7. Beobachten von Bausteinen

Zur Kontrolle oder zur Fehlersuche kann das Programm online beobachtet werden.

Öffnen Sie mit einem Doppelklick auf gewünschten Baustein, z.B. FC1, den Bausteineditor.

Betätigen Sie die markierte Schaltfläche ***Beobachten EIN/AUS*** um den Baustein online zu beobachten.

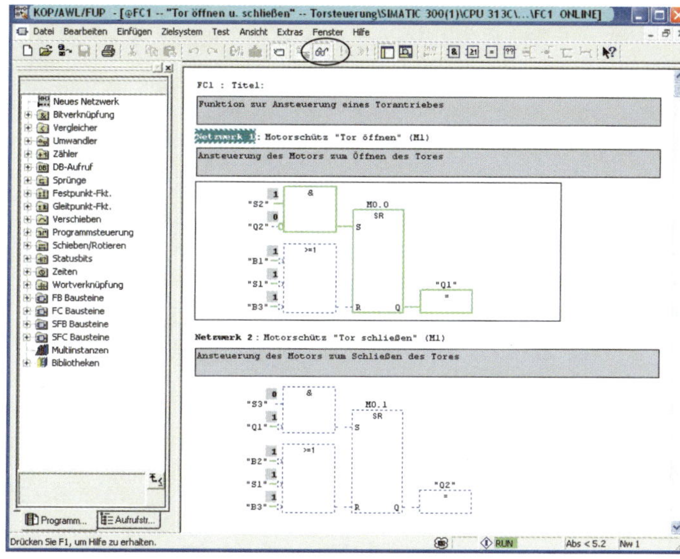

4 Simulation von Programmen

4.1 Simulation mit PLCSIM (für S7-300/S7-400)

Die Step7-Software enthält das Simulationsprogramm PLCSIM, mit dem Programme auch ohne eine angeschlossene CPU simuliert werden können. Die Simulation eines Programms wird im Folgenden anhand des Beispiels aus Kapitel 3 vorgestellt.

Simulation mit PLCSIM

1. SIMATIC Manager starten
2. Simulation aktivieren
3. Ein-/Ausgänge einfügen
4. Programm in PLCSIM laden
5. Simulation ausführen

1. SIMATIC Manager starten

Öffnen Sie mit einem Doppelklick auf die Desktop-Verknüpfung **SIMATIC Manager** das Step7-Programm, falls es nicht schon geöffnet ist.

SIMATIC Manager

Alle eventuell vorhandenen Fenster innerhalb des Managers sollten geschlossen werden.

2. Simulation aktivieren

Wählen Sie das Symbol **Simulation ein/aus** in der Symbolleiste an.

Falls das Fenster ***Projekt öffnen*** erscheint, klicken Sie auf **Abbrechen**.

Über ***Simulation*** ⇒ ***Zielsystem Neu*** öffnen Sie eine neue Simulation. Eine Simulations-CPU wird dargestellt.

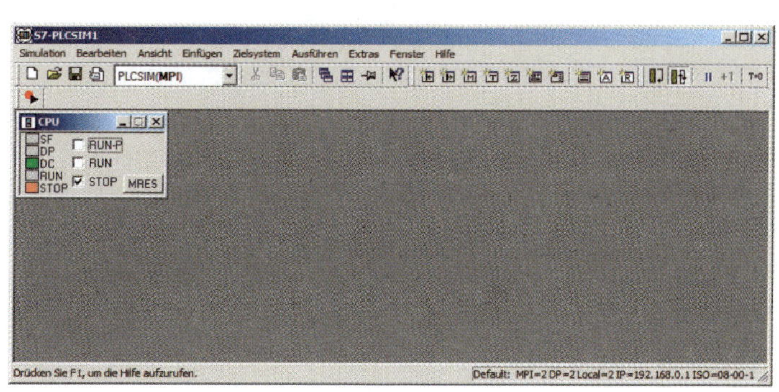

3. Ein-/Ausgänge einfügen

Symbol ***Eingang einfügen*** in der Symbolleiste anklicken oder ***Einfügen*** ⟹ ***Eingang*** wählen.
Eingangsbyte eingeben, z.B. EB124 bei Verwendung der Eingänge E124.0, ...

Symbol ***Ausgang einfügen*** in der Symbolleiste anklicken oder ***Einfügen*** ⟹ ***Ausgang*** wählen.
Ausgangsbyte eingeben, z.B, AB 124 bei Verwendung der Ausgänge A124.0, ...

Bei Bedarf können auch Merker, Zeitbausteine oder Zähler zur Beobachtung eingefügt werden.

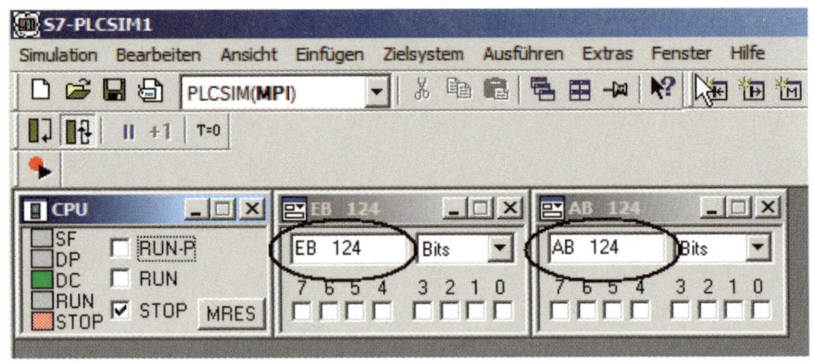

4. Programm in PLCSIM laden

Wechseln Sie zum ***SIMATIC Manager*** und markieren Sie ihre SPS-Station. Über die Schaltfläche ***Laden*** wird die SPS-Station mit dem Programm in die Simulations-SPS geladen.

5. Simulation ausführen

Im CPU-Feld von PLCSIM muss das Kontrollkästchen ***RUN*** aktiviert werden.
Die Eingänge können jeweils aktiviert und die Ausgänge beobachtet werden.

Während der Simulation kann auch ein Baustein, z.B. FC1, beobachtet werden. Wechseln Sie dafür in den ***SIMATIC Manager*** und öffnen den entsprechenden Programmbaustein, z.B. FC1.
Wählen Sie das Symbol ***Beobachten*** (Brille) oder den Menüpunkt ***Test*** ⟹ ***Beobachten.***

Der Programmbaustein und PLCSIM können nun parallel beobachtet und gesteuert werden.

Ein 1-Signal wird grün, ein 0-Signal blau dargestellt.

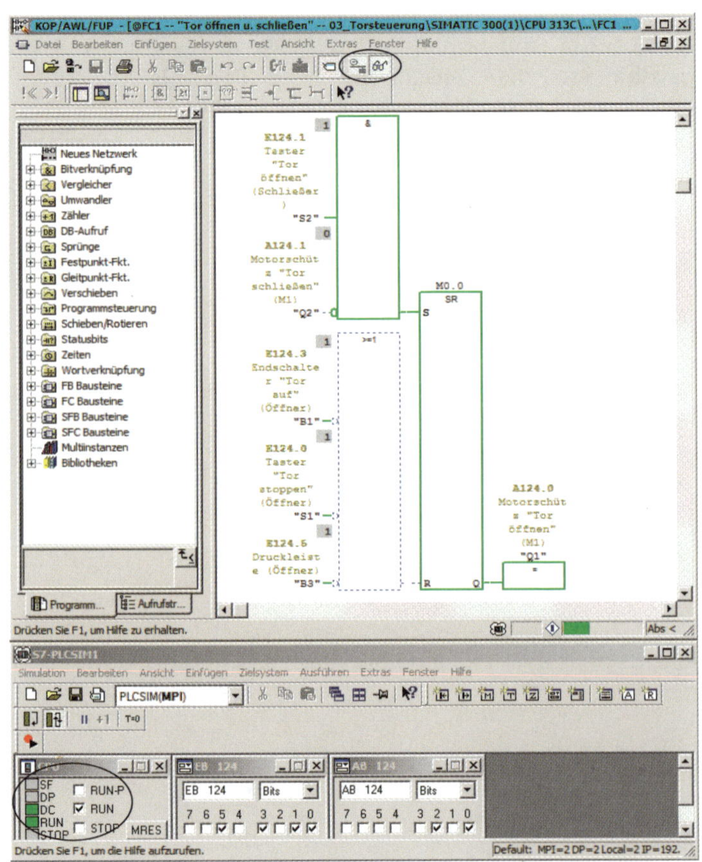

Laden einer Symboltabelle

Da die Darstellung der Ein- und Ausgänge in PLCSIM nur mit absoluten Adressen wie z.B. E124.0 erfolgt, ist eine Simulation bei größeren Programmen oft unübersichtlich.

PLCSIM bietet allerdings die Möglichkeit, die Symboltabelle zu laden.

Anstelle der Ein- und Ausgangsbausteine werden in PLCSIM dazu *Vertikale Bits* verwendet.

Über die Schaltfläche ***Vertikale Bits Einfügen*** oder über ***Einfügen*** ⟹ ***Vertikale Bits*** können beliebig viele Bausteine eingefügt werden.

In der Kopfzeile wird eingetragen, welches Eingangs-, Ausgangs oder Merkerbyte beobachtet oder gesteuert werden soll.

Über ***Extras*** ⟹ ***Optionen*** ⟹ ***Symbole* zuordnen** kann das Projekt mit der zugehörigen Symboltabelle geladen werden. Alternativ kann auch das Icon ***Symbole zuordnen*** verwendet werden.

TIA V1x

4.2 PLCSIM V1x (für S7-1200/S7-1500)

Bei der Verwendung einer S7-1200- bzw. einer S7-1500-CPU arbeitet das TIA-Portal mit dem Programm ***PLCSIM V1x***.

Bei der Verwendung von S7-300- und S7-400-CPUen wird mit dem vorher beschriebenen PLCSIM-Programm gearbeitet.

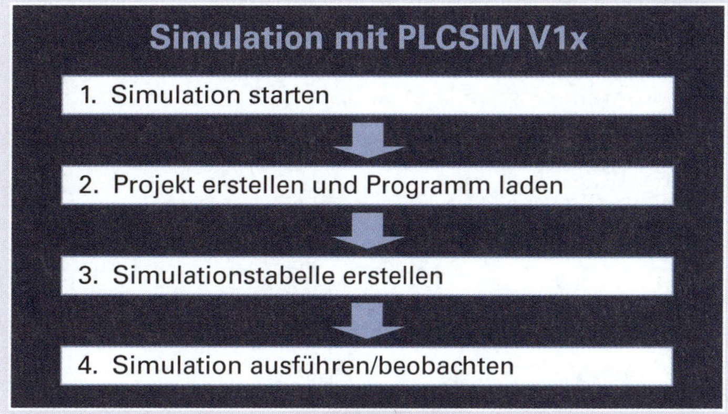

1. Simulation starten

Über den Button ***Simulation*** wird im TIA-Portal das Programm ***PLCSIM V1x*** gestartet.

2. Projekt erstellen und Programm laden

In PLCSIM wird zunächst ein neues Simulations-Projekt angelegt.

Beim Laden ist die Schnittstelle ***PN/IE ⇒ PLCSIM S7-1200/S7-1500*** zu wählen.

Dann wird das SPS-Programm in die Simulationssoftware geladen.

Alle überschreiben ⇒ Laden ⇒ Alle starten ⇒ Fertigstellen.

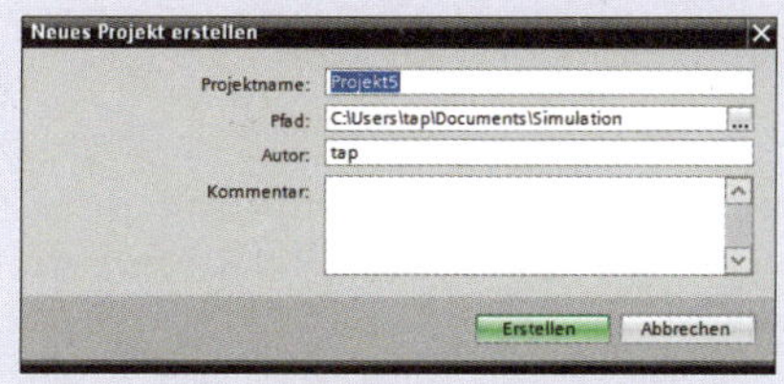

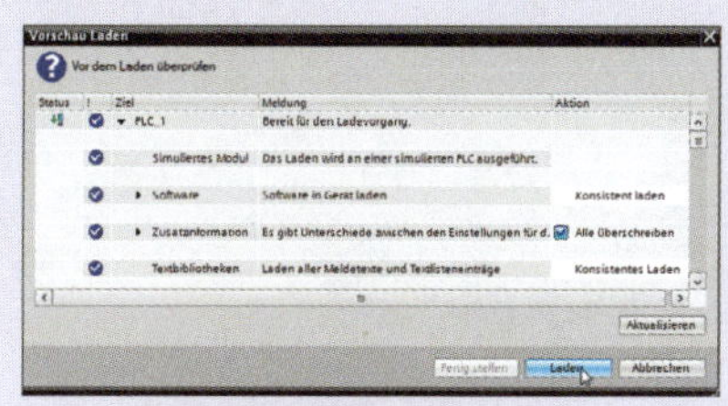

3. Simulationstabelle erstellen

Im Simulationsprogramm kann zwischen der Kompaktansicht und der Projektansicht gewechselt werden.

In der ***Kompaktansicht*** stehen nur die CPU-Befehle ***RUN – STOP*** und ***MRES*** (Urlöschen) zur Verfügung.

In der ***Projektansicht*** können die einzelnen Operanden (Ein-/Ausgänge, Merker, Zähler usw.) beobachtet und simuliert werden.

In die ***Simulationstabelle*** können die Operanden bitweise oder auch byteweise simuliert werden.

Im ***Sequenzeditor*** kann eine Reihenfolge von Aktionen für Eingangssignale in einer festgelegten, zeitlichen Reihenfolge definiert werden, um zu beobachten wie das Programm reagiert.

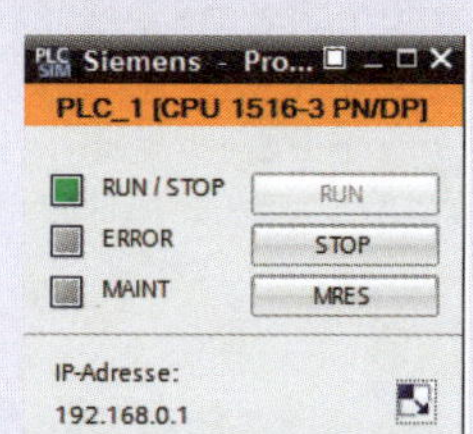

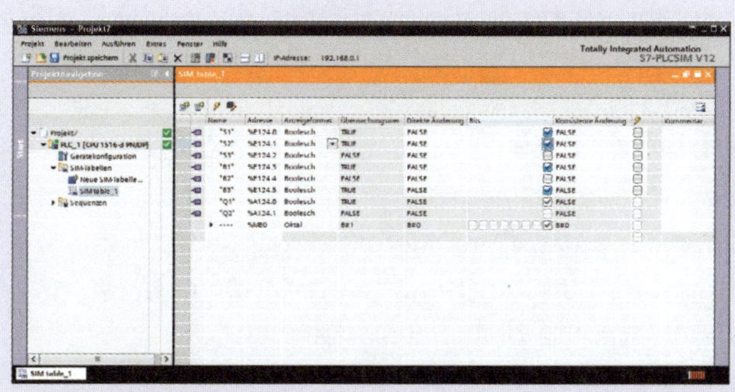

4. Simulation ausführen/beobachten

Die Simulation kann über ***Ausführen CPU starten/CPU stoppen*** gesteuert werden.

Vom TIA-Portal (Step7 V1x) aus kann das Projekt jederzeit neu in die Simulation geladen werden.

In Step 7 V1x kann während der Simulation in den erstellen Bausteinen das Verhalten der Operanden beobachtet werden.

Wählen Sie das Symbol ***Beobachten***.

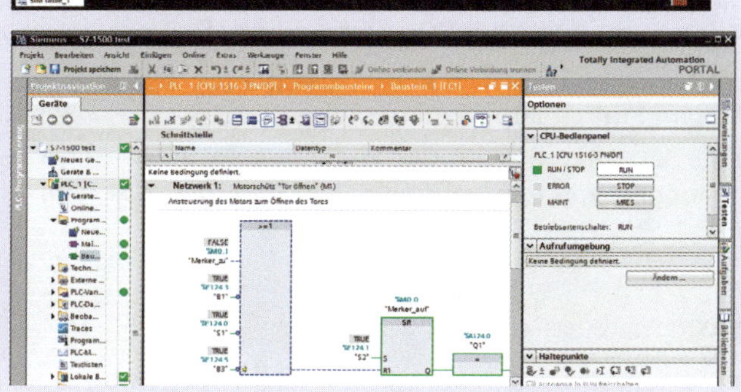

4.3 Simulation mit SPS-VISU

SPS-VISU ist eine Simulationssoftware mit der SPS-Programme interaktiv simuliert werden können. Dadurch kann vor der realen Inbetriebnahme einer Anlage schon das Steuerungsprogramm getestet werden. Außerdem ist das Programm sehr hilfreich beim Erlernen der SPS-Programmierung. Ohne große Hardwarekosten kann eine Vielzahl verschiedener Anlagentypen programmiert und getestet werden.

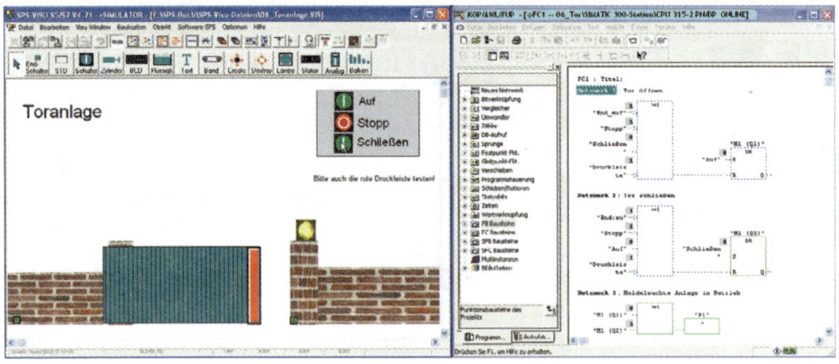

Simulation mit SPS-VISU

1. SPS-VISU starten
2. Visualisierung laden bzw. erstellen
3. Grundeinstellungen vornehmen
4. SIMATIC Manager **TIA-Portal** starten
5. Grundeinstellungen vornehmen
6. Programm erstellen
7. Programm laden
8. Anlage simulieren

1. SPS-VISU starten

Öffnen Sie das Programm SPS-VISU durch einen Doppelklick auf die Desktop-Verknüpfung. Das Programm muss als Administrator gestartet werden. ***Rechte Maustaste: Als Administrator ausführen.***

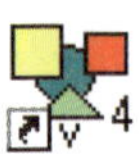

SPS-VISU V4.9x

2. Visualisierung laden bzw. erstellen

Laden Sie die gewünschte Visualisierungsdatei. Über ***Datei*** ⟹ ***Öffnen*** kann auf die entsprechende Datei zugegriffen werden.

Alternativ können mit SPS-VISU auch selber Visualisierungen erstellt werden. Dafür stehen verschiedene fertige Komponenten wie Schalter, Lampen, Förderbänder, Zylinder usw. zur Verfügung.

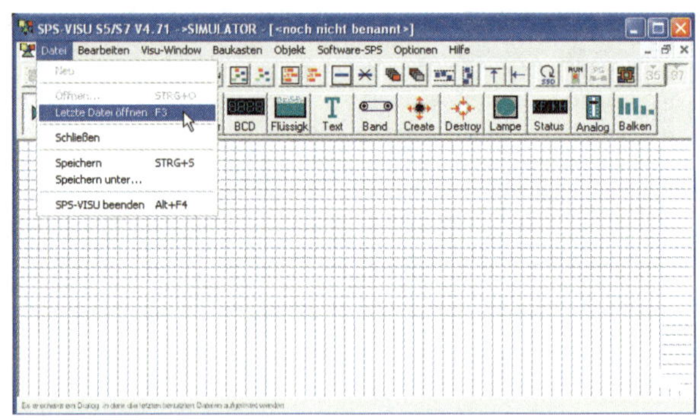

3. Grundeinstellungen vornehmen

Grundsätzlich kann jedes Step7-Programm mit SPS-VISU getestet werden. Um aber während der Simulation online die Zustände in Step7 beobachten zu können, müssen einige Grundeinstellungen gemacht werden:

a) Visualisierungsdatei laden.

b) ***Optionen*** ⟹ ***Allgemeine Einstellungen*** wählen.

c) ***„Ziel intern: Simulator“*** markieren.

d) Die Programme SPS-VISU und Step7 kommunizieren über eine feste IP-Adresse und einen festgelegten Port.

Folgende Einstellungen sind unter ***Software-SPS*** ⟹ ***WinPLC-Engine Einstellungen*** vorzunehmen.

Setzen Sie einen Haken im Feld ***Kommunikation über TCP/IP aktivieren.***

Wählen Sie entsprechend der verwendeten Step7-Software die Einstellungen unter ***Verwendete Netzwerkkarte des PCs:***

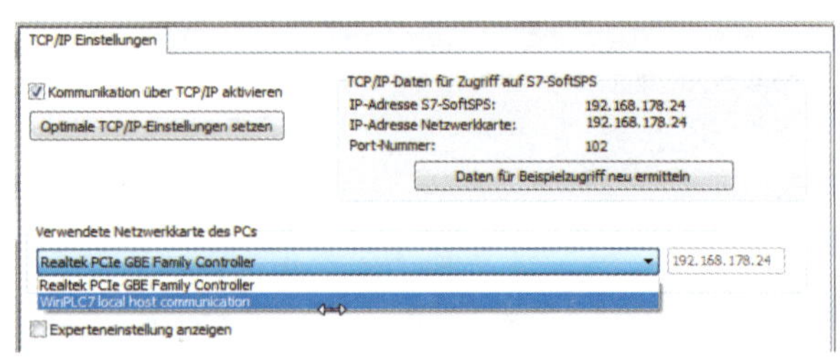

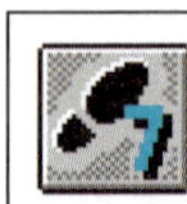 Step7 V5.x	WinPLC7 local host communication IP: 127.0.0.1 Port:102
 TIA-Portal	Netzwerkkarte des PC IP: Wird individuell ermittelt, z.B.: 192.168.178.24 Port: 102

4. SIMATIC Manager starten

Starten Sie den **SIMATIC Manager** bzw. das **TIA-Portal**.

5. Grundeinstellungen vornehmen

a) Wählen Sie ***Extras*** ⇒ ***PG/PC-Schnittstelle*** einstellen.

b) Wählen Sie die Netzwerkschnittstelle Ihres PC aus (TCP/IP-Kommunikation.
Beim TIA-Portal wird die Schnittstelle beim Laden des Programms festgelegt

c) Fügen Sie in der **Hardware-/Gerätekonfiguration ⇒ CPU 315-2 PN/DP** ein. (Bestellnummer 6ES7 315-2EG10-0AB0 oder 6ES7 315-2EH13-0AB0)

d) **Speichern (und Übersetzen)**

e) Stellen Sie in der Hardware-/Gerätekonfiguration bei der CPU folgendes ein:

Step7 V5.x	IP:127.0.01 mit der Enter-Taste bestätigen – nicht mit OK
TIA-Portal	IP: Wird individuell entsprechend den Vorgaben in SPS-VISU (siehe 3. d) eingestellt. z.B. 192.168.178.24

Step7 V5.x:

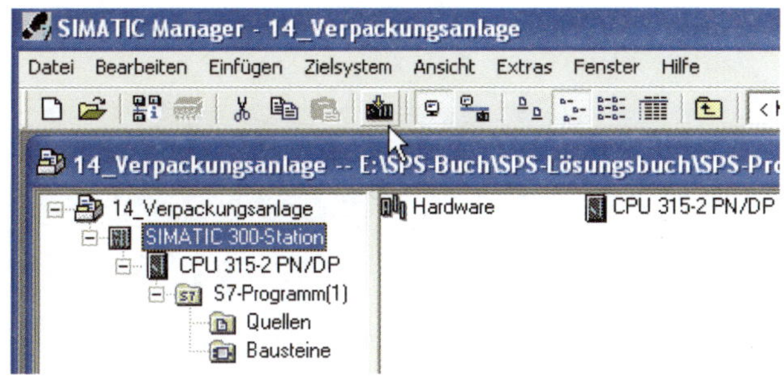

TIA-Portal (Step7 V1.x:

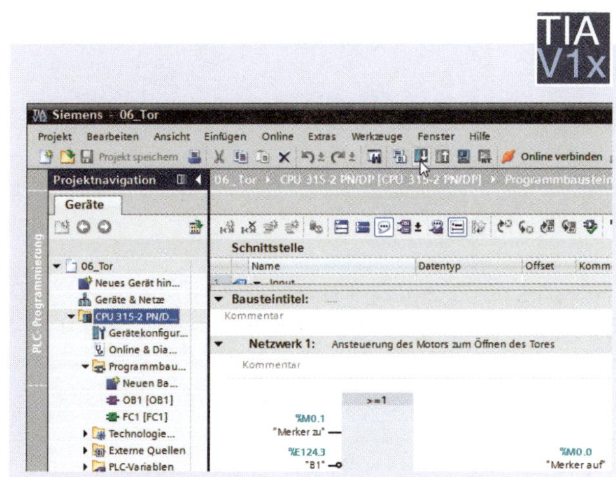

6. Programm erstellen

Erstellen Sie das SPS-Programm.

7. Programm laden

Download vom SIMATIC Manager aus:

Wenn Sie die oben genannte PG/PC-Schnittstelle eingefügt und die angegebene CPU gewählt haben, können Sie im SIMATIC Manager die SIMATIC-Station markieren und auf ***Zielsystem*** ⇒ ***Laden*** wählen.

8. Anlage simulieren

Simulieren Sie die Anlage und kontrollieren Sie das Programm gleichzeitig in Step7.

Start Visualisierung

Start SPS

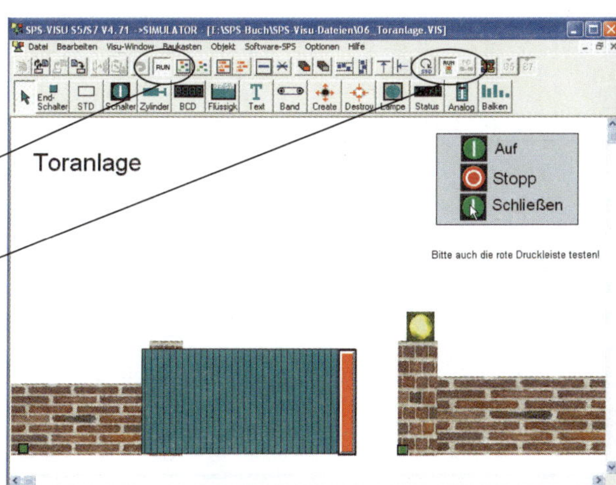

Visualisierung

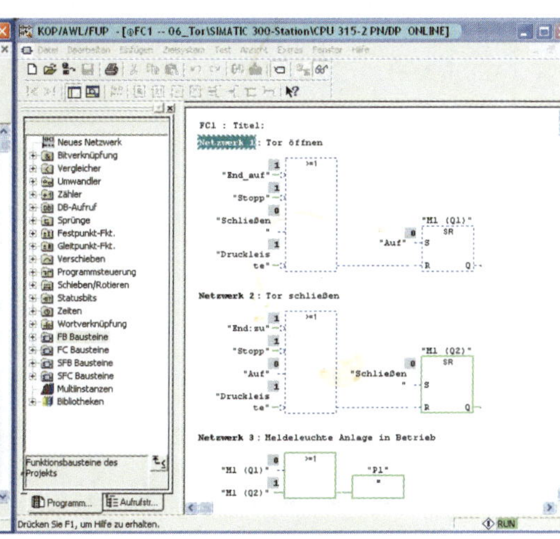

SPS-Programm

5 Grundverknüpfungen

5.1 Programmiersprachen/Darstellungsarten

Für die SPS-Programmierung stehen fünf verschiedene Programmiersprachen zur Verfügung. Die Bezeichnung der einzelnen Sprachen ist bei Step7 teilweise anders als in der Norm DIN EN 61131-3. Standardmäßig sind in der Programmiersoftware Step7 die Programmiersprachen Anweisungsliste, Kontaktplan und Funktionsplan vorhanden. Welche Programmiersprache bevorzugt wird, ist sehr unterschiedlich. Jedes Unternehmen und jeder Programmierer hat eine unterschiedliche Sprache favorisiert. Die drei Grundsprachen AWL, KOP und FUP sollte allerdings jeder SPS-Fachmann beherrschen.

SPS-Programmiersprachen

Textförmige Sprachen		**Grafische Sprachen**	
Step7	*DIN EN 61131-3*	**Step7**	*DIN EN 61131-3*
Anweisungsliste (AWL)	Anweisungsliste (AWL)	**Kontaktplan (KOP)**	Kontaktplan (KOP)
		Funktionsplan (FUP)	Funktionsbaustein-sprache (FBS)
Structured Control Language (SCL)	Strukturierter Text (ST)	**S7-Graph**	Ablaufsprache (AS)

In dem folgenden Beispiel ist eine *ODER-vor-UND-Schaltung* in den verschiedenen Programmiersprachen dargestellt.

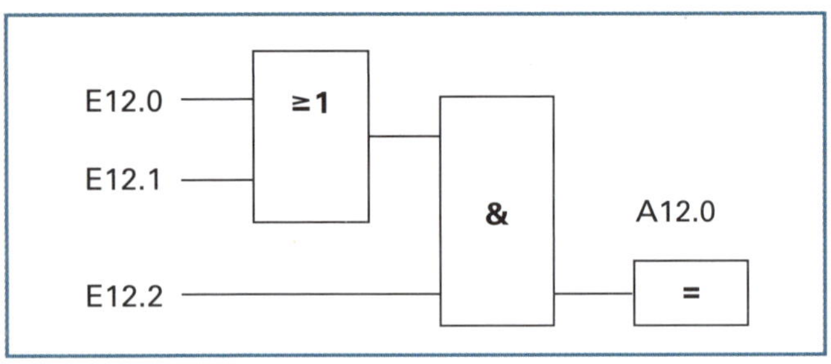

Funktionsplan (FUP)

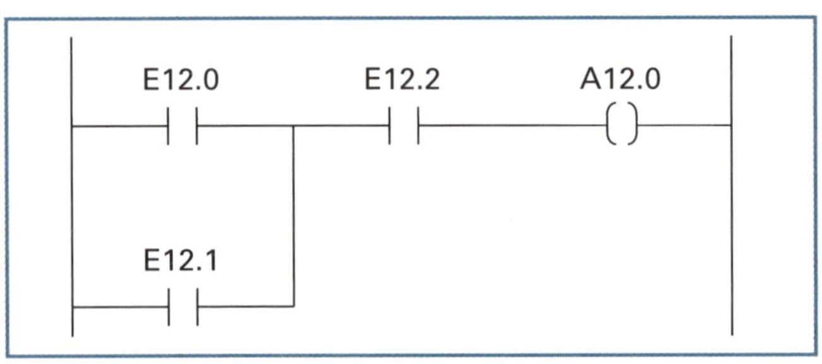

Kontaktplan (KOP)

```
O E12.0
O E12.1
U E12.2
= A12.0
```

Anweisungsliste (AWL)

Darstellung der Steuerung als Schützschaltung

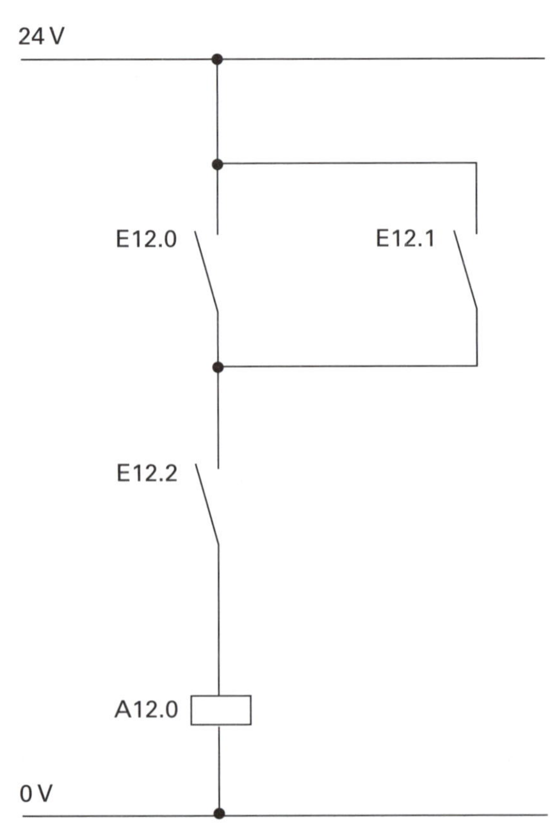

5.2 Grundlagen der Grundfunktionen

Grundfunktionen sind die am häufigsten verwendeten Funktionen in der Steuerungstechnik und Digitaltechnik. Bei den Bausteinen (Gattern) befinden sich auf der linken Seite jeweils die Eingänge und auf der rechten Seite der Ausgang.

Um das Verhalten einer Funktion darzustellen, gibt es verschieden Darstellungsweisen:

a) *Schaltzeichen:* Darstellungsweise, die auch im Funktionsplan verwendet wird.

b) *Wahrheitstabelle:* Bei der Wahrheitstabelle (auch Wertetabelle genannt) werden alle möglichen Schaltzustände in Tabellenform angegeben. In der rechten Spalte (Ausgang) wird das Schaltverhalten des Ausgangs auf die Eingangsbeschaltung eingetragen.
Die Anzahl der möglichen Schaltkombinationen beträgt:
Kombinationen = $2^{\text{Anzahl der Eingänge}}$ bei 4 Eingängen: $2^4 = 16$ Kombinationen

c) *Funktionsgleichung:* Funktionsgleichungen sind eine mathematische Ausdrucksweise des Schaltverhaltens.
Beispiele:

$A0.0 = E0.0 \wedge E0.1$ UND-Verknüpfung der Eingänge E0.0 und E0.1

$A0.0 = \overline{E0.0} \vee E0.1$ ODER-Verknüpfung mit negiertem Eingang E0.0

$A0.0 = \overline{E0.0 \wedge E0.1}$ UND-Verknüpfung mit negiertem Ausgang (NAND)

d) *Signal-Zeit-Plan:* Darstellung des zeitlichen Verlaufs der Eingangs- und Ausgangssignale
1 : Signalzustand logisch „1", Spannung entspricht „high-level"
0 : Signalzustand logisch „0", Spannung entspricht „low-level"

Beispiel: **ODER-Verknüpfung mit vier Eingängen**
Eine ODER-Verknüpfung ist am Ausgang „1", sobald ein Eingang oder mehrere Eingänge „1" sind.

a) **Schaltzeichen**

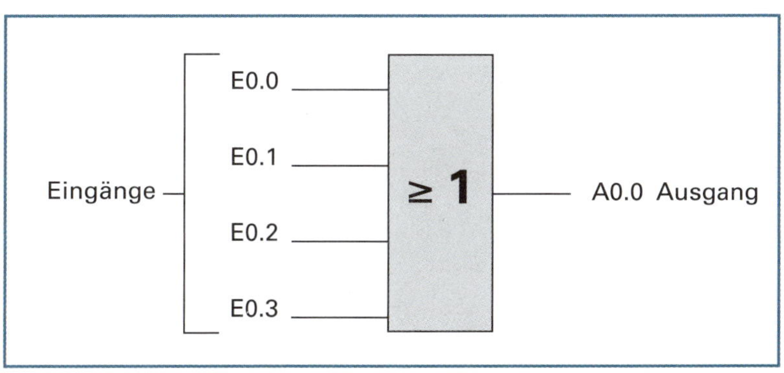

b) **Wahrheitstabelle** (Wertetabelle)

E0.3	E0.2	E0.1	E0.0	A0.0
0	0	0	0	0
0	0	0	1	1
0	0	1	0	1
0	0	1	1	1
0	1	0	0	1
0	1	0	1	1
0	1	1	0	1
0	1	1	1	1
1	0	0	0	1
1	0	0	1	1
1	0	1	0	1
1	0	1	1	1
1	1	0	0	1
1	1	0	1	1
1	1	1	0	1
1	1	1	1	1

c) **Funktionsgleichung**

$A0.0 = E0.0 \vee E0.1 \vee E0.2 \vee E0.3$

d) **Signal Zeit Plan**

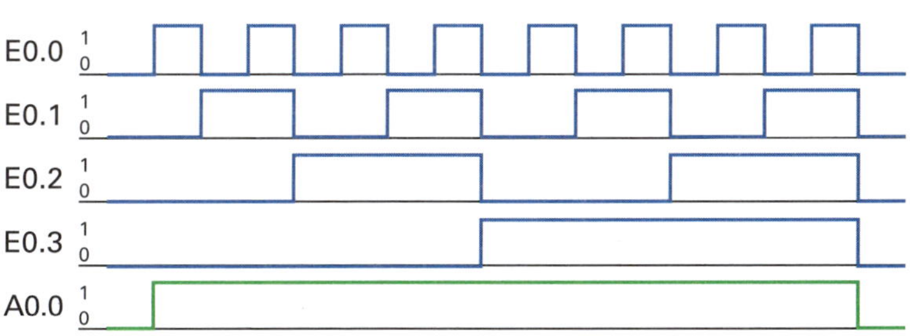

5.3 Übersicht der Grundfunktionen

Name	Schaltzeichen	Wahrheitstabelle	Funktionsgleichung	Signal-Zeit-Plan
UND (AND)	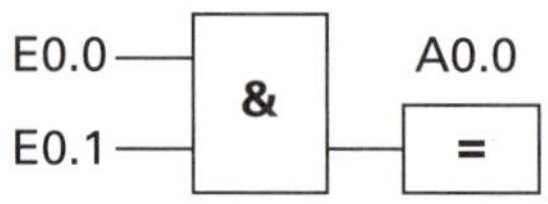	**E0.1 E0.0 A0.0** 0 0 0 0 1 0 1 0 0 1 1 1	A0.0 = E0.0 ∧ E0.1	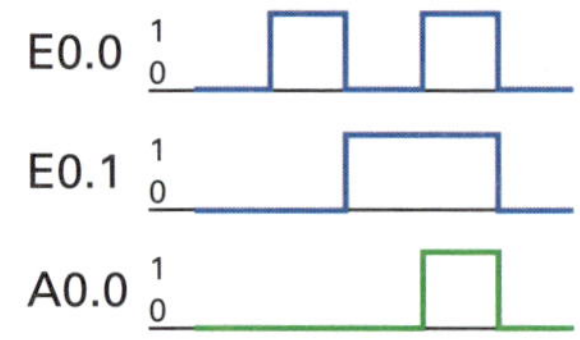
ODER (OR)	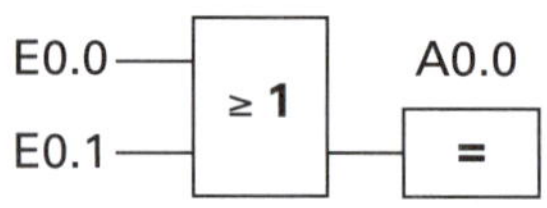	**E0.1 E0.0 A0.0** 0 0 0 0 1 1 1 0 1 1 1 1	A0.0 = E0.0 ∨ E0.1	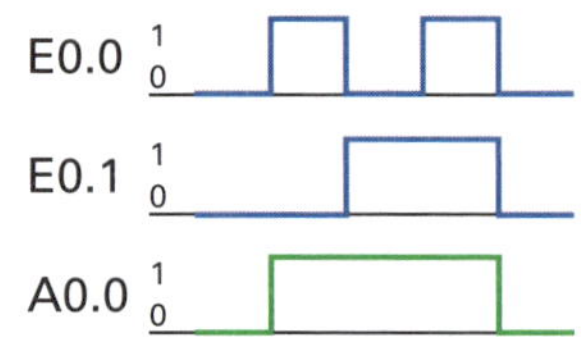
NICHT (Negation, Inverter)	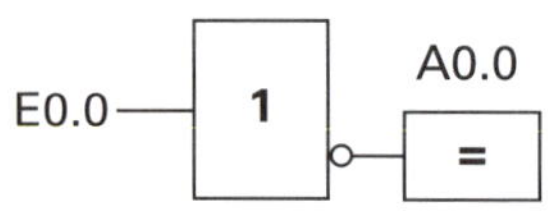	**E0.1 A0.0** 0 1 1 0	A0.0 = $\overline{\text{E0.0}}$	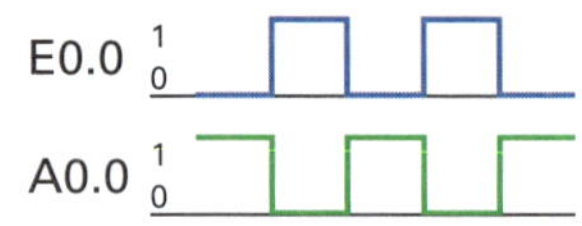
NAND	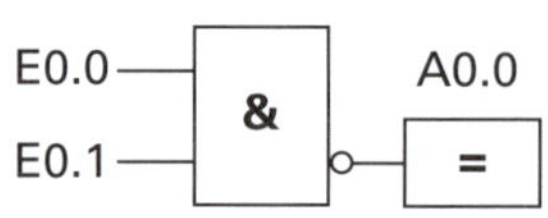	**E0.1 E0.0 A0.0** 0 0 1 0 1 1 1 0 1 1 1 0	A0.0 = $\overline{\text{E0.0} \wedge \text{E0.1}}$	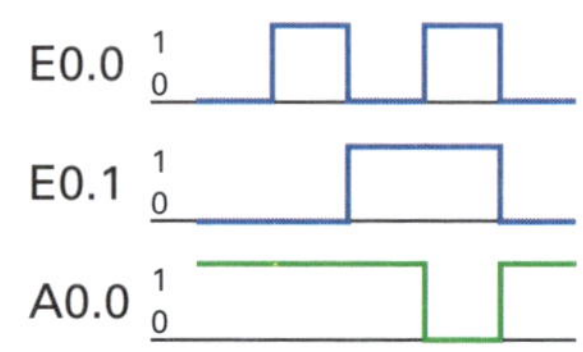
NOR	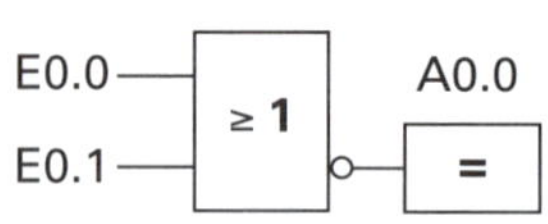	**E0.1 E0.0 A0.0** 0 0 1 0 1 0 1 0 0 1 1 0	A0.0 = $\overline{\text{E0.0} \vee \text{E0.1}}$	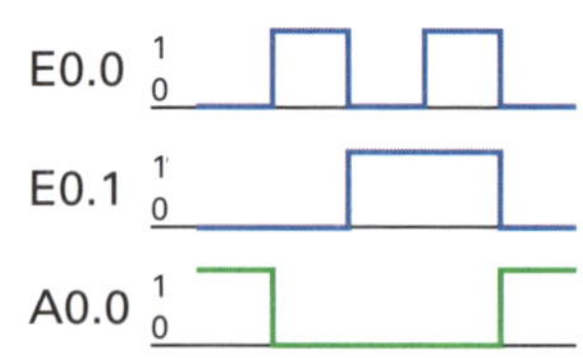
XOR (Exklusiv- ODER)	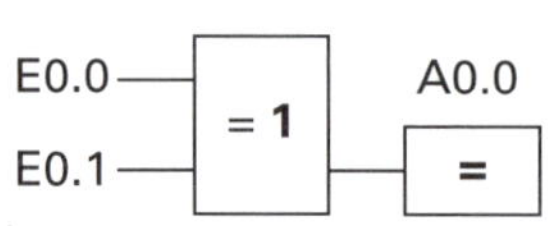	**E0.1 E0.0 A0.0** 0 0 0 0 1 1 1 0 1 1 1 0	A0.0 = ($\overline{\text{E0.0}}$ ∧ E0.1) ∨ (E0.0 ∧ $\overline{\text{E0.1}}$)	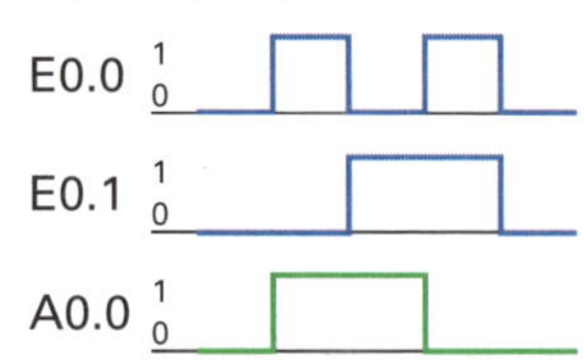

Beispielaufgabe:

Eine Lampe E1 soll leuchten, wenn Schalter S1 oder S2 (Schließer) betätigt ist. Sie darf nicht leuchten, wenn der Dämmerungsschalter B1 ein 1-Signal liefert.

Gesucht: a) Funktionsplan
b) Funktionsgleichung

Lösung:

a)

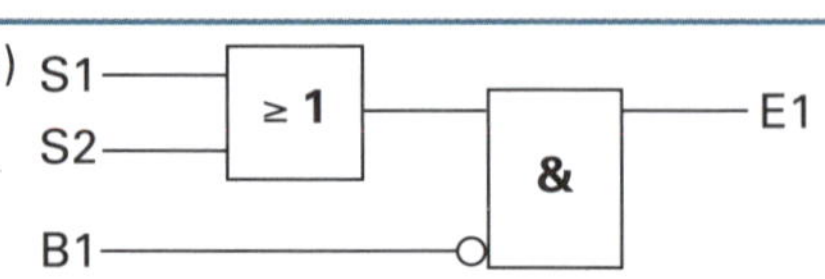

b) E1 = (S1 ∨ S2) ∧ $\overline{\text{B1}}$

5.4 Grundverknüpfungen in verschiedenen Programmiersprachen

Die nachfolgendeTabelle zeigt die Grundfunktionen in den einzelnen Programmiersprachen von Step7. Zusätzlich ist auch die Anweisungsliste nach DIN EN 61131-1 angegeben.

Grundverknüpfungen

	FUP	KOP	AWL (Step7)	AWL (DIN EN 61131-3)
UND	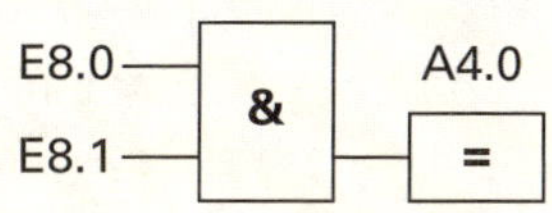	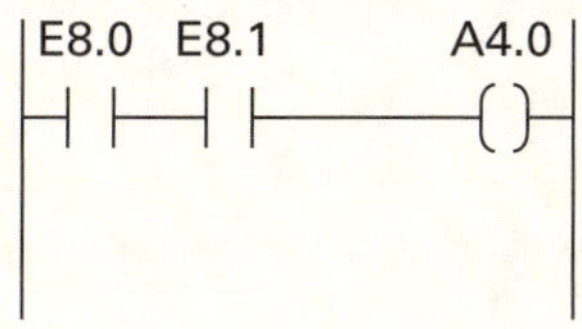	U E 8.0 U E 8.1 = A 4.0	LD I 8.0 AND I 8.1 ST Q 4.0
ODER	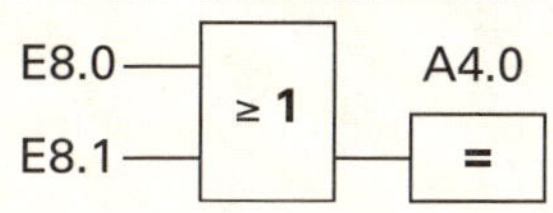	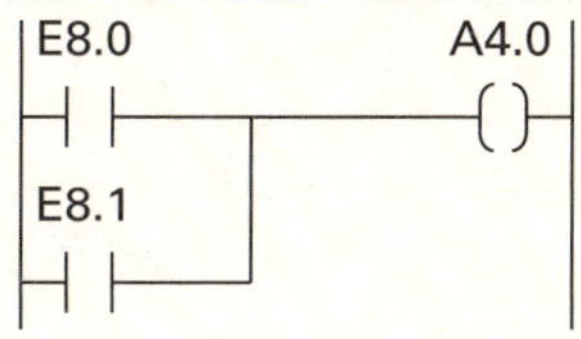	O E 8.0 O E 8.1 = A 4.0	LD I 8.0 OR I 8.1 ST Q 4.0
NICHT* (Negation)	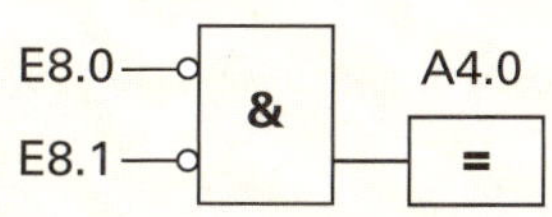	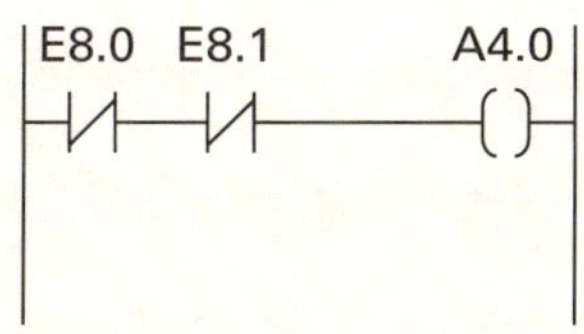	UN E8.0 UN E8.1 = A 4.0	LDN I 8.0 ANDN I 8.1 ST Q 4.0
NAND	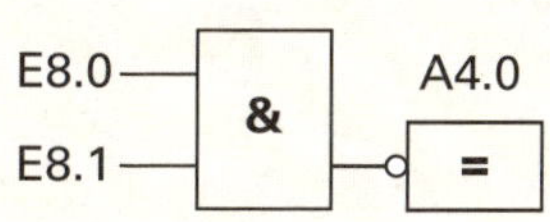	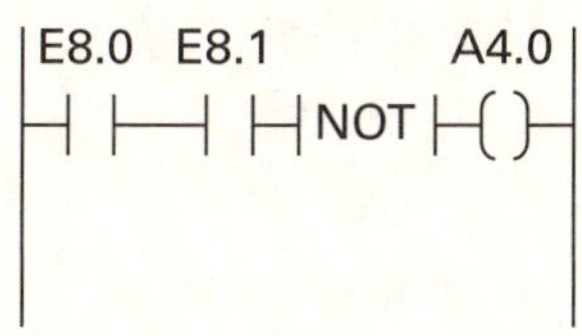	U E 8.0 U E 8.1 NOT = A 4.0	LD I 8.0 AND I 8.1 ST M 0.0 LDN M 0.0 ST Q 4.0
NOR	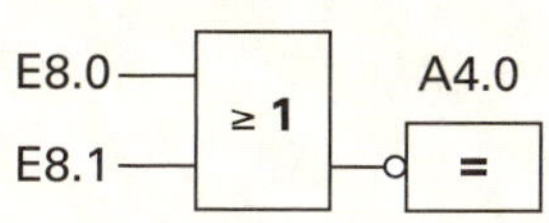	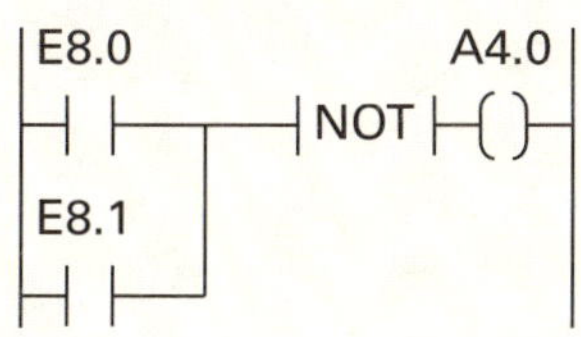	O E 8.0 O E 8.1 NOT = A 4.0	LD I 8.0 OR I 8.1 ST M 0.0 LDN M 0.0 ST Q 4.0
XOR (Exklusiv-ODER)	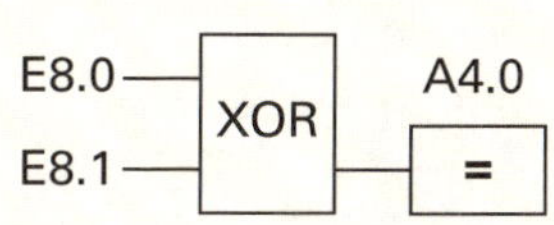	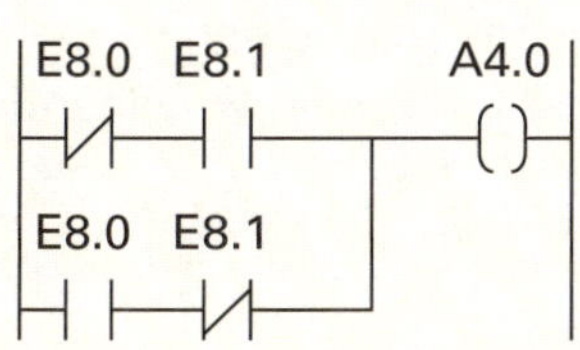	X E 8.0 X E 8.1 = A 4.0	LD I 8.0 XOR I 8.1 ST Q 4.0
Zuweisung	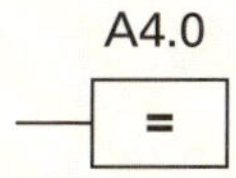	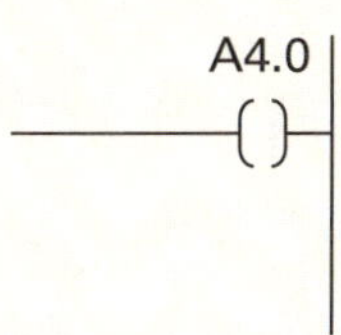	= A 4.0	ST Q 4.0

* Negationen (NICHT) können im Zusammenhang mit folgenden Verknüpfungen angewendet werden:

UND-NICHT	⇒	UN
ODER-NICHT	⇒	ON
Exklusiv-ODER NICHT	⇒	XN

5.5 Addressierung

Eingänge, Ausgänge und Merker werden byteweise adressiert. Jede Adresse besteht aus einer Byte- und einer Bitangabe, wobei die Zählung bei Null beginnt. Das erste Bit im ersten Byte eines Ausgangs heißt A 0.0. Das letzte Bit des Ausgangsbytes Null ist A0.7. Darauf folgt A1.0.

Beispiele für die byteweise Adressierung		
E0.0	A124.0	M100.0
E0.1	A124.1	M100.1
E0.2	A124.2	M100.2
E0.3	A124.3	M100.3
E0.4	A124.4	M100.4
E0.5	A124.5	M100.5
E0.6	A124.6	M100.6
E0.7	A124.7	M100.7
E1.0	A125.0	M101.0
...	...	...
E1.7	A125.7	M101.7

In der Anweisungsliste (AWL) sind Befehlszeilen immer nach dem gleichen Schema aufgebaut.

Beispiel: **U E 11.5**

Operation		**Operandenkennzeichen**		**Byte**	**Bit**
U	UND	E	Eingang	11	5
O	ODER	A	Ausgang	*(abhängig von*	*(0 ... 7)*
N	NICHT	M	Merker	*Steckplatz und*	
R	Rücksetzen			*Baugruppe)*	
S	Setzen				
ZV	Zähle Vorwärts				
ZR	Zähle Rückwärts				

Die zur Verfügung stehenden Adressen sind abhängig von der verwendeten Hardware. In der Hardwarekonfiguration wird angezeigt, welcher Adressbereich bei den einzelnen Baugruppen verwendet werden kann.

Die Adressbereiche für Eingänge, Ausgänge und Merker sind voneinander unabhängig. Neben einem Eingang E0.0 kann es auch einen Ausgang A0.0 sowie einen Merker M0.0 geben.

5.6 Merker und Klammerbefehle

5.6.1 Merker

Merker sind globale Variablen, d.h. sie stehen in allen verwendeten Bausteinen wie Funktionen und Funktionsbausteinen zur Verfügung.

Merker können als Bit, Byte, Wort oder Doppelwort verwendet werden.

Die Adressierung der Merker ist wie bei den Ein- und Ausgängen, z.B.

M 0.0 bis M 0.7
M 1.0 bis M 1.7 usw.

Remanenz

Bei Merkern lässt sich einstellen, ob sie ihren Zustand nach einem Spannungsausfall und anschließender Wiederkehr behalten oder nicht. Dieses Remanenzverhalten lässt sich in der ***Geräte-/Hardwarekonfiguration*** unter ***CPU*** ⟹ ***Eigenschaften*** einstellen. Siehe auch Kapitel 11.2.

Step7 V5.x

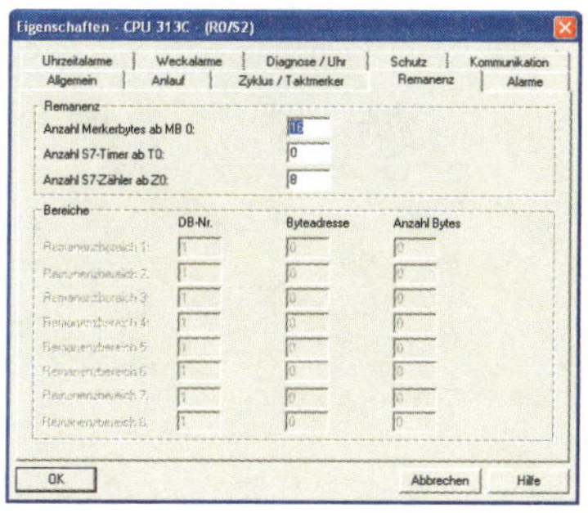

TIA-Portal

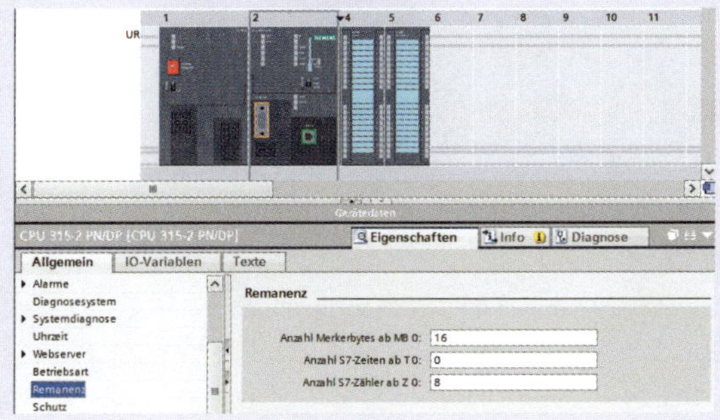

Taktmerker

Es kann ein Merkerbyte definiert werden, bei dem die einzelnen Bits mit einer definierten Frequenz ein- und ausgeschaltet werden. Siehe Kapitel 8.2 Taktmerker.

Systemmerker

Im TIA-Portal können für die S7-1200 und S7-1500 Systemmerkerbits festgelegt werden.

Diese Merkerbits sind global im ganzen Projekt gültig und können an jeder Stelle abgefragt werden, um z.B. eine Ablaufkette zu starten *(Merkerbit: Erster Zyklus)* oder einen Eingang dauerhaft auf high zu legen *(Immer 1 [high])*. Zur Verfügung stehen:

Erster Zyklus:

Diagnosestatus geändert:

Immer 1 (high):

Immer 0 (low):

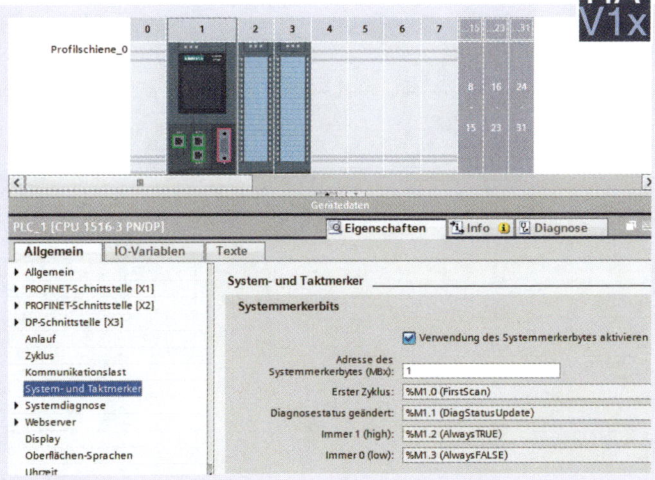

5.6.2 Klammerbefehle

Unter Step7 stehen folgende Klammerbefehle zur Verfügung:

U(⟹ UND Klammer auf
UN(⟹ UND NICHT Klammer auf
O(⟹ ODER Klammer auf
ON(⟹ ODER NICHT Klammer auf
X(⟹ EXKLUSIV ODER Klammer auf
XN(⟹ EXKLUSIV ODER NICHT Klammer auf
) ⟹ Klammer zu

Verwendung von Klammerbefehlen

1. Die Steueranweisungen innerhalb einer Klammer werden zuerst bearbeitet.
2. Jede Klammer, die geöffnet wird, muss auch wieder geschlossen werden.
3. Ein „Klammer auf"-Befehl ist VKE-begrenzend, d.h. es fängt eine neue Verknüpfung an.
4. Ein „Klammer zu"-Befehl ist nicht VKE-begrenzend.

5.7 Verknüpfungsergebnis VKE

Das Verknüpfungsergebnis ist ein Register in der CPU, welches abhängig von der ausgeführten Programmzeile den Signalzustand „1“ oder „0“ hat. Bei einer Zuweisung „=“ wird der Wert abgefragt.

SPS-Programm	Signal im Prozessabbild der Eingänge (PAE)	Verknüpfungsergebnis (VKE)	Signal im Prozessabbild der Ausgänge (PAA)	Kommentar
O E0.0	0	0		Signal vom PAE wird als VKE übernommen.
O E0.1	1	1		Altes VKE wird mit Signal im PAE „ODER-verknüpft“. Neues VKE = „1“.
UN E0.2	0	1		Altes VKE wird mit negiertem Signal im PAE „UND-verknüpft“. Neues VKE = „1“.
= A0.0			1	Das VKE wird im PAA dem Ausgang A0.0 zugewiesen.

Aufgabe 1 Erstellen Sie eine Funktionsbeschreibung.

Beispiel: Ansteuerung eines Drehstrommotors

Nebenstehend ist der Steuerstromkreis einer Schützschaltung dargestellt.

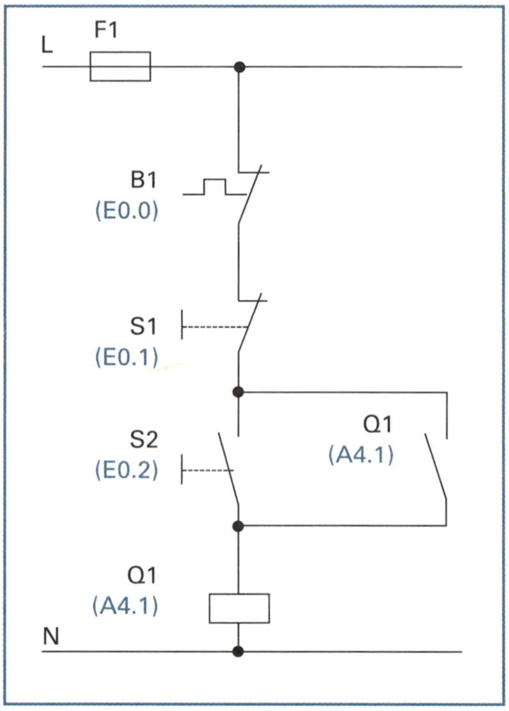

Die Schaltung kann in Anweisungsliste (AWL) auf drei verschiedene Arten realisiert werden:

ODER vor UND	Klammern	Merkern
O E 0.2	U E 0.0	U E 0.0
O A 4.1	U E 0.1	U E 0.1
U E 0.0	U(	= M 0.0
U E 0.1	O E 0.2	O E 0.2
= A 4.1	O A 4.1	O A 4.1
	)	= M 0.1
	= A 4.1	U M 0.0
		U M 0.1
		= A 4.1

5.8 Beispielaufgabe: Kühlhaus

Problemstellung

Ein Supermarkt verfügt über ein Kühlhaus zur Lagerung von Lebensmitteln. Zur Steuerung der Anlage steht ein „Hand-0-Automatik-Schalter" zur Verfügung. Die Kühlung wird im Automatikbetrieb durch ein Thermostat (B1) eingeschaltet, wenn die Temperatur über –7 °C steigt.

Das Kühlaggregat kann im Handbetrieb dauerhaft eingeschaltet werden. Beim Betrieb der Kühlung leuchtet eine Meldeleuchte (P1).

Löst das Motorschutzrelais (F1) aus, soll die Kühlung ausgeschaltet werden.

Eine Alarmhupe wird eingeschaltet, sobald das Motorschutzrelais auslöst oder das Sicherheitsthermostat (B2) eine Temperatur von über – 2 °C meldet. Sie kann über einen Quittiertaster (S2) ausgetastet werden.

Anlegen einer Symboltabelle

S7-Programm(1) (Symbole) -- 04_Kuehlhaus\SIMATIC 300-Station\CPU313C(1)

	Status	Symbol	Adresse	Datentyp	Kommentar
1		Q1	A 0.0	BOOL	Schütz Kühlaggregat
2		P1	A 0.1	BOOL	Meldeleuchte "Kühlung läuft"
3		P2	A 0.2	BOOL	Hupe "Alarm/Störung"
4		S1_Hand	E 0.0	BOOL	Schalter Handbetrieb (1-Signal)
5		S1_Auto	E 0.1	BOOL	Schalter Automatikbetrieb (1-Signal)
6		B1	E 0.2	BOOL	Thermostat Aggregat (Schließer)
7		B2	E 0.3	BOOL	Thermostat Alarm (Öffner)
8		F1	E 0.4	BOOL	Motorschutzrelais (Öffner)
9		Kühlaggregat	FC 1	FC 1	

Zeichnen des Anschlussplans

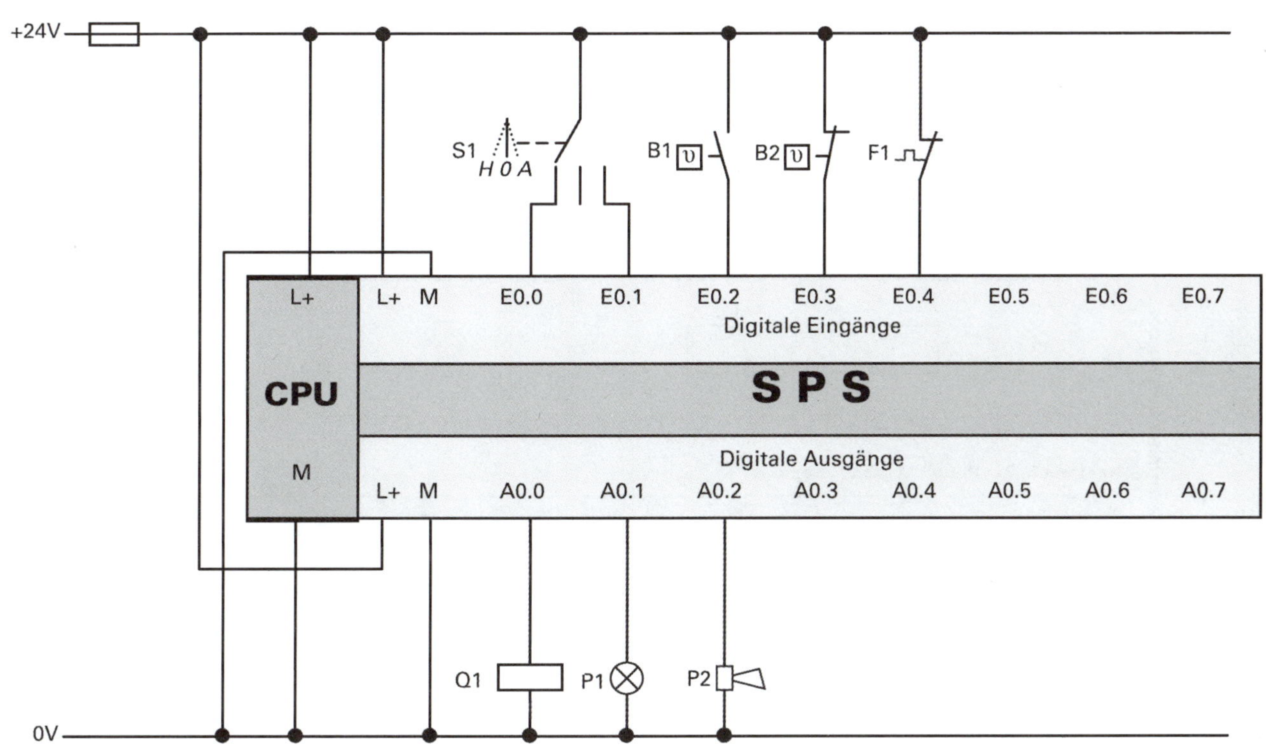

Erstellen des Steuerungsprogramms

Organisationsbaustein OB1

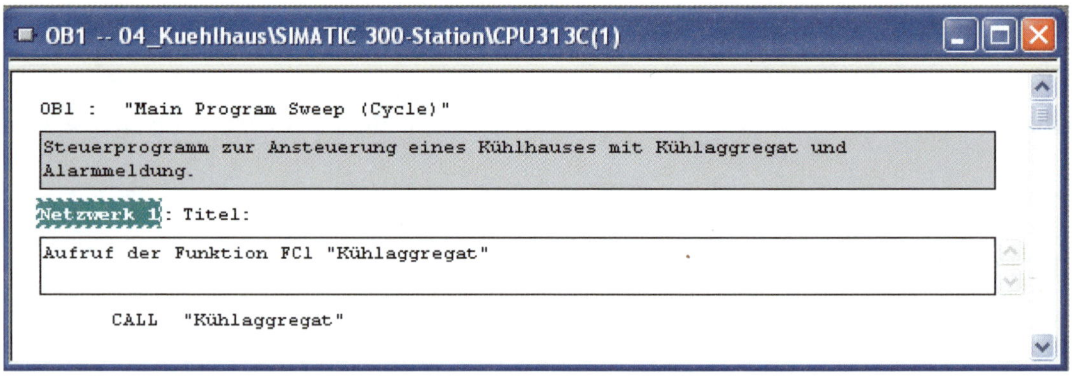

Funktion FC1

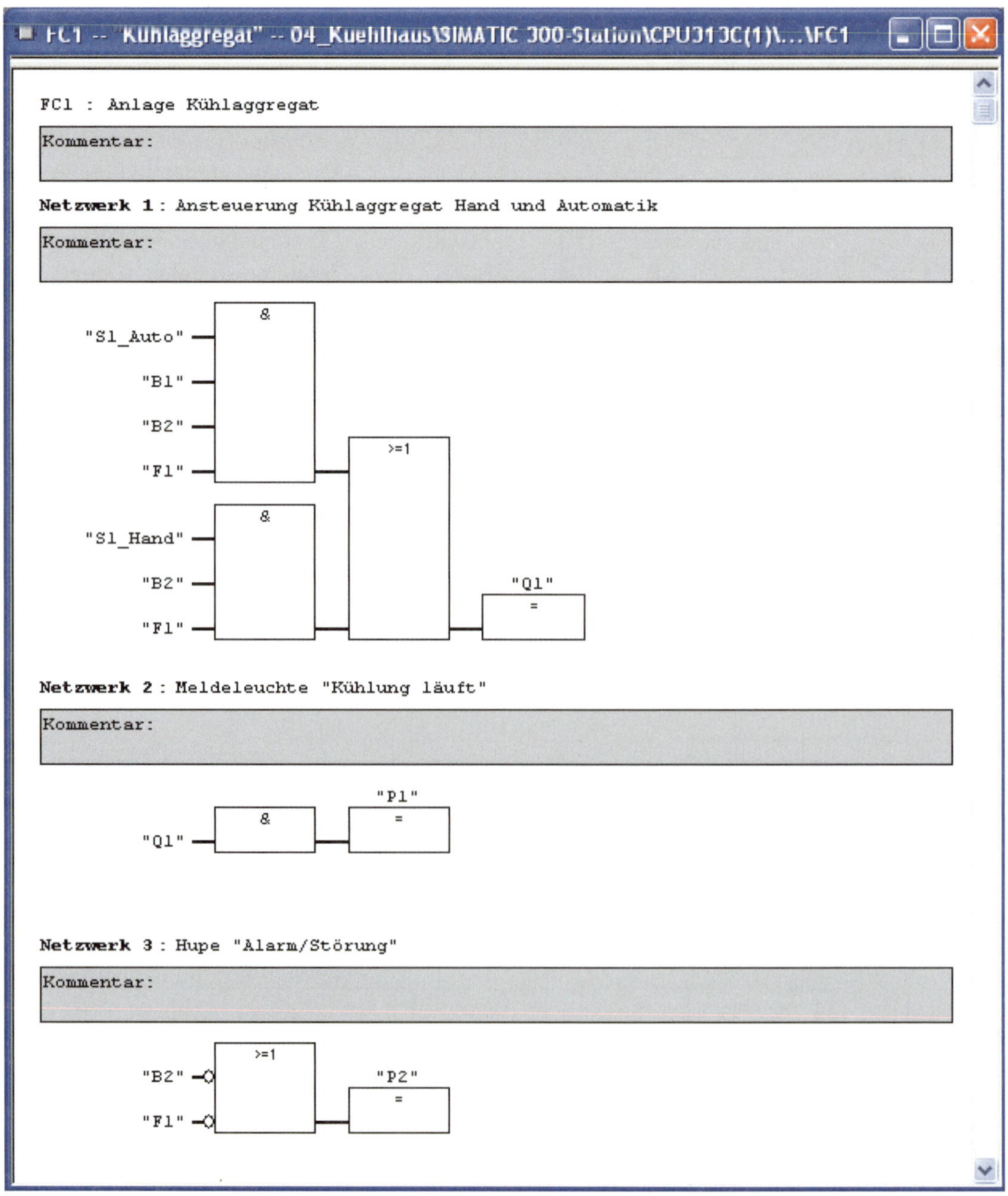

5.9 Wiederholungsfragen

1 Welche Programmiersprachen stehen bei Step7 zur Verfügung?

2 Welche Programmiersprache ähnelt einem Stromlaufplan?

3 Stellen Sie folgende Schaltung als Funktionsplan (FUP) dar.

```
U   E 0.0
U   E 0.1
O(
UN E 0.2
U   M 6.0
)
ON M 6.1
NOT
=   A 124.0
```

4 Was bedeutet „byteweise Adressierung"?

5 Welche Bits umfasst das Merkerbyte 100?

6 Die Schützschaltung soll mit einer SPS realisiert werden. Geben Sie das Programm in AWL, KOP und FUP an. Es soll dabei die symbolische Adressierung, d.h. B1, S0 usw., verwendet werden.

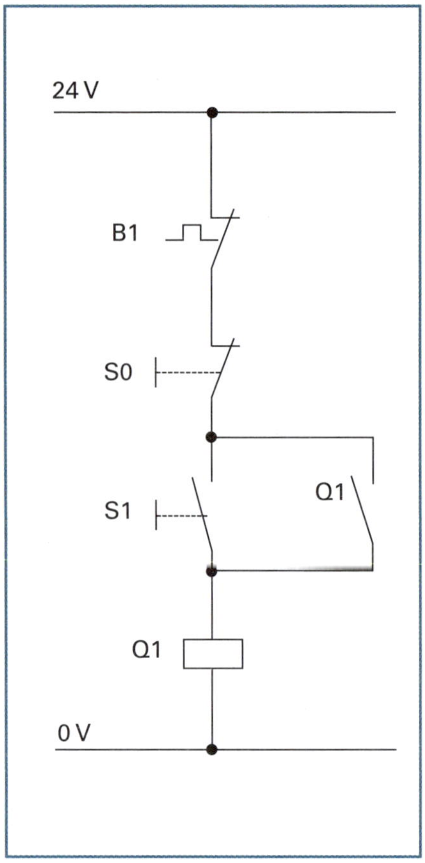

a) AWL

b) KOP

c) FUP

7 Welche Klammerbefehle stehen bei Step7 zur Verfügung?

5.10 Übung: Sicherheitscode

Problemstellung

Eine Tür ist durch eine Schalterkombination von 10 Schaltern (Schließer) geschützt. Der Türöffner wird angesteuert, wenn S1, S3, S7 und S10 eingeschaltet und alle anderen ausgeschaltet sind. Alle Schalter sowie der Türöffner (Q1) sind direkt an die SPS-Steuerung angeschlossen.

Aufgabe:

1. Legen Sie ein SPS-Projekt an.
2. Legen Sie eine Symboltabelle an.
3. Erstellen Sie das Steuerungsprogramm in FUP.
4. Testen Sie das Steuerungsprogramm mit PLCSIM.

5.11 Übung: Folgeschaltung von Montagebändern

Problemstellung

In einer Fertigungshalle sind vier Montagebänder hintereinander angeordnet. Um Stauungen zu vermeiden, darf zuerst nur das letzte Band über S4 eingeschaltet werden. Erst wenn dieses Band läuft, kann man mit S3 Band 3, danach mit S2 Band 2 und zum Schluss mit S1 Band 1 einschalten.

S1 ... S4	Schalter (Schließer)
Q1	Schütz für Motor Band 1
Q2	Schütz für Motor Band 2
Q3	Schütz für Motor Band 3
Q4	Schütz für Motor Band 4

Aufgabe:

1. Legen Sie ein SPS-Projekt an.
2. Legen Sie eine Symboltabelle an.
3. Erstellen Sie das Steuerungsprogramm in AWL.
4. Testen Sie das Steuerungsprogramm mit PLCSIM.

5.12 Übung: Funktionsgleichung

Problemstellung

Eine Schaltung wird durch folgende Funktionsgleichung beschrieben:

$$P1 = (S1 \wedge \overline{S2} \wedge S3) \vee (S1 \wedge \overline{S4})$$

Aufgabe:

1. Legen Sie ein SPS-Projekt an.
2. Legen Sie eine Symboltabelle an.
3. Erstellen Sie das Steuerungsprogramm in KOP.
4. Testen Sie das Steuerungsprogramm mit PLCSIM.

5.13 Übung: Rauchmeldeanlage

Problemstellung

Eine Lagerhalle soll durch vier Rauchsensoren (B1 – B4) überwacht werden. Bei Rauch geben sie ein 0-Signal, sonst ein 1-Signal. Wenn ein Sensor Rauch erkennt, soll eine Warnleuchte (P1) leuchten. Bei mindestens zwei gleichzeitigen Meldungen soll die Sirene (P2) ertönen.

Geben mindestens drei Rauchmelder einen Alarm, so soll ein automatisches Wählgerät eingeschaltet werden, das die Feuerwehr alarmiert.

Das Wählgerät (P3) wird über einen Ausgang der SPS angesteuert (Ausgang auf „1“).

Technologieschema:

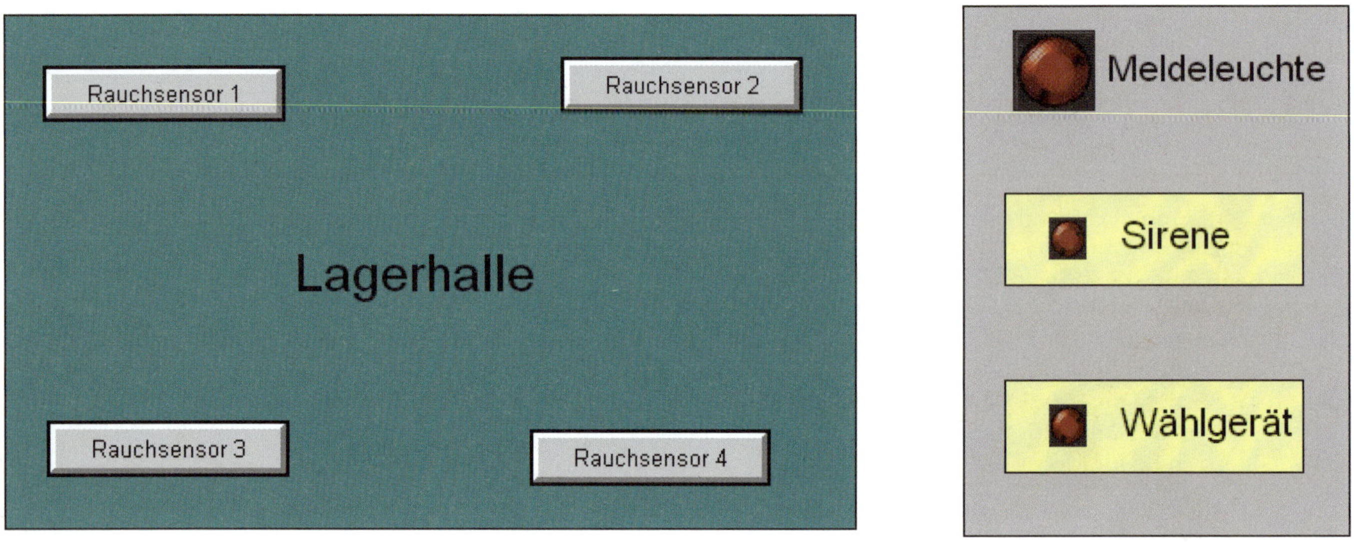

Visualisierungsdatei: *05_Rauch.vis*

Zuordnungsliste:

Symbol	Operand	Kommentar	Schaltverhalten
B1	E0.0	Rauchsensor	Öffner
B2	E0.1	Rauchsensor	Öffner
B3	E0.2	Rauchsensor	Öffner
B4	E0.3	Rauchsensor	Öffner
P1	A0.0	Warnleuchte	–
P2	A0.1	Sirene	–
P3	A0.2	Automatisches Wählgerät	1 = Wählgerät wird aktiviert

Aufgabe:

1. Legen Sie ein SPS-Projekt an und erstellen Sie das Steuerungsprogramm.
2. Testen Sie das Steuerungsprogramm.

5.14 Übung: Alarmanlage

Problemstellung

Ein Gebäude soll durch eine Alarmanlage überwacht werden. Sämtliche Sensoren sind aus Sicherheitsgründen als Öffner ausgelegt. Die Unterbrechung einer Leitung wird somit als Alarm interpretiert.

Wenn mindestens einer der drei Fenstersensoren im Obergeschoss einen Alarm auslöst soll die Sirene aktiviert werden. Außerdem soll die Meldeleuchte *Alarm Obergeschoss* leuchten.

Wenn mindestens einer der zwei Fenstersensoren im Erdgeschoss, der Türsensor oder der Bewegungsmelder einen Alarm auslöst, soll die Sirene aktiviert werden. Außerdem soll die Meldeleuchte *Alarm Erdgeschoss* leuchten.

Technologieschema:

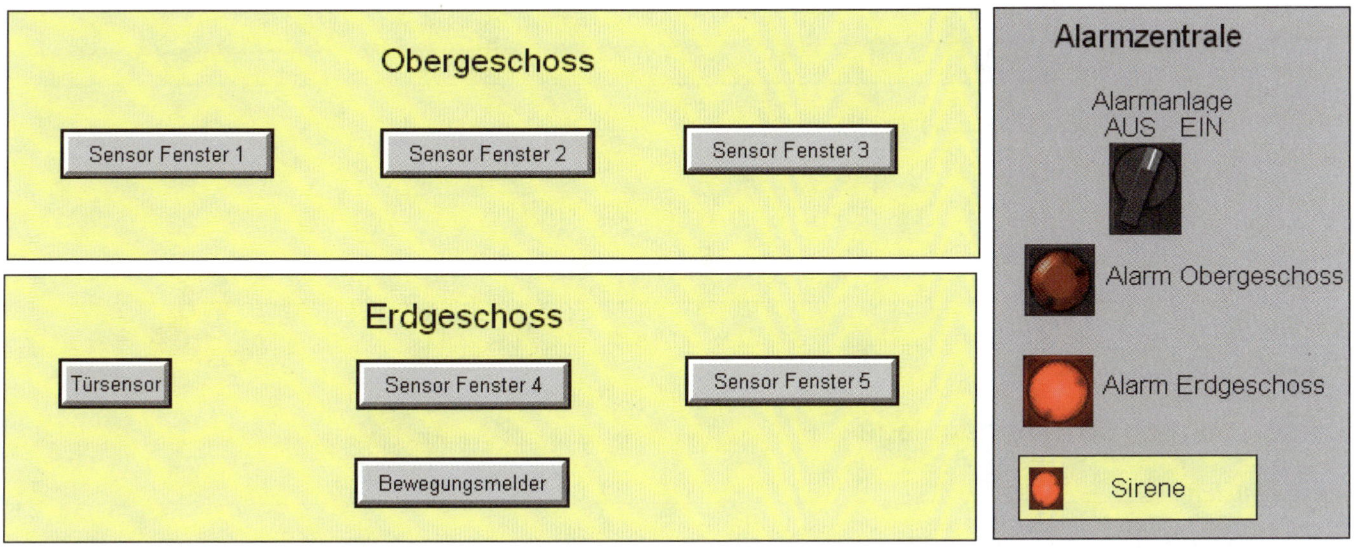

Visualisierungsdatei: *05_Alarmanlage.VIS* auf der Buch-CD

Zuordnungsliste:

Symbol	Operand	Kommentar	Schaltverhalten
B1	E0.0	Fenstersensor Obergeschoss	Öffner
B2	E0.1	Fenstersensor Obergeschoss	Öffner
B3	E0.2	Fenstersensor Obergeschoss	Öffner
B4	E0.3	Türsensor Erdgeschoss	Öffner
B5	E0.4	Fenstersensor Erdgeschoss	Öffner
B6	E0.5	Fenstersensor Erdgeschoss	Öffner
B7	E0.6	Bewegungsmelder Erdgeschoss	Öffner
S8	E0.7	Schalter Alarmanlage Ein/Aus	1 = Alarmanlage ein
P1	A0.0	Sirene	–
P2	A0.1	Alarm Obergeschoss	–
P3	A0.2	Alarm Erdgeschoss	–

Aufgabe:

1. Ergänzen Sie den Anschlussplan (nächste Seite).
2. Legen Sie ein SPS-Projekt an und erstellen Sie das Steuerungsprogramm.
3. Testen Sie das Steuerungsprogramm.

Anschlussplan:

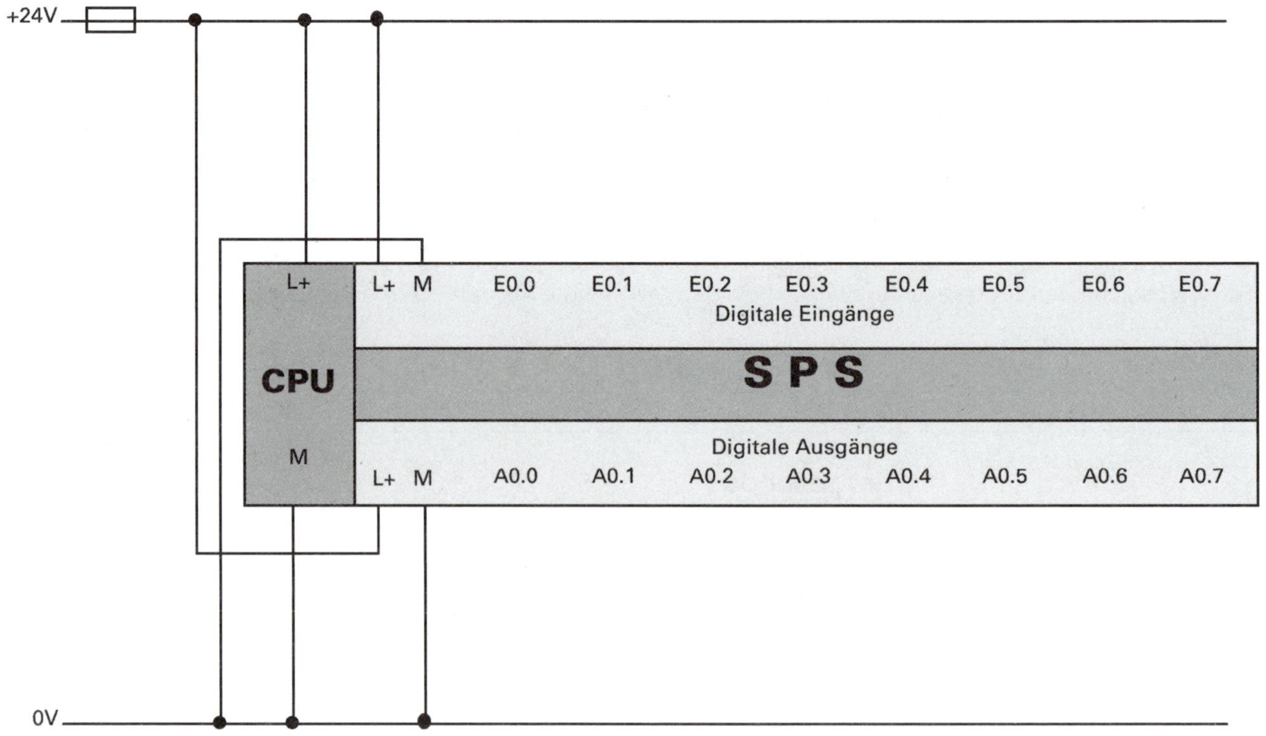

5.15 Übung: Förderbandanlage

Problemstellung

Auf einer Förderbandanlage werden Kisten transportiert. Die Kisten werden mit einem einfach wirkenden Zylinder von Band 1 auf Band 2 geschoben.
Beim Einschalten der Anlage starten beide Förderbänder. Wenn eine Kiste den Näherungssensor am Bandende erreicht hat, stoppen die Antriebe und der Zylinder schiebt die Kiste auf das Förderband 2. Ist der Zylinder ganz ausgefahren, wird der interne Endlagensensor betätigt. Der Zylinder fährt automatisch durch eine Feder wieder ein. Dies geschieht ohne elektrische Ansteuerung.
Wenn die Förderbänder eingeschaltet sind, leuchtet auch die Meldeleuchte.

Technologieschema:

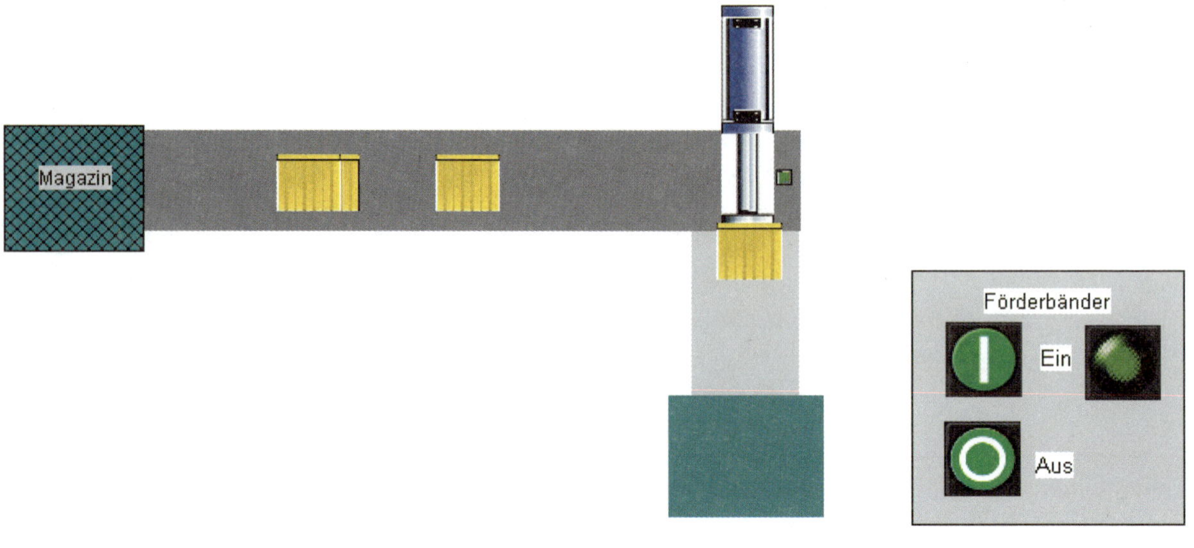

Visualisierungsdatei: *05_Förderbandanlage.VIS* auf der Buch-CD

Zuordnungsliste:

Symbol	Operand	Kommentar	Schaltverhalten
Ein	E 0.0	Förderbänder ein	Schließer
Aus	E 0.1	Förderbänder aus	Öffner
N_sensor	E 0.3	Näherungssensor	Schließer
Zy_1_aus	E 0.5	Zylinder 1 ausgefahren	Schließer
Band_1	A 0.0	Förderband 1	–
Zy_1	A 0.1	Zylinder 1	1 = ausgefahren, 0 = eingefahren
ML_Band	A 0.2	Meldeleuchte Band läuft	–
Band_2	A 0.3	Förderband 2	–

Aufgabe:

1. Ergänzen Sie den Anschlussplan.
2. Legen Sie ein SPS-Projekt an und erstellen Sie das Steuerungsprogramm.
3. Testen Sie das Steuerungsprogramm.

Anschlussplan:

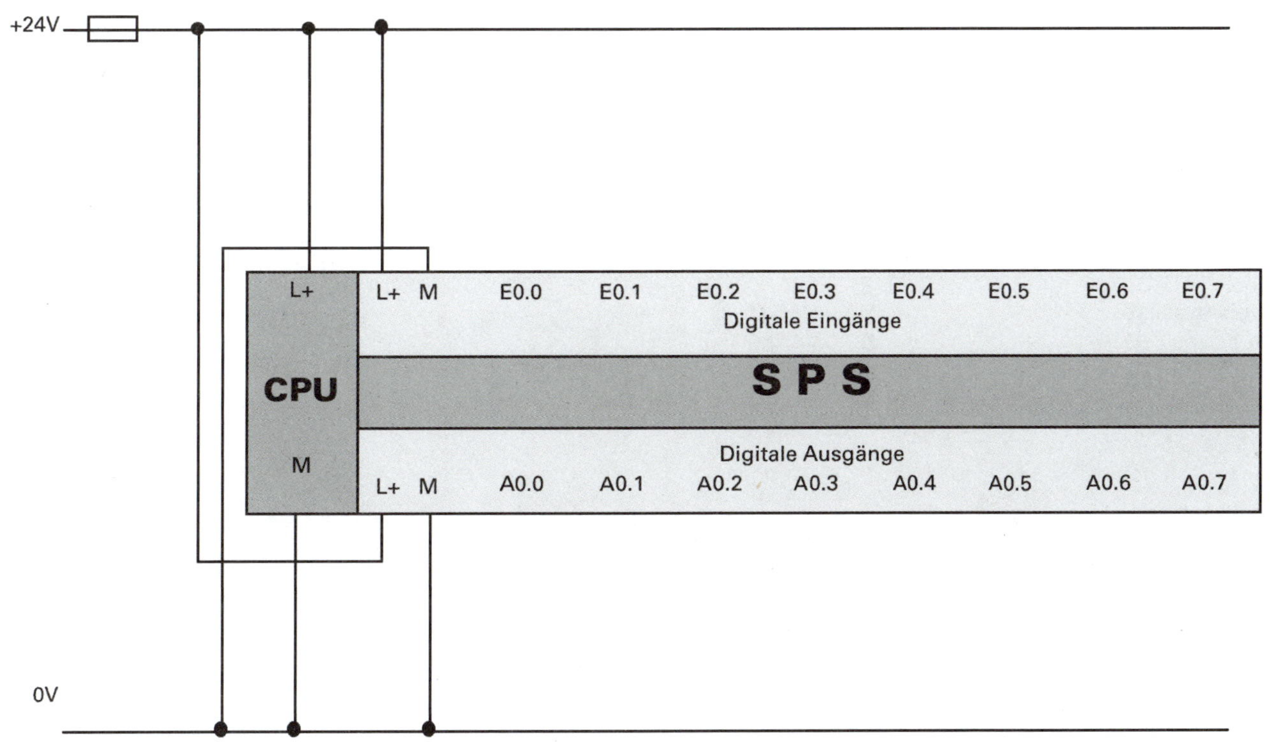

6 Flipflops (Speicherfunktionen)

6.1 SR-Flipflop und RS-Flipflop

Mit Hilfe von Flipflops lassen sich Speicheroperationen realisieren. Das Speicherglied (Flipflop) wird durch zwei Befehle gesteuert. Der Befehl „Setzen" bewirkt, dass das Flipflop gesetzt wird, d.h. der Ausgang wird auf logisch „1" gesetzt. Wenn das Eingangssignal nicht mehr anliegt, bleibt der Ausgang gesetzt. Das Flipflop speichert den Zustand so lange, bis der Befehl „Rücksetzen" gegeben wird.
Sind beide Eingänge mit einem 0-Signal belegt, bleibt der vorherige Zustand erhalten. Ist das Flipflop zuvor gesetzt worden, hat es ein 1-Signal am Ausgang, sonst eine logische „0".
Werden sowohl der Setz- als auch der Rücksetzeingang gleichzeitig angesteuert, wird durch die Programmierung festgelegt, ob der Ausgang gesetzt wird oder nicht. Beim vorrangig rücksetzenden SR-Flipflop wird in diesem Fall der Ausgang nicht gesetzt. Beim vorrangig setzenden RS-Flipflop wird der Ausgang gesetzt.

Beispiel: **Eintasten eines Ausgangs mit einem Schließer (E0.0), Austasten mit einem Öffner (E0.1).**

	SR-Flipflop vorrangig rücksetzend	**RS-Flipflop vorrangig setzend**

Wahrheitstabelle

SR-Flipflop vorrangig rücksetzend:

S	R	Q
0	0	Zustand bleibt erhalten
0	1	0
1	0	1
1	1	0

RS-Flipflop vorrangig setzend:

S	R	Q
0	0	Zustand bleibt erhalten
0	1	0
1	0	1
1	1	1

Funktionsplan (FUP)

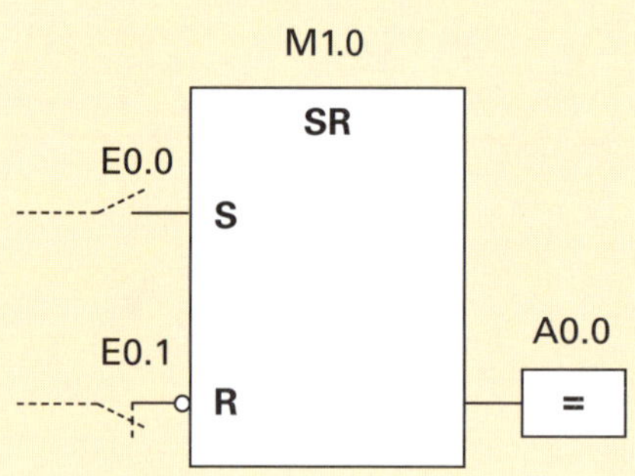

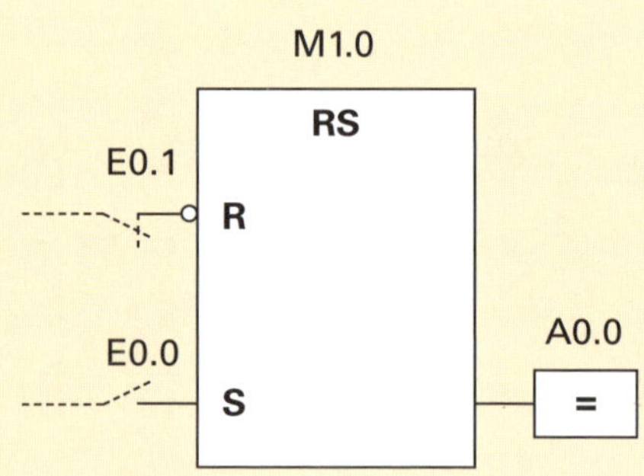

Anweisungsliste (AWL)

SR-Flipflop:

```
U   E0.0
S   M1.0
UN  E0.1
R   M1.0

U   M1.0
=   A0.0
```

RS-Flipflop:

```
UN  E0.1
R   M1.0
U   E0.0
S   M1.0

U   M1.0
=   A0.0
```

Kontaktplan (KOP)

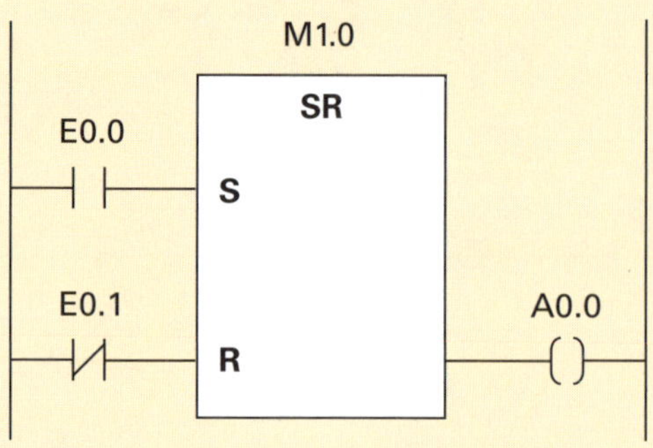

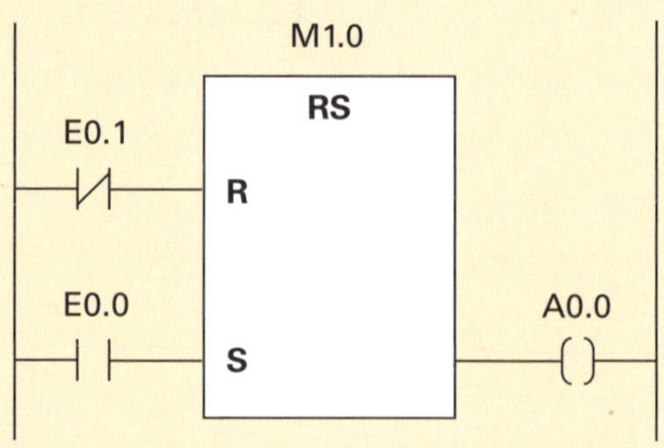

Einsatzgebiete (Beispiele)

SR-Flipflop:
- Antriebe
- Förderanlagen

RS-Flipflop:
- Gefahrenmeldeanlagen

In AWL wird die Programmzeile, die zuletzt aufgelistet ist, vorrangig ausgeführt. Wird z.B. zuerst der Setzbefehl und danach der Rücksetzbefehl programmiert, so ist das Flipflop rücksetzdominant.

Von den beiden Flipfloparten wird das SR-Flipflop wesentlich häufiger verwendet als das RS-Flipflop, da bei Maschinen- und Anlagensteuerungen in den meisten Fällen im Zweifelsfall abgeschaltet wird.

Das Remanenzverhalten wird in Kapitel 11.2 *Remanenzverhalten* (Seite 87) beschrieben.

Aufgabe 1: Zeichnen Sie die Schaltung der vorherigen Seite mit dem vorrangig setzenden und dem vorrangig rücksetzenden Flipflop jeweils als Schützschaltung.

vorrangig rücksetzend

vorrangig setzend

Im Kontaktplan (KOP) können Flipflops auf zwei verschiedene Arten programmiert werden:

FC1: Flipflop im Kontaktplan

Netzwerk 1: Flipflop setzen und zurücksetzen

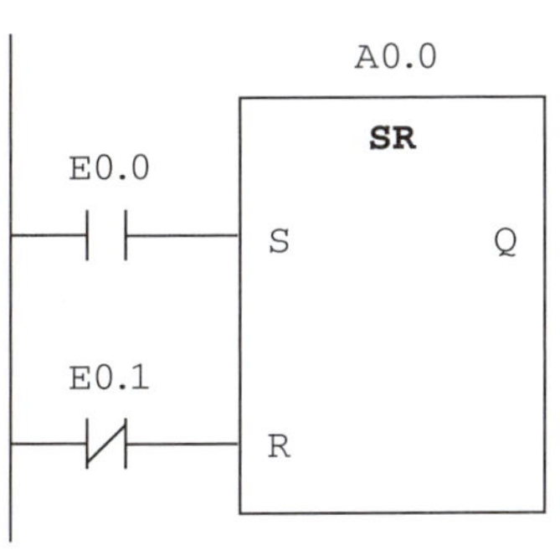

FC1: Flipflop im Kontaktplan

Netzwerk 1: Flipflop setzen

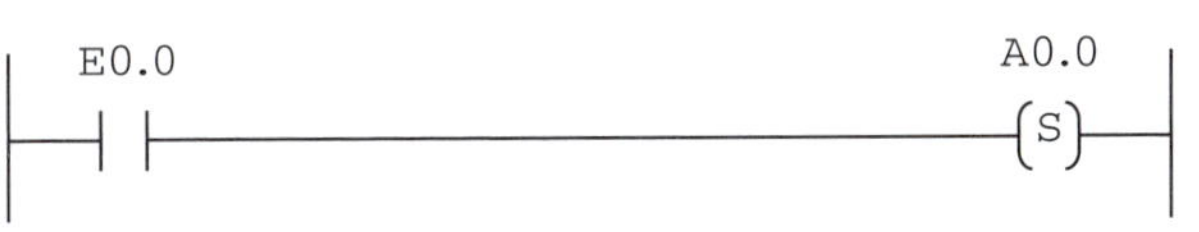

Netzwerk 2: Flipflop zurücksetzen

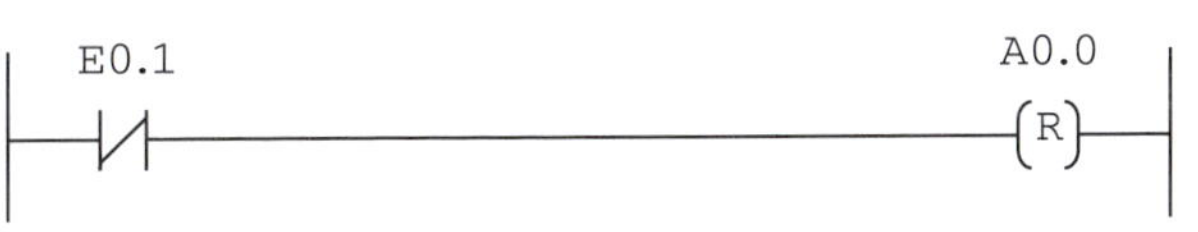

6.2 Beispielaufgabe: Ansteuerung eines Drehstrommotors

Problemstellung

Ein Ventilator kann von zwei Schaltstellen aus geschaltet werden. Die erste Schaltstelle besteht aus dem Eintaster S1 und dem Austaster S2. Die zweite besitzt den Eintaster S3 und den Austaster S4.

Wenn das Motorschutzrelais F1 auslöst, muss der Ventilator gestoppt werden.

Bild 1: Drehstrommotor

Anlegen einer Symboltabelle:

S7-Programm(1) (Symbole) -- 06_Ventilator\SIMATIC 300-Station\CPU313C(1)

	Status	Symbol	Adresse	Datentyp	Kommentar
1		Ansteuerung Ventilator	FC 1	FC 1	
2		S1	E 0.0	BOOL	Eintaster (Schließer)
3		S2	E 0.1	BOOL	Austaster (Öffner)
4		S3	E 0.2	BOOL	Eintaster (Schließer)
5		S4	E 0.3	BOOL	Austaster (Öffner)
6		F1	E 0.4	BOOL	Motorschutzrelais (Öffner)
7		Q1	A 0.0	BOOL	Schütz Ventilator

Zeichnen des Anschlussplans:

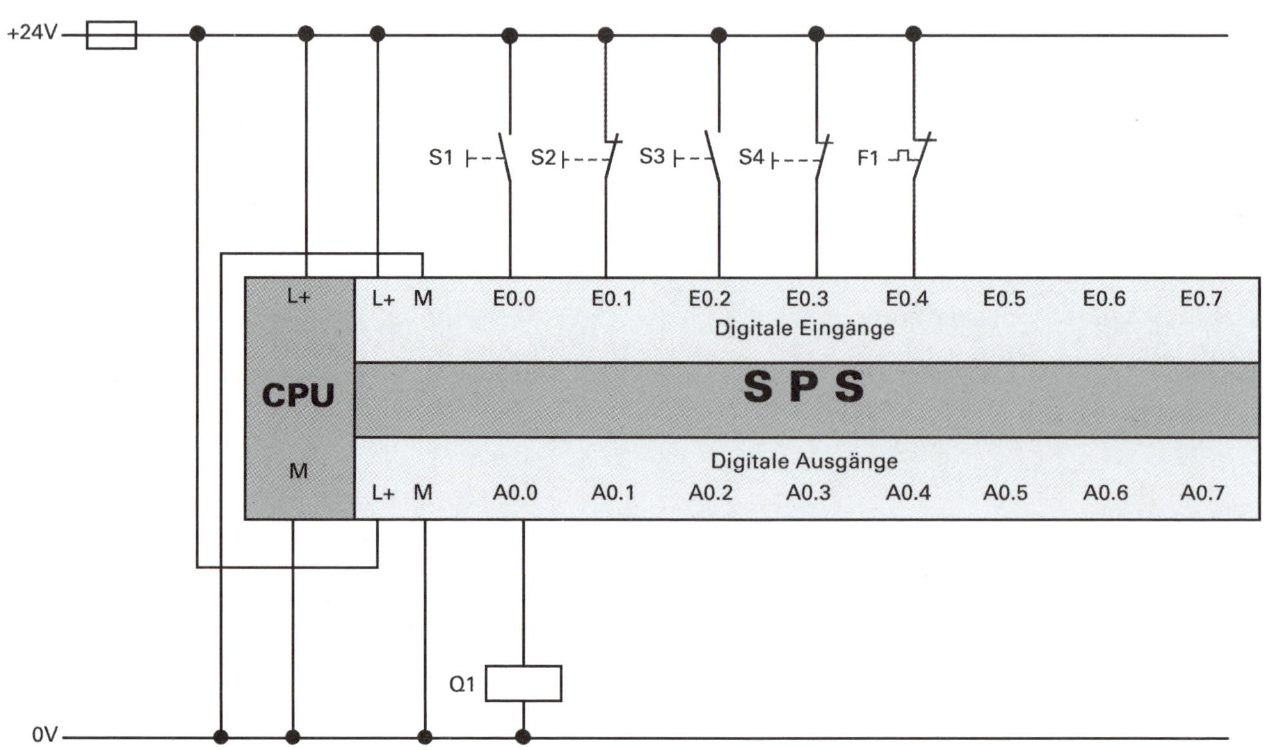

Erstellen des Steuerungsprogramms

Organisationsbaustein OB1

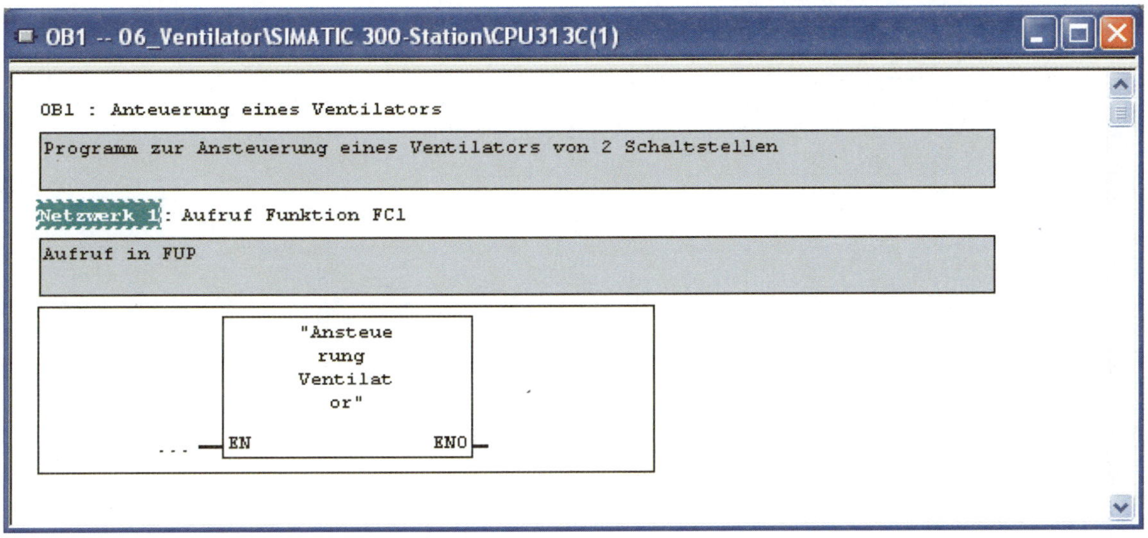

Funktion FC1

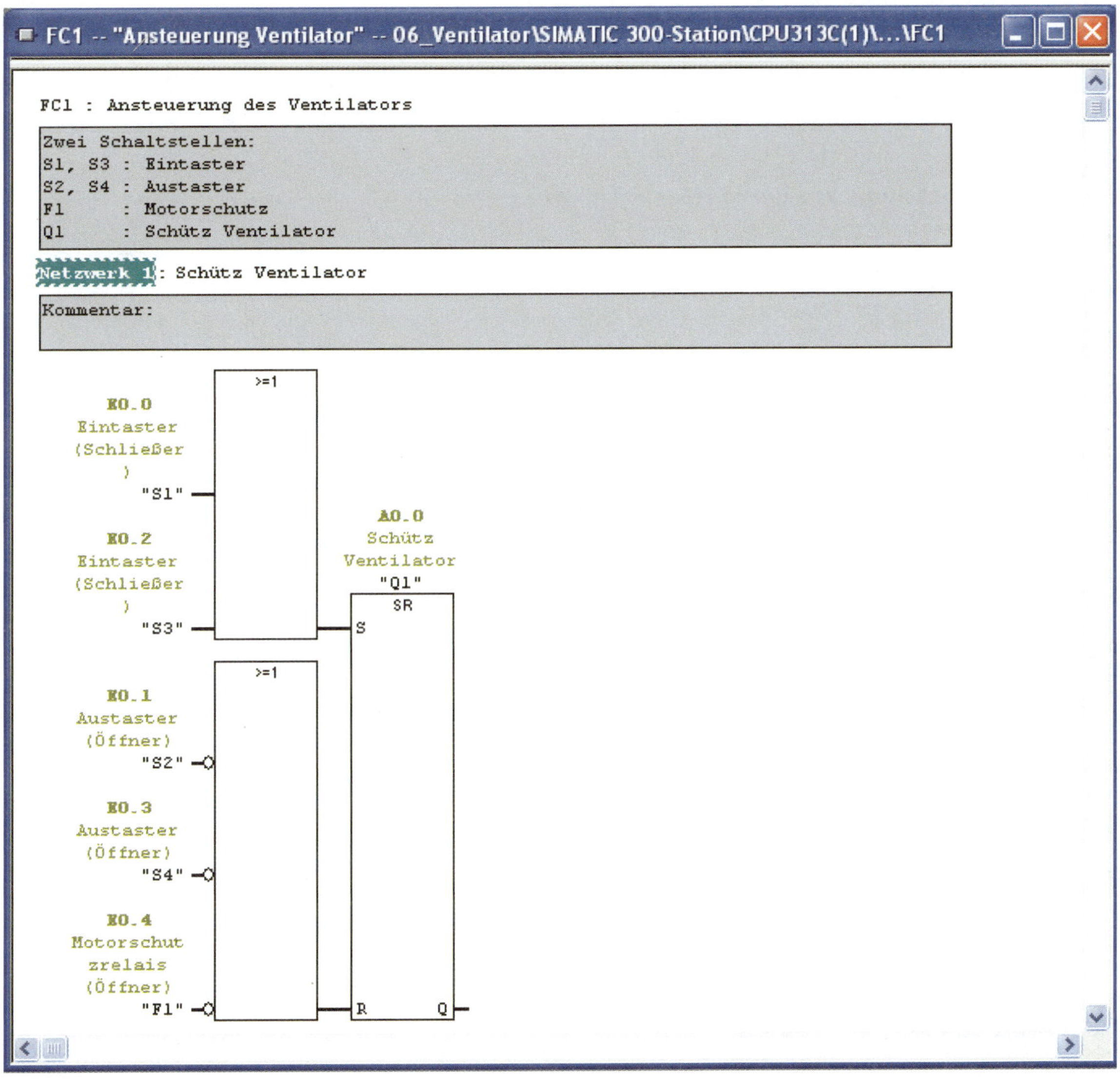

6.3 Wiederholungsfragen

1 Wodurch unterscheidet sich ein SR-Flipflop von einem RS-Flipflop?

2 Welchen Zustand hat der Ausgang eines Flipflops, wenn beide Eingänge den Signalzustand „0“ aufweisen?

3 Stellen Sie folgende Schaltung als Funktionsplan (FUP) dar.

```
U  E0.0
U  M0.0
S  A0.0
ON E0.1
ON E0.2
R  A0.0
```

4 Warum sollte jedem Setzbefehl auch ein Rücksetzbefehl folgen?

5 Die Schützschaltung soll mit einer SPS realisiert werden. Geben Sie das Programm in AWL, KOP und FUP an. Es soll dabei die symbolische Adressierung, d.h. B1, S0 usw., verwendet werden. Die Schaltung ist mit einem Flipflop zu realisieren.

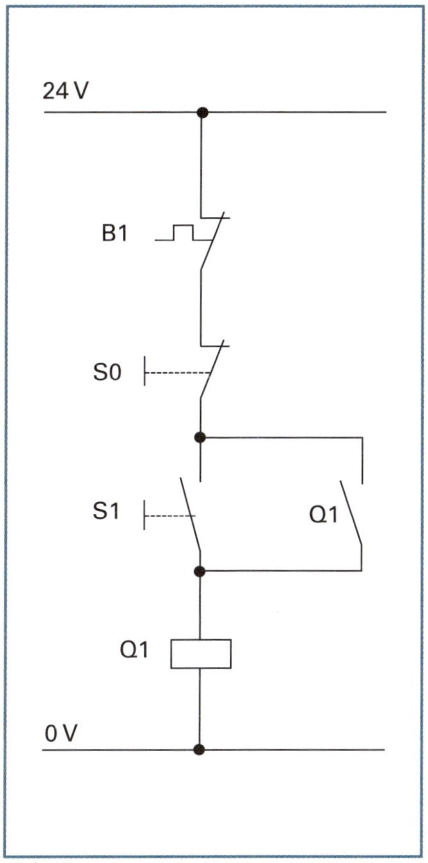

a) AWL

b) KOP

c) FUP

6 Wo kann das Remanenzverhalten eines Merkers eingestellt werden?

6.4 Übung: Doppelt wirkender Zylinder

Problemstellung

Ein doppelt wirkender Zylinder wird über ein 5/3-Wege-Ventil angesteuert.

Bei Betätigung des Taster S1 fährt der Zylinder aus. Ist die Endlage 1B2 (Schließer) erreicht, stoppt der Zylinder. Durch Betätigung von Taster S2 fährt der Zylinder wieder ein, bis die Endlage 1B1 (Schließer) erreicht ist.

Die Ansteuerung für das Ausfahren erfolgt über die Magnetspule 1M1, das Einfahren über die Magnetspule 1M2.

Aufgabe:

1. Legen Sie ein SPS-Projekt an.
2. Legen Sie eine Symboltabelle an.
3. Erstellen Sie das Steuerungsprogramm in AWL.
4. Testen Sie das Steuerungsprogramm mit PLCSIM.

6.5 Übung: Wendeschützschaltung

Problemstellung

Ein Rührmotor kann in zwei Drehrichtungen betrieben werden. Die Steuerung ist durch eine Schützschaltung realisiert. Die Schützschaltung soll durch eine SPS-Steuerung ersetzt werden.

Rechtslauf:	Der Motor soll bei Betätigung des Tasters S2 (Schließer) im Rechtslauf betrieben werden.
Linkslauf:	Über den Taster S3 (Schließer) kann er in den Linkslauf geschaltet werden.

Durch den Austaster S1 (Öffner) wird der Motor gestoppt. Bei Drehrichtungsumkehr muss zuerst der Austaster betätigt werden.

Die Motorschütze für Rechtslauf (Q1) bzw. Linkslauf (Q2) dürfen niemals gleichzeitig angezogen sein und müssen deshalb gegeneinander verriegelt werden.

Wenn das Motorschutzrelais (F3) auslöst, muss der Motor sofort abgeschaltet werden.

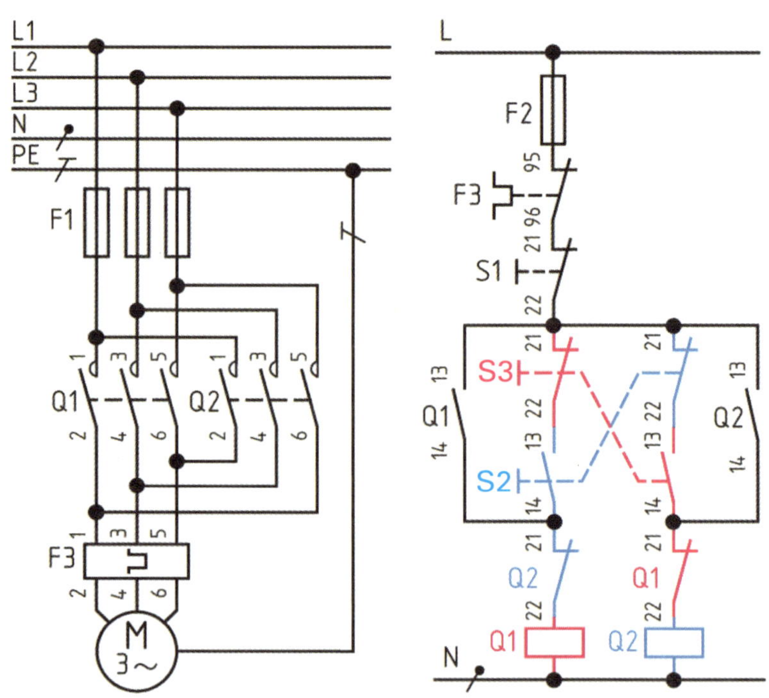

Aufgabe:

1. Legen Sie ein SPS-Projekt an.
2. Legen Sie eine Symboltabelle an.
3. Erstellen Sie das Steuerungsprogramm in FUP.
4. Testen Sie das Steuerungsprogramm mit PLCSIM.

6.6 Übung: Förderbandanlage (Folgeschaltung)

Problemstellung

Über drei Förderbänder sollen Äpfel transportiert werden. Bei Betätigung des Not-Aus-Tasters müssen alle Antriebe sofort stillgesetzt werden. Die Meldeleuchte *Anlage in Betrieb* leuchtet, sobald eines der Förderbänder läuft.

Technologieschema:

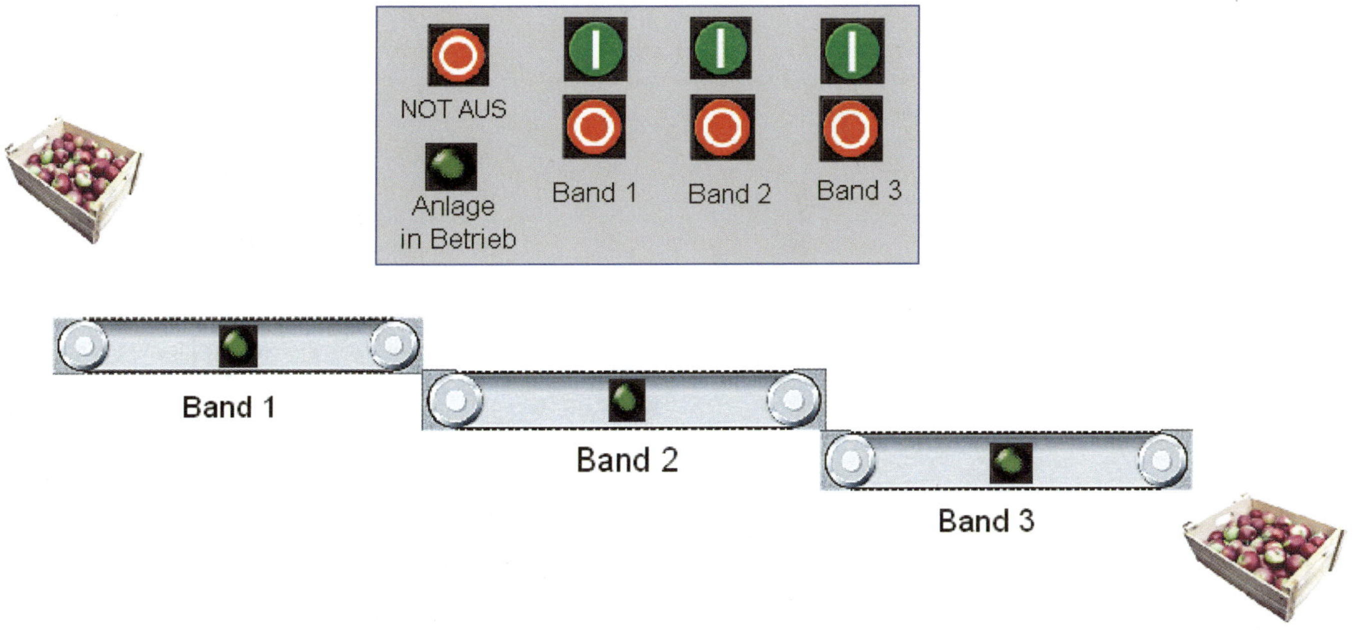

Visualisierungsdatei: *06_Förderbandanlage.VIS* auf der Buch-CD

Zuordnungsliste:

Symbol	Operand	Kommentar	Schaltverhalten
S1	E0.0	Taster Band 1 ein	Schließer
S2	E0.1	Taster Band 2 ein	Schließer
S3	E0.2	Taster Band 3 ein	Schließer
S4	E0.3	Taster Band 1 aus	Öffner
S5	E0.4	Taster Band 2 aus	Öffner
S6	E0.5	Taster Band 3 aus	Öffner
S7	E0.6	Taster NOT-AUS	Öffner
M1 (Q1)	A0.0	Motorschütz Band 1	–
M2 (Q2)	A0.1	Motorschütz Band 2	–
M3 (Q3)	A0.2	Motorschütz Band 3	–
P1	A0.3	Meldeleuchte Anlage in Betrieb	

Aufgabe:

1. Legen Sie ein SPS-Projekt an und erstellen Sie folgende Steuerungsprogramme:
   a) Ein- und Ausschalten der Förderbänder in beliebiger Reihenfolge.
   b) Einschaltfolge: Band 3 ⇒ Band 2 ⇒ Band 1
      Ausschaltfolge : beliebig
   c) Einschaltfolge: Band 3 ⇒ Band 2 ⇒ Band 1
      Ausschaltfolge: Band 1 ⇒ Band 2 ⇒ Band 3
2. Testen Sie die Steuerungsprogramme.

6.7 Übung: Toranlage

Problemstellung

Das Tor einer Hofeinfahrt kann über die Taster *Auf, Stopp und Schließen* gesteuert werden. Das geöffnete bzw. das geschlossene Tor wird durch Endschalter erkannt. Ein direktes Umschalten von Öffnen in Schließen soll möglich sein. Wird beim Öffnen oder Schließen die rote Druckleiste betätigt, bleibt das Tor stehen.
Eine Leuchte zeigt den Betrieb der Anlage an.

Technologieschema:

Bitte auch die rote Druckleiste testen!

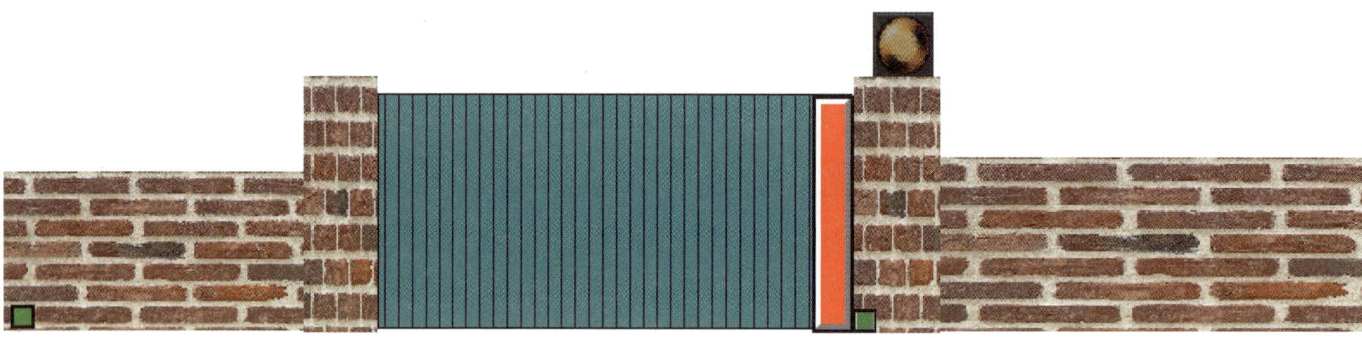

Visualisierungsdatei: *06_Toranlage.VIS* auf der Buch-CD

Zuordnungsliste:

Symbol	Operand	Kommentar	Schaltverhalten
Stopp	E0.0	Taster Stopp	Öffner
Auf	E0.1	Taster Tor öffnen	Schließer
Schließen	E0.2	Taster Tor schließen	Schließer
Druckleiste	E0.3	Druckleiste am Tor	Öffner
End_auf	E0.4	Endschalter Tor auf	Öffner
End_zu	E0.5	Endschalter Tor zu	Öffner
M1 (Q1)	A0.0	Motorschütz Tor öffnen	–
M1 (Q2)	A0.1	Motorschütz Tor schließen	–
P1	A0.2	Meldeleuchte Anlage in Betrieb	–

Aufgabe:

1. Ergänzen Sie den Anschlussplan (nächste Seite).
2. Legen Sie ein SPS-Projekt an und erstellen Sie das Steuerungsprogramm.
3. Testen Sie das Steuerungsprogramm.

Anschlussplan:

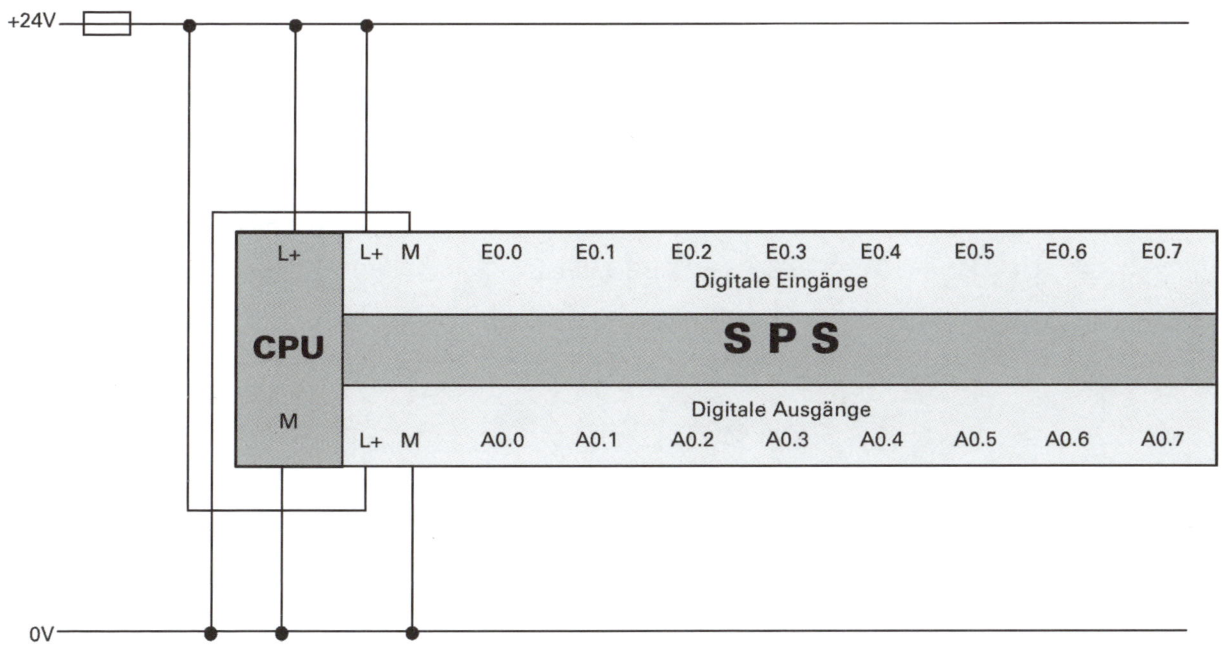

6.8 Übung: Sortieranlage

Problemstellung

In einer Sortieranlage werden verschiedenfarbige Kisten sortiert. Über Farbsensoren werden rote und blaue Kisten erkannt. Einfach wirkende Zylinder schleusen die jeweiligen Kisten vom Förderband auf ein Querförderband. Von dort werden sie in Sammelbehälter transportiert. Grüne Kisten werden durchgelassen und gelangen in die entsprechende grüne Sammelbox.
Zum Ausschleusen müssen die Förderbänder gestoppt werden. Durch ein Ansteuern eines Zylinders fährt dieser aus. Ausgefahren wird ein interner Sensor aktiviert. Wenn das Ansteuerungssignal weggenommen wird, fährt der Zylinder wieder ein. Dafür muss er nicht angesteuert werden (einfach wirkender Zylinder).
Alle Förderbänder werden gleichzeitig ein- und ausgeschaltet.

Technologieschema:

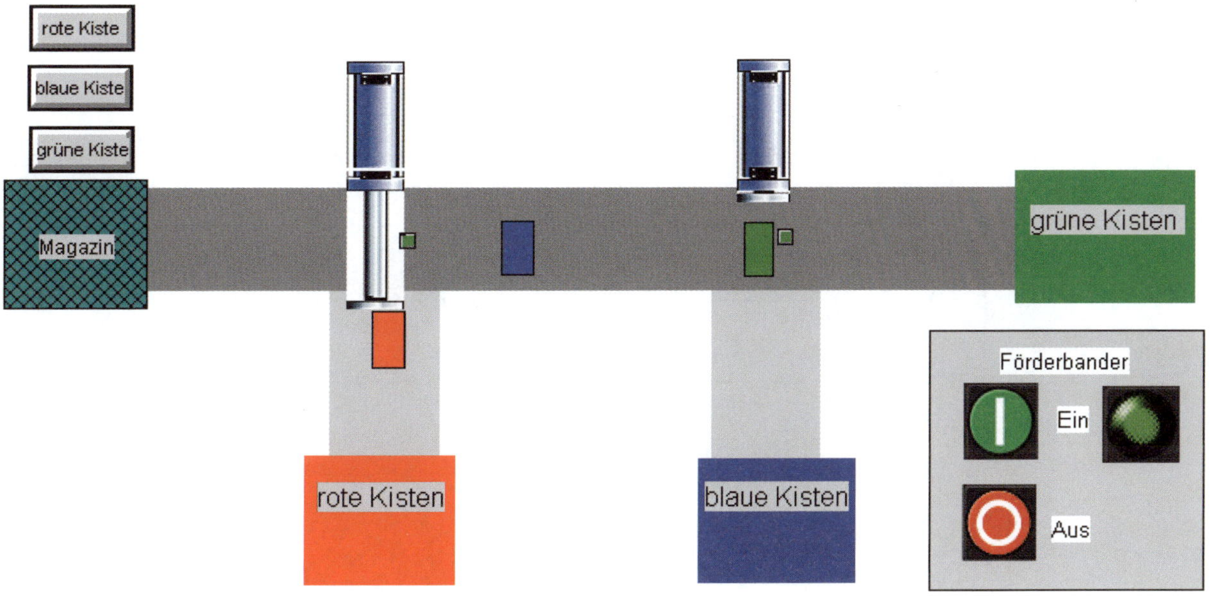

Visualisierungsdatei: *06_Sortieranlage.VIS* auf der Buch-CD

Zuordnungsliste:

Symbol	Operand	Kommentar	Schaltverhalten
Ein	E 0.0	Förderbänder ein	Schließer
Aus	E 0.1	Förderbänder aus	Öffner
S_rot	E 0.3	Farbsensor rot	Schließer
S_blau	E 0.4	Farbsensor blau	Schließer
Zy_1_aus	E 0.5	Zylinder 1 ausgefahren	Schließer
Zy_2_aus	E 0.6	Zylinder 2 ausgefahren	Schließer
Band	A 0.0	Förderbänder ein	
Zy_1	A 0.1	Zylinder 1	1 = ausgefahren, 0 = eingefahren
Zy_2	A 0.2	Zylinder 2	1 = ausgefahren, 0 = eingefahren
ML_Band	A 0.3	Meldeleuchte Band läuft	
Band_rK	A 0.4	Querförderer rote Kisten	
Band_bK	A 0.5	Querförderer blaue Kisten	

Aufgabe:

1. Ergänzen Sie den Anschlussplan.
2. Legen Sie ein SPS-Projekt an und erstellen Sie das Steuerungsprogramm.
3. Testen Sie das Steuerungsprogramm.

Anschlussplan:

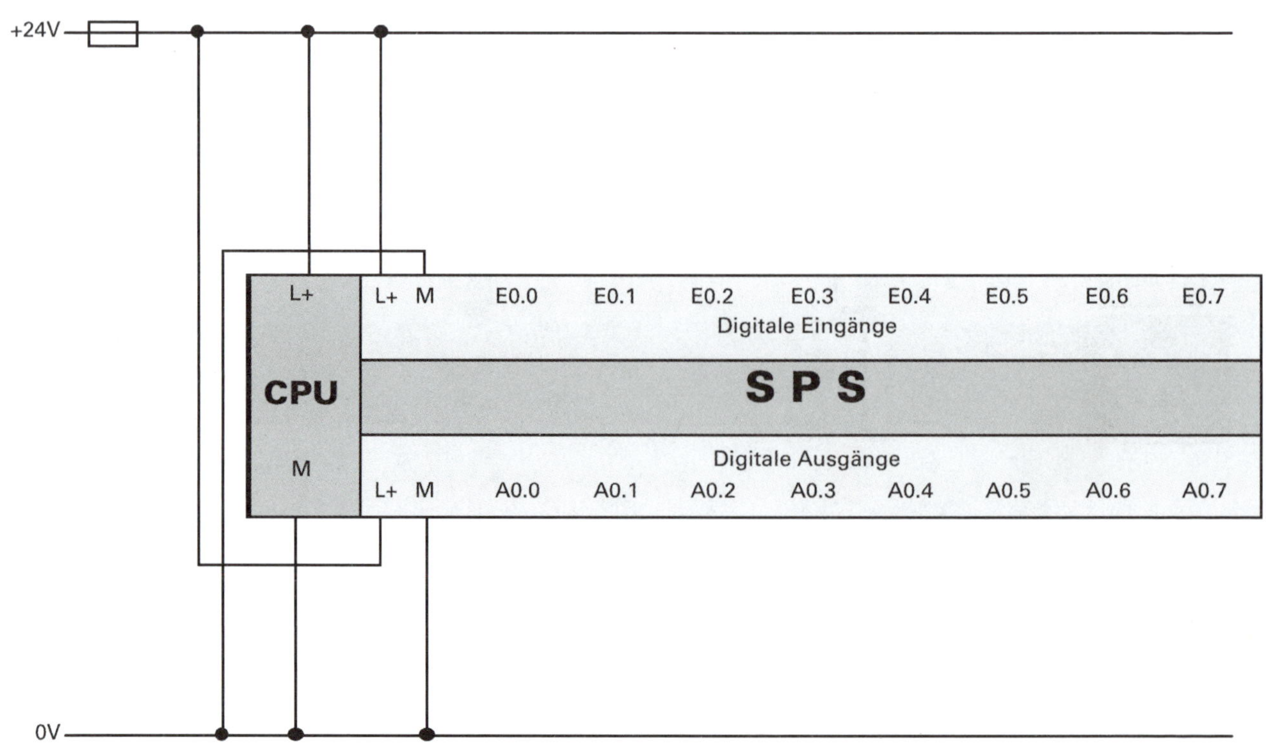

7 Strukturierte Programmierung

7.1 Lineare Programmierung

Bei der linearen Programmierung wird das gesamte Programm in einen Baustein (OB1) geschrieben. Das führt dazu, dass Programme sehr unübersichtlich werden. Die Art der Programmierung ist unprofessionell und sollte vermieden werden.

7.2 Strukturierte Programmierung

Bei der strukturierten Programmierung wird das Programm in einzelne Bausteine aufgeteilt. Dadurch kann man das Programm in Teileinheiten aufgliedern. Der Vorteil ist, dass das Programm besser strukturiert ist. Einzelne Bausteine können auch kopiert und wieder verwendet oder mehrmals aufgerufen werden.

Daneben gibt es in den Bibliotheken fertige Bausteine, z.B. für die Regelungstechnik, die verwendet werden können.

Diese muss man nur noch entsprechend parametrieren.

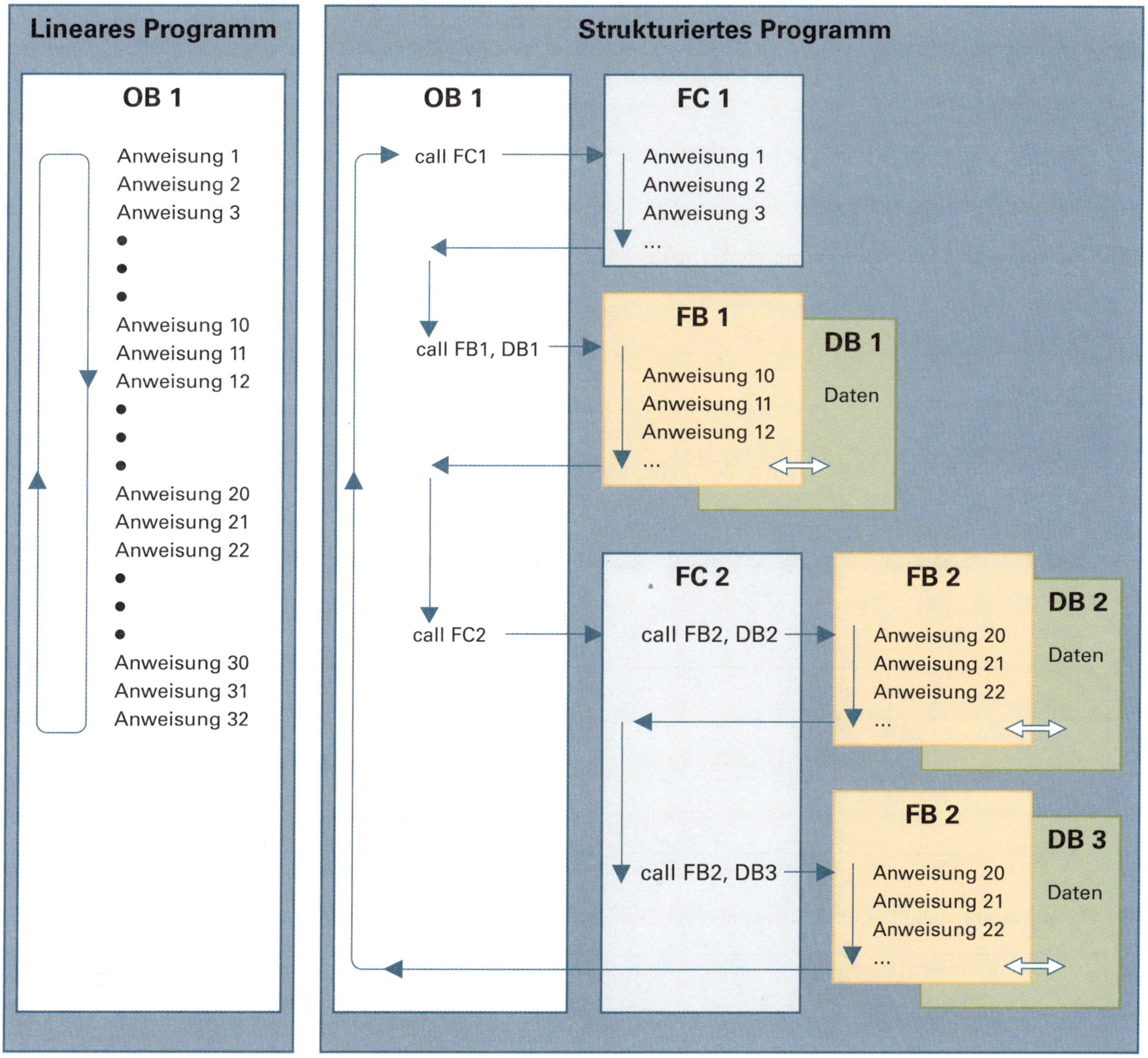

Bild 1: Gegenüberstellung der linearen und strukturierten Programmierung

7.3 Bausteinarten

Baustein	Funktion
Organisationsbausteine OB	• OB's bilden die Schnittstelle zwischen dem Betriebssystem und dem Anwenderprogramm. • Der OB1 muss immer vorhanden sein. • Im OB1 wird die Struktur des Anwenderprogramms festgelegt. • Weitere OB s können für die Anlaufüberwachung, Alarmmeldung usw. verwendet werden.
Funktionen FC	• Baustein für das Anwenderprogramm • Sie können keine Daten speichern.
Funktionsbausteine FB	• Baustein für das Anwenderprogramm • Sie können Daten in einem zugehörigen Instanzdatenbaustein speichern.
Datenbausteine DB	• Sie enthalten kein Anwenderprogramm, sondern dienen als Datenspeicher. • Instanzdatenbausteine werden einem Funktionsbaustein zugeordnet. • Auf globale Datenbausteine können alle OB's, FC's und FB's zugreifen.
Systemfunktionsbaustein SFB und **Systemfunktionen SFC**	• Vorgefertigte Bausteine, die Sie nicht selbst programmieren müssen, z.B. Analog-Digital-Wandler oder Regler. • SFB's und SFC's sind in die S7-CPU integriert. Sie können aus dem Anwenderprogramm aufgerufen werden.

7.4 Wiederholungsfragen

1 Warum wird die strukturierte Programmierung der linearen bevorzugt?

2 Welche Funktion hat der Organisationsbaustein OB1?

3 Wie lautet der Befehl zum Aufruf der Funktion FC1 in AWL?

8 Zeitfunktionen

8.1 SIMATIC-Zeiten

	Symbol allgemein	Darstellung in Step7 FUP	KOP	AWL
Zeit als Impuls		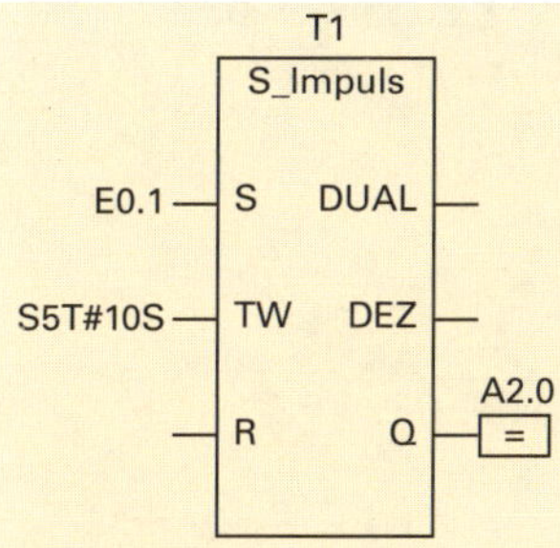	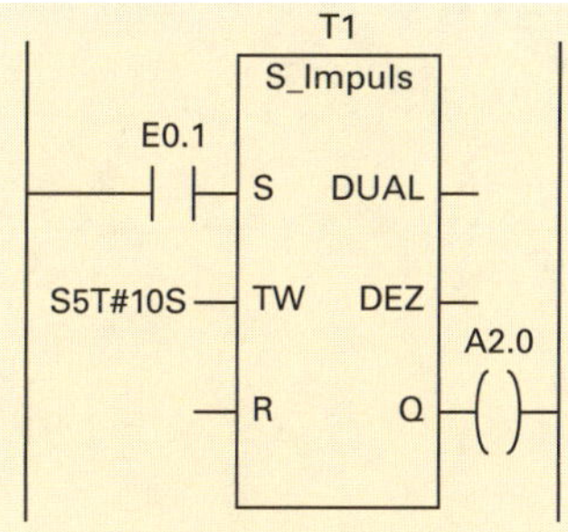	U E0.1 L S5T#10S SI T1 NOP 0 NOP 0 NOP 0 U T1 = A2.0
Zeit als verlängerter Impuls		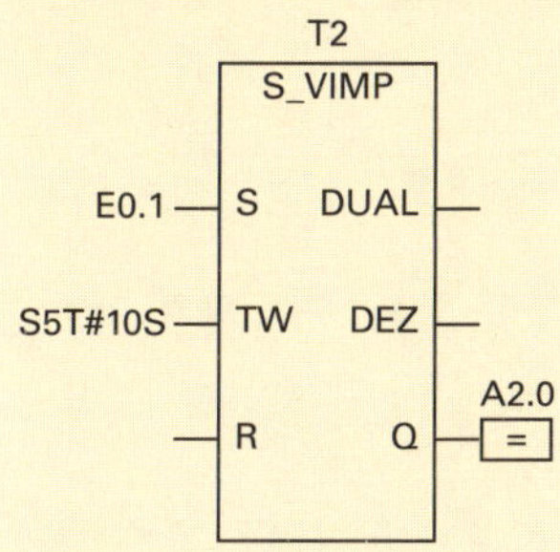	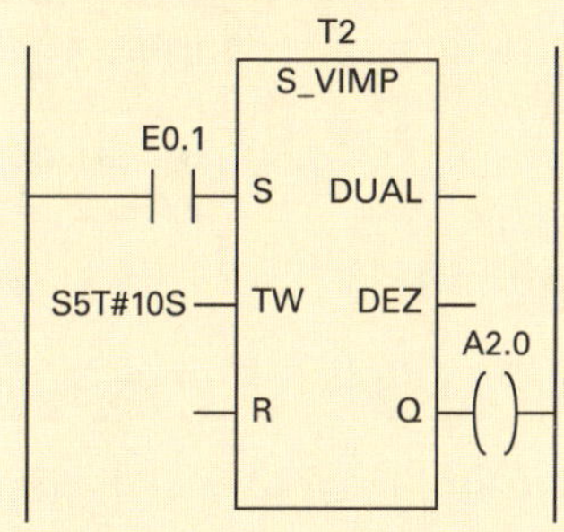	U E0.1 L S5T#10S SV T2 NOP 0 NOP 0 NOP 0 U T2 = A2.0
Einschalt-verzögerung	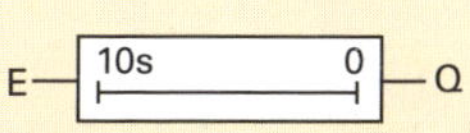	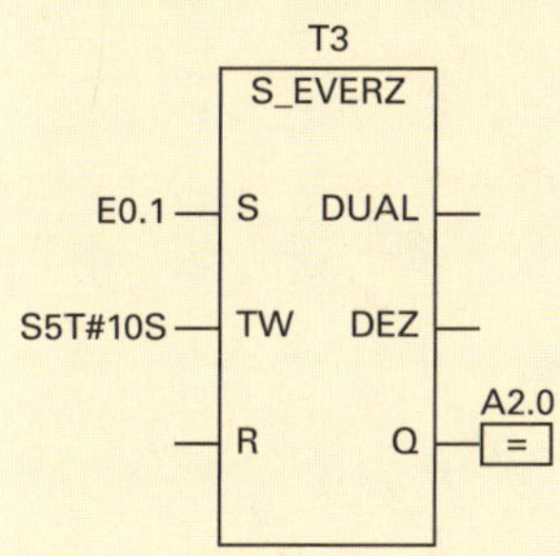	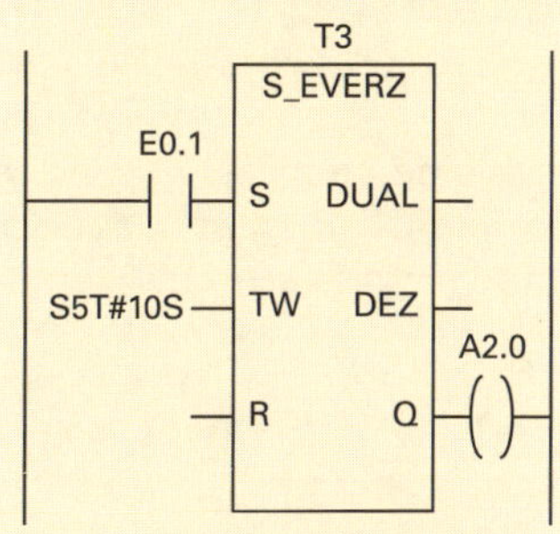	U E0.1 L S5T#10S SE T3 NOP 0 NOP 0 NOP 0 U T3 = A2.0
Speichernde Einschalt-verzögerung		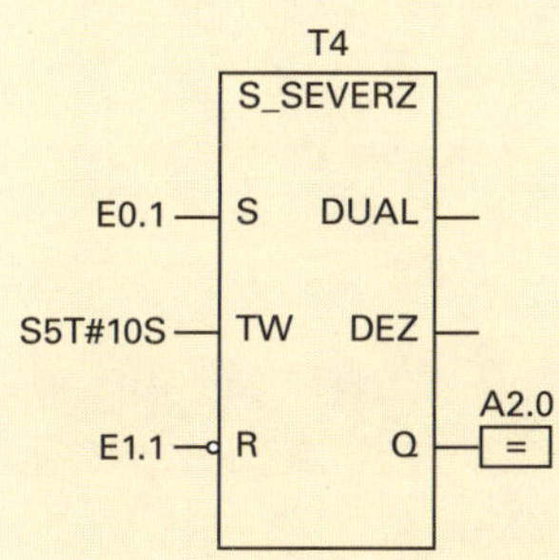	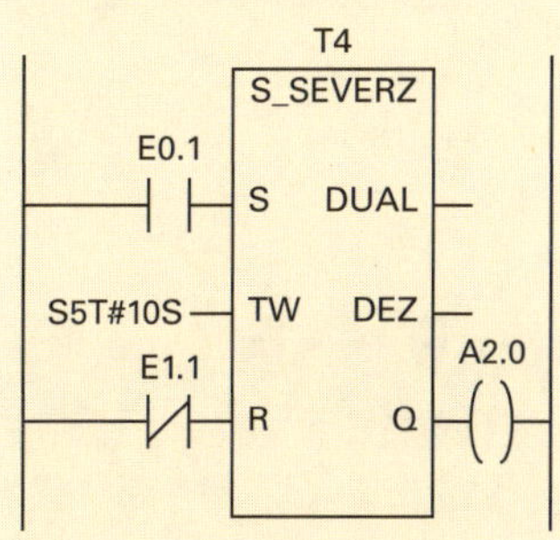	U E0.1 L S5T#10S SS T4 UN E1.1 R T4 NOP 0 NOP 0 U T4 = A2.0
Ausschalt-verzögerung	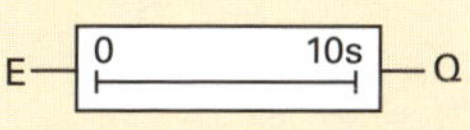	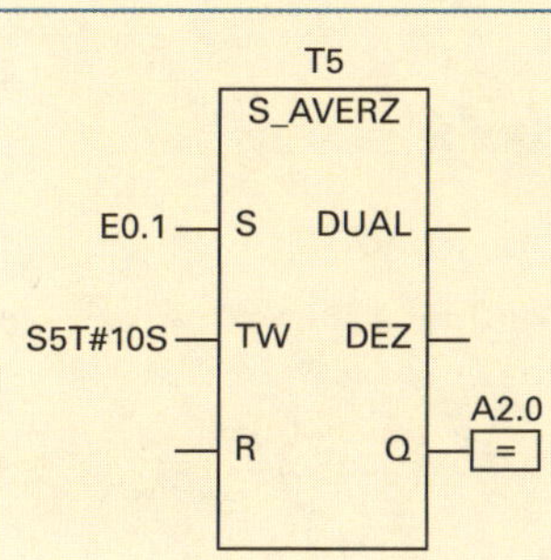	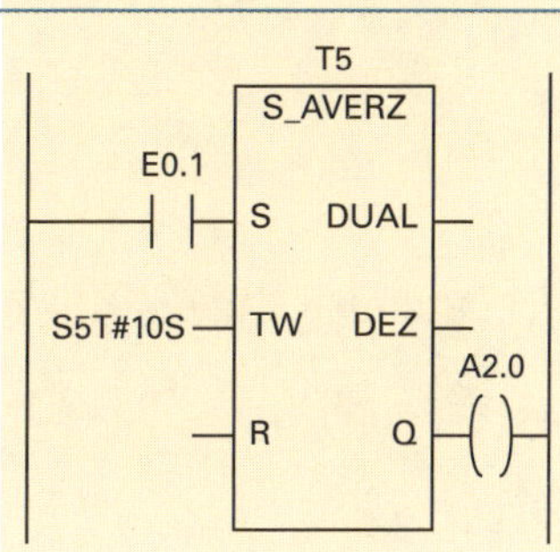	U E0.1 L S5T#10S SA T5 NOP 0 NOP 0 NOP 0 U T5 = A2.0

Zeitfunktionen sind grundlegende Elemente in der Steuerungstechnik. Mit ihrer Hilfe können zeitliche Verzögerungen, Zeittakte oder Wartezeiten realisiert werden.

Unter Step7 stehen fünf verschiedene Zeitfunktionen (Timer) zur Verfügung, die gewählt werden können.

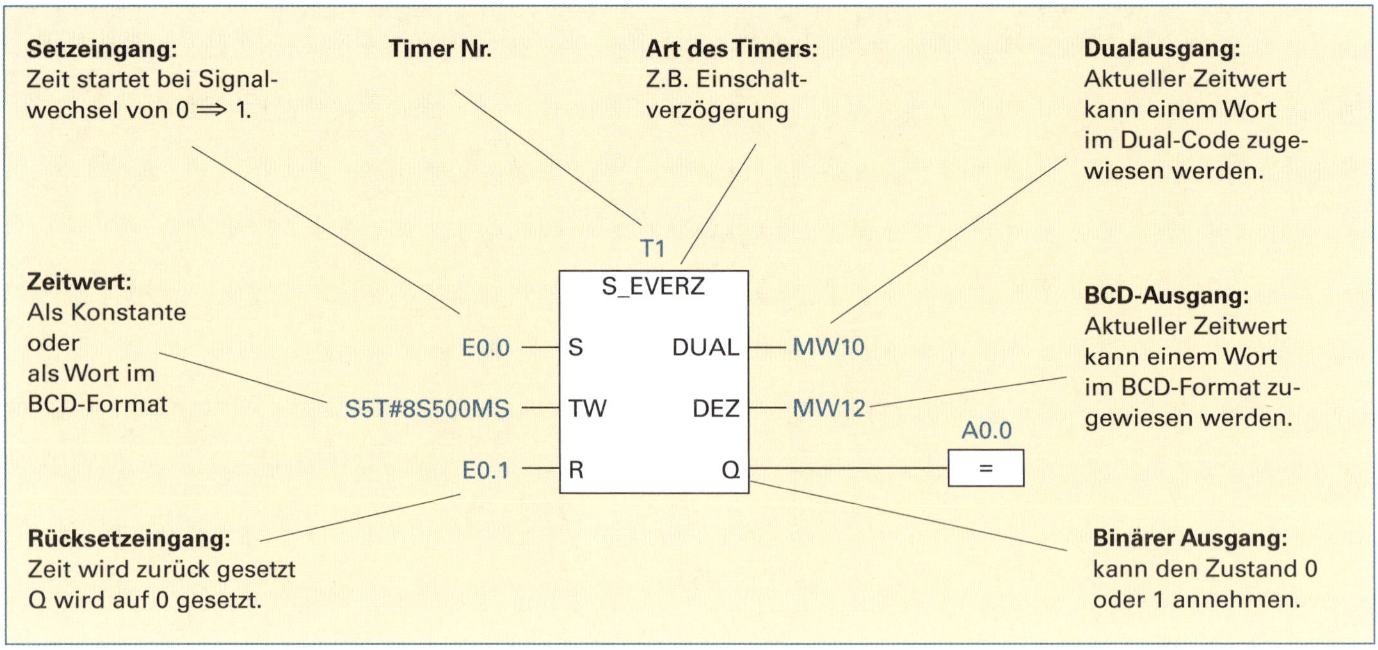

Die Vorgabe der Zeit am Zeitbaustein kann über Angabe einer Konstanten, z.B. S5T#10s, oder in Form eines Eingangs-, Ausgangs- oder Merkerwortes erfolgen.
Die Befehlszeile NOP 0 (Nulloperation) in AWL wird als Platzhalter eingefügt. Sie hat keine Befehlsbedeutung.

Intern wird eine Zeit durch eine Zeitbasis und einen Zeitwert realisiert. Eine Zeitwertvorgabe besteht aus 16 Bit, wobei die Bits 0 bis 11 den Zeitwert im BCD-Format (siehe Kapitel 9.1.3) und die Bits 12 und 13 die Zeitbasis enthalten. Bit 14 und 15 sind irrelevant und werden nicht beachtet, wenn die Zeit gestartet wird.

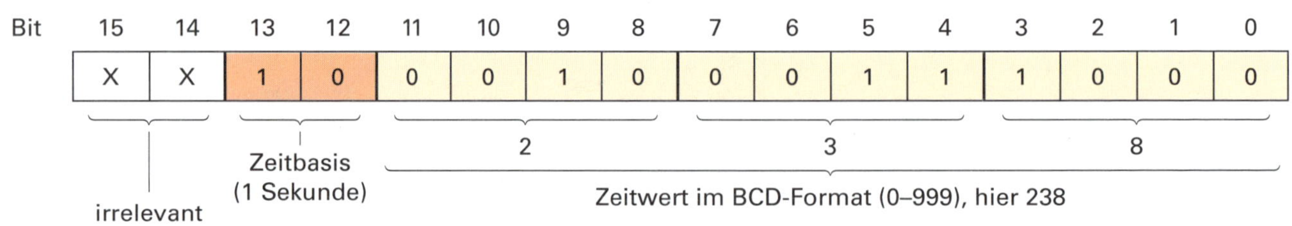

Zeitbasis			Auflösung	
Bit 13	Bit 12	Zeitraster	kleinster Wert	größter Wert
0	0	10 ms	10 ms	9990 ms (9 s 990 ms)
0	1	0,1 s	100 ms	99900 ms (1 min 39 s 900ms)
1	0	1 s	1 s	999 s (16 min 39 s)
1	1	10 s	10 s	9990 s (2 h 46 min 30 s)

Die Zeitangaben können in Stunden, Minuten, Sekunden und Millisekunden erfolgen.

Beispiele für Zeitangaben:

400 ms	⇒	S5T#400MS
17,8 s	⇒	S5T#17S800MS
2 min, 20 s	⇒	S5T#2M20S
1 h, 10 min	⇒	S5T#1H10M

8.2 Taktmerker

Um ein Taktsignal, z.B. zum Blinken einer Warnleuchte, in der SPS verwenden zu können, stellt die CPU einen Taktmerker zur Verfügung.
Dieser muss in der Geräte-/Hardwarekonfiguration festgelegt werden.

Geräte-/Hardwarekonfiguration ⟹ ***CPU*** anwählen ⟹ ***Objekteigenschaften*** ⟹ ***Taktmerker*** markieren ⟹ ***Merkerbyte*** wählen.

Das Merkerbyte, das als Taktmerker arbeiten soll, kann frei gewählt werden. Es ist aber darauf zu achten, dass das Merkerbyte nicht anderweitig im Programm benutzt wird.

Step7 V5.x

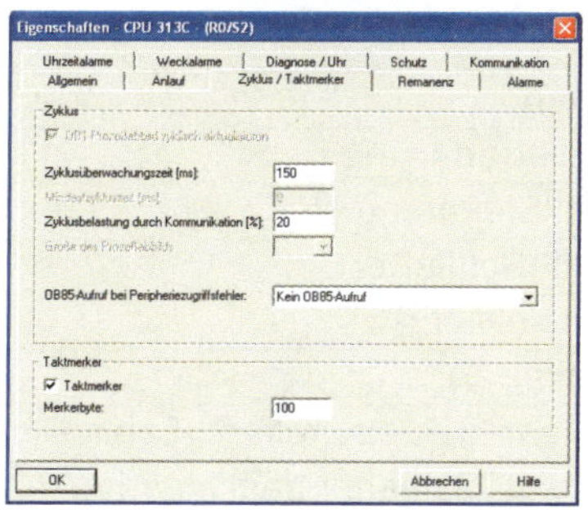

TIA-Portal

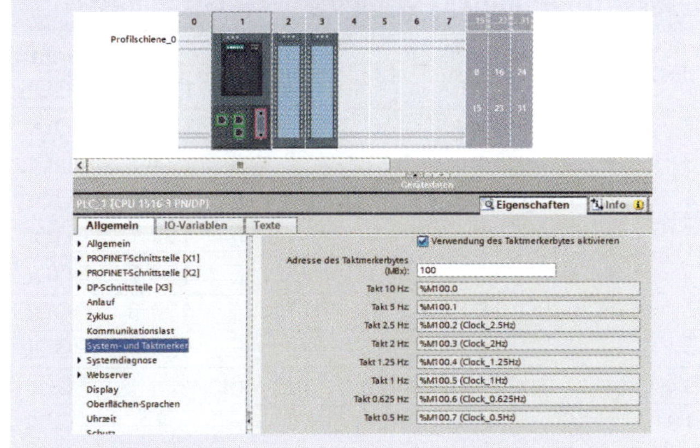

Jedem Bit des Taktmerkerbyts ist eine Periodendauer/Frequenz zugeordnet:

Bit	7	6	5	4	3	2	1	0
Periodendauer (s):	2	1,6	1	0,8	0,5	0,4	0,2	0,1
Frequenz (Hz):	0,5	0,625	1	1,25	2	2,5	5	10

Beispiel: Beim Auslösen eines Motorschutzrelais (E 124.0, Öffner) soll eine Störungsleuchte (A 124.2) im Sekundentakt blinken. Als Taktmerker soll das Merkerbyte 100 verwendet werden.

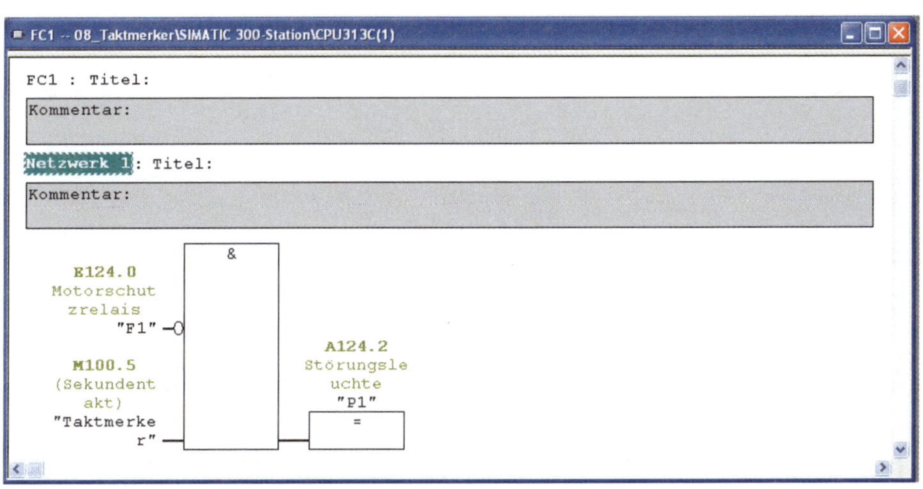

Beim Auslösen des Motorschutzrelais wird der Eingang E124.0 auf „0" gesetzt.

Da das Merkerbit 100.5 im Sekundentakt ein- und ausgeschaltet wird, entsteht durch die UND-Verknüpfung ein Blinksignal am Ausgang A124.2.

Hinweis: Wenn der Taktmerker im Visualisierungsprogramm SPS-Visu verwendet werden soll, muss auch die Hardwarekonfiguration von Step7 in die Visualisierung geladen werden.

8.3 Beispielaufgabe: Pneumatische Abfülleinrichtung

Problemstellung

Aus einem Silo kann über einen Pneumatikschieber Tierfutter in Säcke abgefüllt werden. Bei Betätigung des Tasters S3 „Befüllen" fährt der Pneumatikzylinder den Schieber auf. Nach 4,5 Sekunden wird der Schieber wieder geschlossen. Die Endlagen des Zylinders werden über die Sensoren 1B1 und 1B2 gemeldet.

Die Ansteuerung des doppelt wirkenden Zylinders erfolgt über ein 5/3-Wege-Ventil, das mit den Magnetspulen 1M1 „Öffnen" und 1M2 „Schließen" ausgestattet ist.

Anlegen einer Symboltabelle:

S7-Programm(1) (Symbole) -- 08_Pneumtische_Abfuell\SIMATIC 300-Station\CPU313C(1)

	Status	Symbol	Adress	Datentyp	Kommentar
1		1M1	A 124.0	BOOL	Schieber öffnen
2		1M2	A 124.1	BOOL	Schieber schließen
3		P1	A 124.2	BOOL	Meldeleuchte "Steuerung ein"
4		S1	E 124.0	BOOL	Steuerung Ein (Schließer)
5		S2	E 124.1	BOOL	Steuerung Aus (Öffner)
6		S3	E 124.2	BOOL	Befüllen (Schließer)
7		1B1	E 124.3	BOOL	Endlagensensor "Schieber offen" (Schließer)
8		1B2	E 124.4	BOOL	Endlagensensor "Schieber geschlossen" (Öffner)
9		Steuerung ein / aus	FC 1	FC 1	
10		Ansteuerung der V...	FC 2	FC 2	

Zeichnen des Anschlussplans:

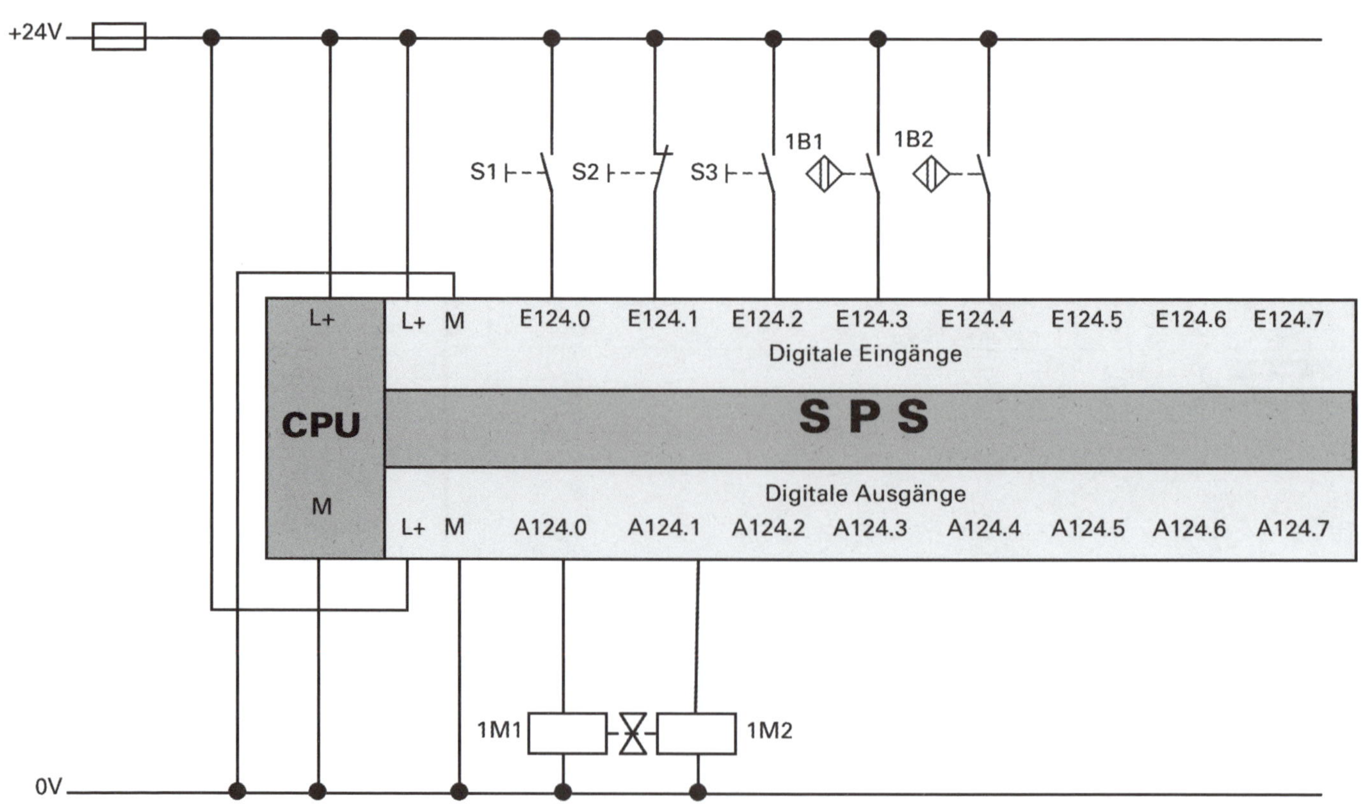

Erstellen des Steuerungsprogramms

Organisationsbaustein OB1

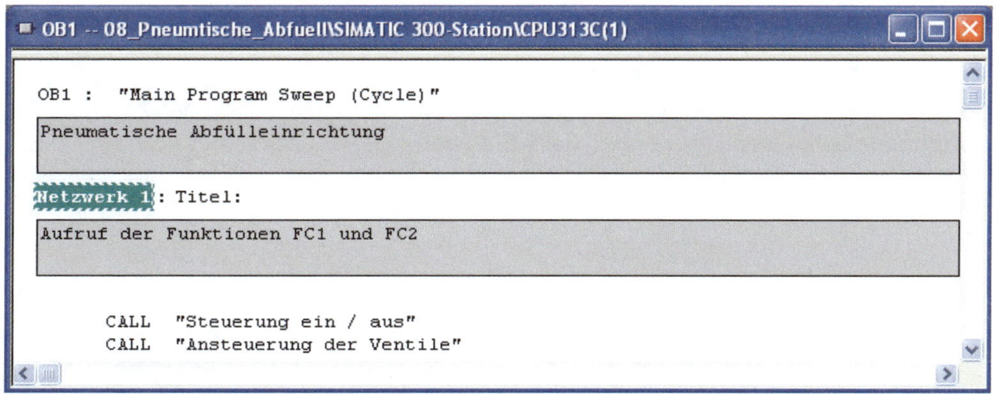

Funktion FC1

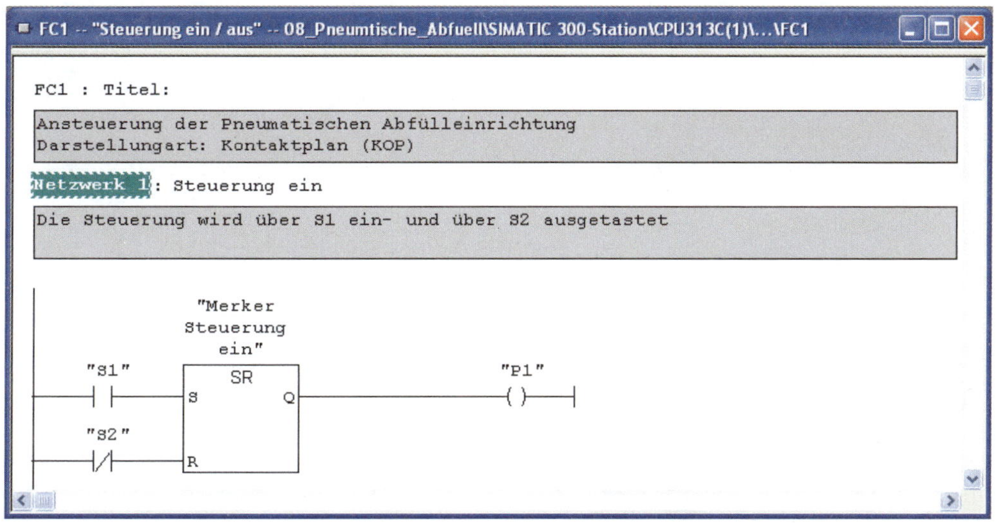

Funktion FC2

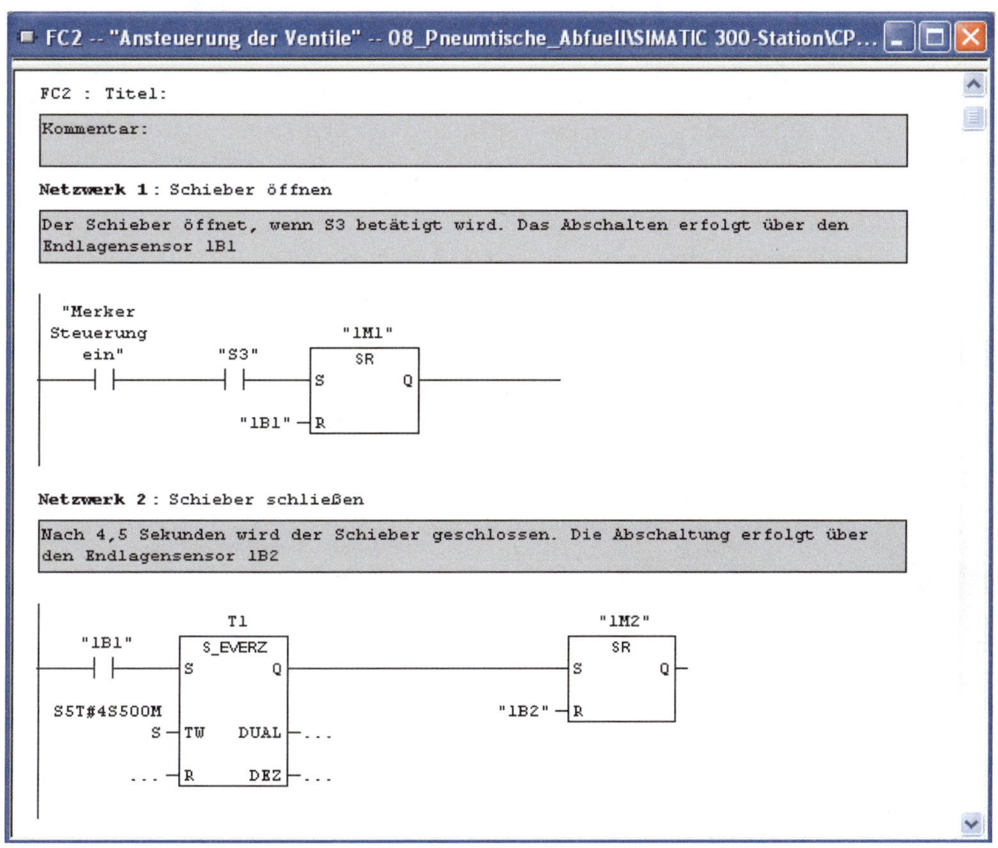

8.4 IEC-Zeiten

Es gibt drei verschiedene Zeiten nach IEC 61131-3. Bei einem Wechsel von 0- zum 1-Signal am Starteingang IN werden die Bausteine jeweils aktiviert. An PT wird der Zeitwert im Format Time, z.B.T#10s, vorgegeben. An ET kann der aktuelle Zeitwert im Format Time abgefragt werden.

Die IEC-Zeit-Bausteine sind Systemfunktionsbausteine SFB (Siehe Seite 95). Zu jedem SFB gehört ein Instanz-Datenbaustein in den seine Daten abgelegt werden. Beim Einfügen einer IEC Zeit öffnet sich ein Dialogfenster „Aufrufoptionen". Dort kann gewählt werden, ob die IEC-Zeit in einem eigenen Datenbaustein (Einzel-Instanz) oder als lokale Variable (Multi-Instanz) abgelegt wird. Der zu der Zeitfunktion gehörige Datenbaustein wird über dem Baustein eingetragen.

	FUP	KOP	AWL
Zeit als Impuls	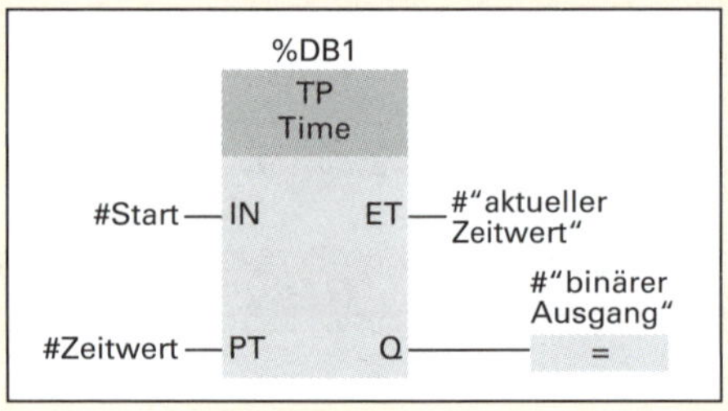	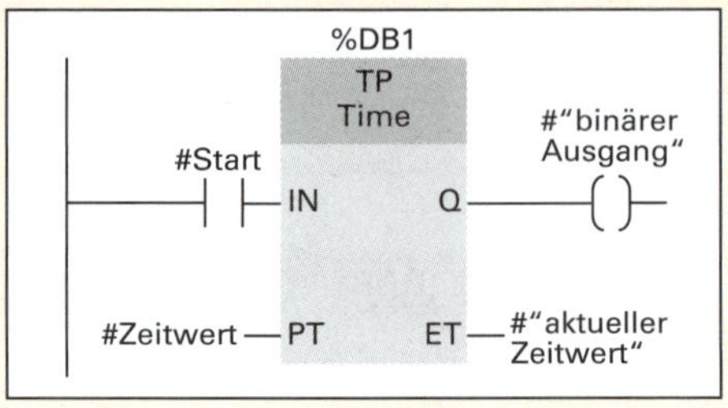	CALL TP, "DB1" Time IN :=# Start PT :=#Zeitwert Q :=#"binärer Ausgang" ET :=#"aktueller Zeitwert"
Einschalt-verzögerung	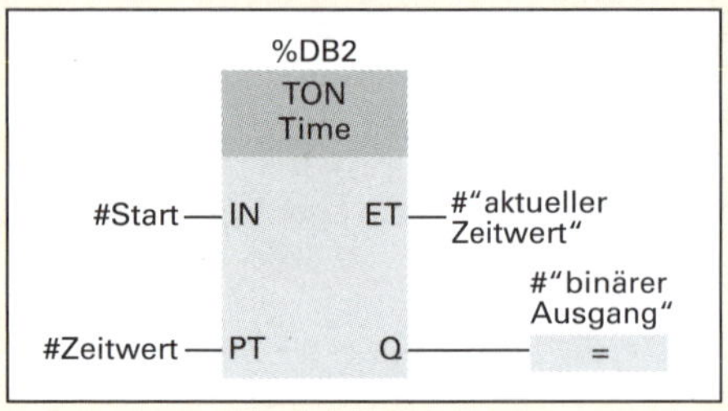	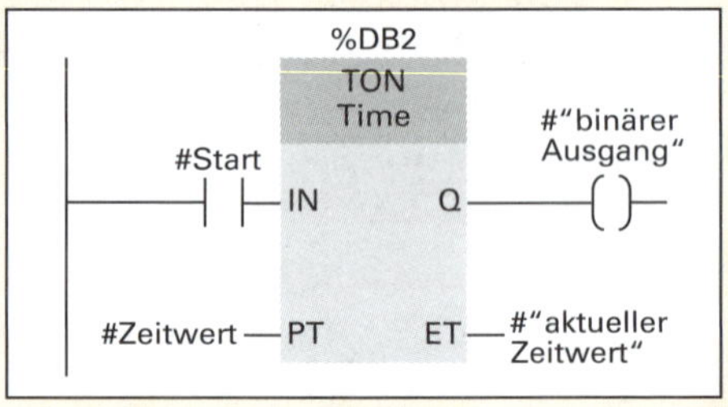	CALL TON, "DB2" Time IN :=#Start PT :=#Zeitwert Q :=#"binärer Ausgang" ET :=#"aktueller Zeitwert"
Ausschalt-verzögerung	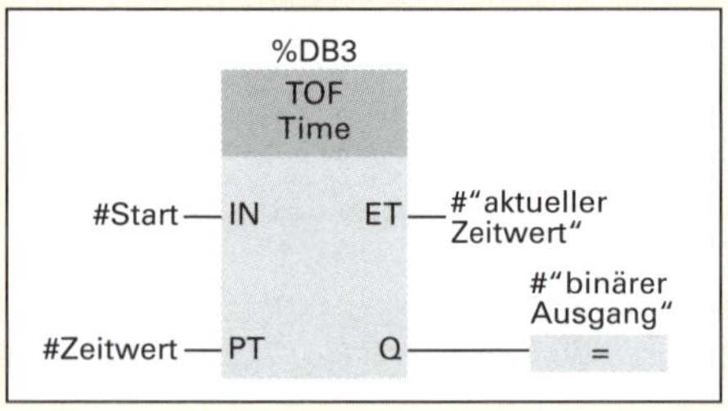	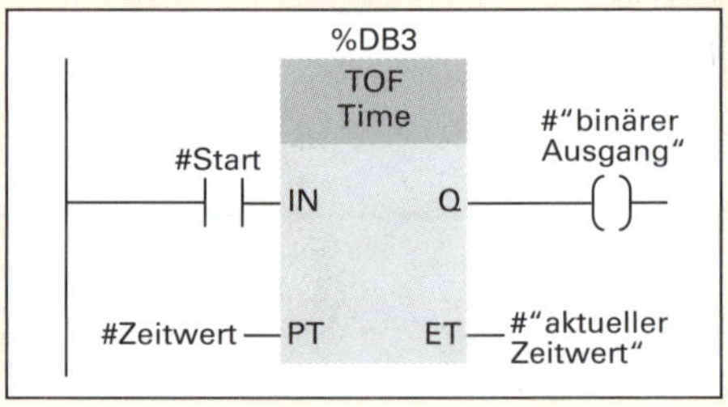	CALL TOF, "DB3" Time IN :=#Start PT :=#Zeitwert Q :=#"binärer Ausgang" ET :=#"aktueller Zeitwert"

Bei der *Zeit als Impuls* gibt der Ausgang nach einer positiven Flanke an IN für die an PT eingestellte Zeit ein 1-Signal am Q aus. Die *Einschaltverzögerung* schaltet ausgelöst durch einen positiven Signalwechsel an IN nach der eingestellten Zeit den Ausgang Q auf ein 1-Signal. Der Ausgang Q der Ausschaltverzögerung wird bei einer positiven Flanke an IN auf eine 1-Signal gesetzt. Bei einer negativen Flanke an IN schaltet er nach der eingestellten Zeit verzögert aus.

Der Zeitwert im Format Time kann Angaben für Tage (d), Stunden (h), Minuten (m), Sekunden (s) und Millisekunden (ms) enthalten. Beispiel: T#11d19h20m30s420ms.

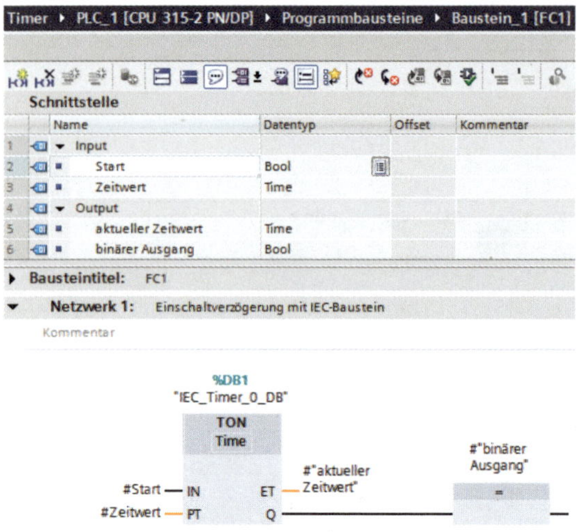

Abb. 1: Programmierung des Rückwärtszählers im FC1

Im nebenstehenden Beispiel sind im FC 1 die Variablen deklariert und eine Einschaltverzögerung programmiert worden. Im OB1 wird die Funktion FC1 mit der Zeitfunktion aufgerufen. Den Variablen werden dabei die absoluten Adressenzugewiesen. Nach einer positiven Flanke von E0.0 wird eine Einschaltverzögerung gestartet. A0.0 schaltet nach 10s auf ein 1-Signal.

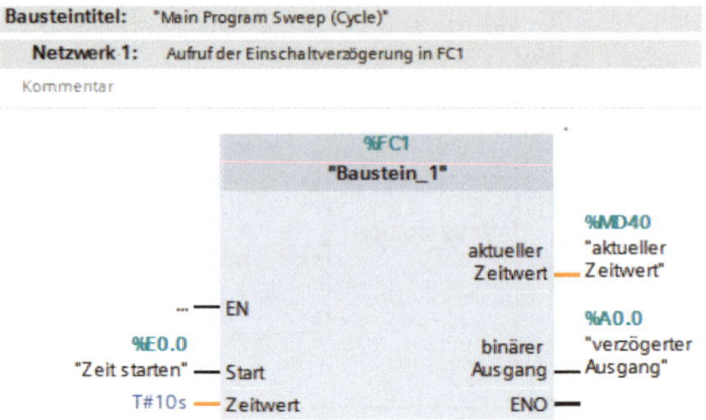

Abb. 2: Aufruf des FC1 im OB1

8.5 Wiederholungsfragen

1 Welche Zeitfunktionen stehen in Step7 zur Verfügung?

2 Erklären Sie das Verhalten einer Einschaltverzögerung.

3 Stellen Sie folgende Schaltung als Anweisungsliste (AWL) dar.

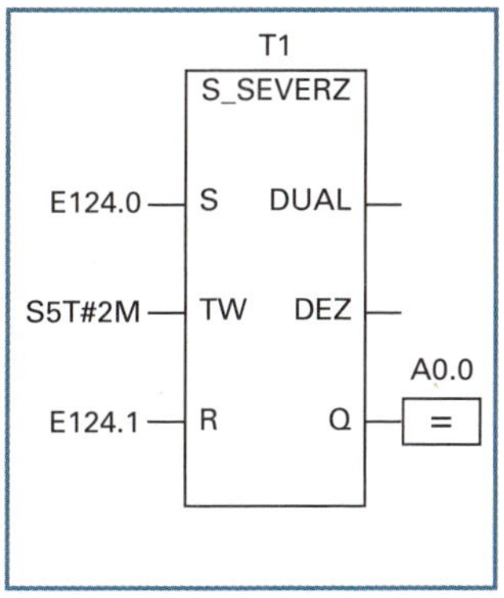

4 Welches ist die höchste Zeit, die bei einem Zeitbaustein eingestellt werden kann?

8.6 Übung: Störungslampe (Taktmerker)

Problemstellung

Ein Motor (Schütz Q1) wird über den Taster S1 (Schließer) eingeschaltet. Über den Taster S2 (Öffner) kann er wieder ausgeschaltet werden.

Der Motor ist über ein Motorschutzrelais (Öffner) B1 abgesichert. Wenn B1 auslöst, soll die Störungsleuchte P1 im Sekundentakt blinken.

Aufgabe:

1. Legen Sie ein SPS-Projekt an.
2. Legen Sie eine Symboltabelle an.
3. Erstellen Sie das Steuerungsprogramm in FUP.
4. Testen Sie das Steuerungsprogramm mit PLCSIM. Übertragen Sie auch die Hardwarekonfiguration in PLCSIM.

8.7 Übung: Industrieofen

Problemstellung

In einem Industrieofen können Tongegenstände gebrannt werden. Der Ofen kann über den Schalter S1 (Schließer) ein- und ausgeschaltet werden. Während des Betriebes sind die Heizwiderstände sowie ein Umluftlüfter eingeschaltet.

Nach dem Ausschalten soll der Lüfter für 20 Sekunden nachlaufen, um für eine gleichmäßige Luftverteilung zu sorgen. Die Heizung wird über das Schütz Q1, der Lüfter über das Schütz Q2 eingeschaltet.

Aufgabe:

1. Legen Sie ein SPS-Projekt an.
2. Legen Sie eine Symboltabelle an.
3. Erstellen Sie das Steuerungsprogramm in AWL.
4. Testen Sie das Steuerungsprogramm mit PLCSIM.

8.8 Übung: Automatische Stern-Dreieck-Schaltung

Problemstellung

Um den Anlaufstrom eines Motors zu begrenzen, wird er mit einer automatischen Stern-Dreieck-Schaltung betrieben. Nach Betätigung des Starttasters S1 (Schließer) ziehen das Netzschütz Q1 und das Sternschütz Q2 an (Sternbetrieb).

Nach 10 s wird Q2 ausgeschaltet und das Dreieckschütz Q3 wird eingeschaltet. Q1 bleibt angezogen. Über S2 (Öffner) kann der Motor ausgetastet werden.

Wenn der Motorschutzschalter Q4 (Öffner) auslöst, schaltet der Motor ab.

Aufgabe:

1. Legen Sie ein SPS-Projekt an.
2. Legen Sie eine Symboltabelle an.
3. Erstellen Sie das Steuerungsprogramm in KOP.
4. Testen Sie das Steuerungsprogramm mit PLCSIM.

8.9 Übung: Zeitgesteuerte Toranlage

Problemstellung

Das Tor einer Hofeinfahrt wird über den Taster *Auf* geöffnet. Nach 10 s schließt das Tor automatisch. Über den Taster Stopp kann das Tor angehalten werden. Zudem kann das Tor jederzeit mit dem Taster *Schließen* geschlossen werden. Ein direktes Umschalten von Öffnen in Schließen soll möglich sein.

Wird beim Öffnen oder Schließen die rote Druckleiste betätigt, bleibt das Tor stehen.

Eine Leuchte zeigt den Betrieb der Anlage an, sie soll im Sekundentakt blinken.

Technologieschema:

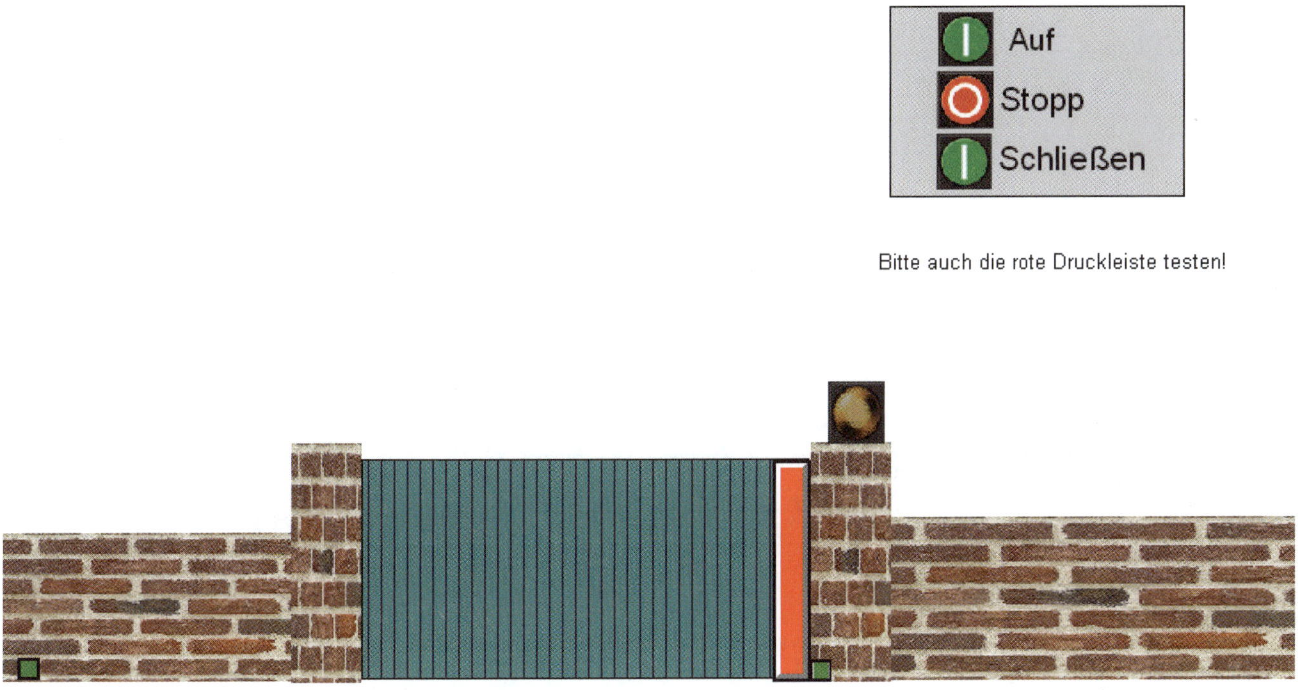

Visualisierungsdatei: *08_Toranlage_zeitgesteuert.VIS* auf der Buch-CD

Zuordnungsliste:

Symbol	Operand	Kommentar	Schaltverhalten
Stopp	E0.0	Taster Stopp	Öffner
Auf	E0.1	Taster Tor öffnen	Schließer
Schließen	E0.2	Taster Tor schließen	Schließer
Druckleiste	E0.3	Druckleiste am Tor	Öffner
End_auf	E0.4	Endschalter Tor auf	Öffner
End_zu	E0.5	Endschalter Tor zu	Öffner
M1 (Q1)	A0.0	Motorschütz Tor öffnen	–
M1 (Q2)	A0.1	Motorschütz Tor schließen	–
P1	A0.2	Meldeleuchte Anlage in Betrieb	–

Aufgabe:

1. Legen Sie ein SPS-Projekt an und erstellen Sie das Steuerungsprogramm.
2. Testen Sie das Steuerungsprogramm.
   Zum Test ist auch die Hardwarekonfiguration in SPS-VISU zu laden.

8.10 Übung: Zeitgesteuerte Förderbandanlage

Problemstellung

Über drei Förderbänder sollen Äpfel transportiert werden. Um Staus auf den Bändern zu vermeiden, soll nach dem Betätigen des Start-Tasters zuerst Band 3 anlaufen. 5 Sekunden später startet Band 2, weitere 5 Sekunden später Band 1.

Das Ausschalten erfolgt in umgekehrter Reihenfolge. Zuerst stoppt Band 1, 10 Sekunden später Band 2, weitere 10 Sekunden später Band 3.

Bei Betätigung des Not-Aus-Tasters müssen alle Antriebe sofort stillgesetzt werden. Die Meldeleuchte *Anlage in Betrieb* leuchtet, sobald eines der Förderbänder läuft.

Technologieschema:

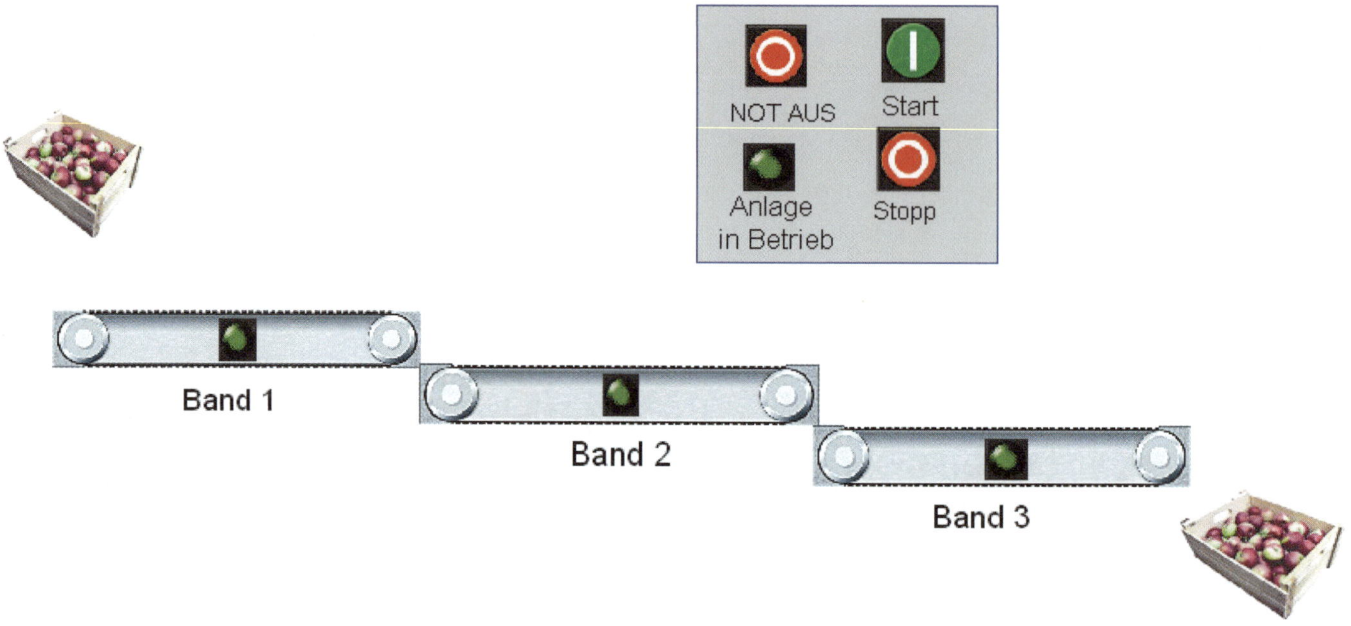

Visualisierungsdatei: *08_Förderband_zeitgesteuert.VIS* auf der Buch-CD

Zuordnungsliste:

Symbol	Operand	Kommentar	Schaltverhalten
S1	E0.0	Taster Start	Schließer
S2	E0.1	Taster Stopp	Öffner
S3	E0.2	Taster NOT-AUS	Öffner
M1 (Q1)	A0.0	Motorschütz Band 1	–
M2 (Q2)	A0.1	Motorschütz Band 2	–
M3 (Q3)	A0.2	Motorschütz Band 3	–
P1	A0.3	Meldeleuchte Anlage in Betrieb	

Aufgabe:

1. Legen Sie ein SPS-Projekt an und erstellen Sie das Steuerungsprogramm.
2. Testen Sie das Steuerungsprogramm.

9 Bit, Byte, Wort, Doppelwort

9.1 Zahlensysteme

Im Folgenden werden verschiede Zahlensysteme vorgestellt, da die Kenntnis darüber in der SPS-Technik unverzichtbar ist.

9.1.1 Das Dezimalsystem

Wenn im täglichen Leben etwas durch eine Zahl zum Ausdruck gebracht werden soll, z.B. ein Längenmaß, so verwendet man eine Zahl des dezimalen Zahlensystems.
Das dezimale Zahlensystem hat als Basiszahl die „10". Das bedeutet, dass jede Zahl als Vielfaches einer Zehnerpotenz ausgedrückt wird.

Die **dezimale Zahl 2456** setzt sich folgendermaßen zusammen:

2456			
$= 2 \times 10^3 + 4 \times 10^2 + 5 \times 10^1 + 6 \times 10^0$			
10^3	10^2	10^1	10^0
2	4	5	6

9.1.2 Das duale Zahlensystem (Binärsystem)

Die Digitaltechnik ist nur in der Lage, eine „0" oder eine „1" zu erkennen.
Deshalb wird in der Digitaltechnik das duale Zahlensystem verwendet. Bei diesem System stellt die „2" die Basis dar. Jede Zahl wird, ähnlich wie im Dezimalsystem, als Vielfaches einer Potenz von „2" ausgedrückt.

Beispiel: Es soll die **dezimale Zahl 239** durch eine Dualzahl dargestellt werden.

Potenz	2^7		2^6		2^5		2^4		2^3		2^2		2^1		2^0
Wert dezimal	128		64		32		16		8		4		2		1
Duale Darstellung	1		1		1		0		1		1		1		1
Berechnung	128	+	64	+	32	+	0	+	8	+	4	+	2	+	1

9.1.3 Das BCD-Zahlensystem

Bei dieser Art der Darstellung wird jede Dezimalstelle durch vier Bit des Dual-Codes ausgedrückt. Der BCD-Code wird oft bei Vorwahlschaltern und Ziffernanzeigen verwendet.

Beispiel: Darstellung der **dezimalen Zahl 239** im BCD-Code.

Potenz	2^3	2^2	2^1	2^0	2^3	2^2	2^1	2^0	2^3	2^2	2^1	2^0
Wert	100 er				10 er				1 er			
Wert dezimal	8	4	2	1	8	4	2	1	8	4	2	1
BCD-Code	0	0	1	0	0	0	1	1	1	0	0	1

Das Bitmuster 1111 kann nicht als Ziffer angezeigt werden, da es die 9 übersteigt. Eine BCD-Anzeige würde auf „dunkel" schalten.

9.1.4 Das Hexadezimalsystem

Ein weiteres in der digitalen Steuerungstechnik weit verbreitetes Zahlensystem, ist das hexadezimale Zahlensystem. Dabei dient die Zahl „16" als Basis, d.h. alle Zahlen werden als Vielfaches von 16er-Potenzen dargestellt.

Beispiel: Im hexadezimalen Zahlensystem werden die Zahlen 0-9 und A-F verwendet.

Dezimal	0	1	2	3	4	5	6	7	8	9	10	11	12	13	14	15
Hexadezimal	0	1	2	3	4	5	6	7	8	9	A	B	C	D	E	F

Beispiel: Es soll die ***Dezimalzahl 303*** durch eine hexadezimale Zahl dargestellt werden.

Potenz	16^2	16^1	16^0
Wert dezimal	256	16	1
hexadezimale Darstellung	1	2	F

Die Zahl $\mathbf{303}_{Dez}$ wird im hexadezimalen System durch die $\mathbf{12F}_{Hex}$ dargestellt.
$1 \cdot 256 + 2 \cdot 16 + 15 \cdot 1 = 303_{Dez}$

9.2 Bit, Byte, Wort und Doppelwort

9.2.1 Bit

Das Bit ist die kleinste binäre Informationseinheit. Ein Bit kann den Signalzustand „1" (Spannung vorhanden) oder „0" (Spannung nicht vorhanden) annehmen.

Beispiele für Bit-Anwendungen: a) U E0.0 b) S M0.2 c) = A4.5

9.2.2 Byte

Ein Byte besteht aus 8 Bit. Bei der SIMATIC S7 sind die Eingänge, Ausgänge und Merker byteweise adressiert. Die Adressierung beginnt bei den Bytes und Bits jeweils mit „0".

Das erste Bit des vierten Eingangsbytes heißt:

Byte 3							
E3.7	E3.6	E3.5	E3.4	E3.3	E3.2	E3.1	E3.0

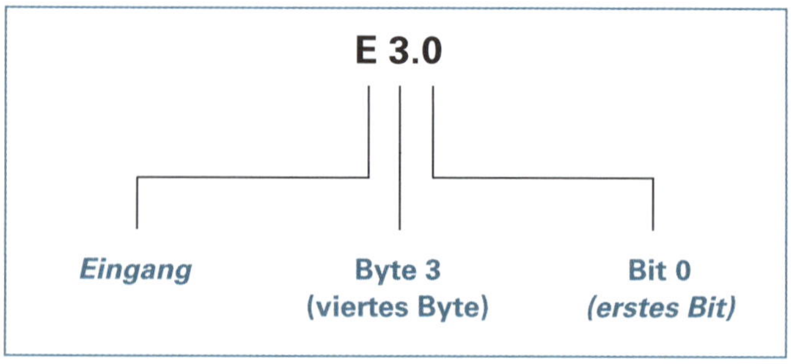

Beispiele für Byte-Anwendungen: a) L EB 4 b) T MB 0 c) T AB 22

9.2.3 Wort

Ein Wort besteht aus 2 Byte bzw. 16 Bit. Die Nummerierung von Wörtern ergibt die Wortadresse. Bei der Verwendung von Wörtern, z.B. EW (Eingangswort), AW (Ausgangswort), MW (Merkerwort), DW (Datenwort) usw. ist die Wortadresse immer die kleinere Byteadresse der 2 dazugehörigen Bytes.

Das Eingangswort EW 0 umfasst die Bytes EB 0 und EB 1. Die nächsten Eingangswörter sind EW 2, EW 4, EW 6 usw.

Wort 0															
Byte 0								Byte 1							
E0.7	E0.6	E0.5	E0.4	E0.3	E0.2	E0.1	E0.0	E1.7	E1.6	E1.5	E1.4	E1.3	E1.2	E1.1	E1.0

Beispiele für Wort-Anwendungen: a) L EW 4 b) T MW 0 c) T AW 22

Bei der Verarbeitung von Worten sollte *nur* auf *ganzzahlige Worte* zugegriffen werden, z.B. MW0, MW2, MW4 usw. Dadurch wird verhindert, dass es zu Überschneidungen in den Adressbereichen kommt.

9.2.4 Doppelwort

Ein Doppelwort besteht aus 2 Wörtern bzw. 4 Bytes bzw. 32 Bit. Das Eingangsdoppelwort umfasst die Bytes EB0 bis EB3.

Doppelwort 0																															
Wort 0																Wort 2															
Byte 0								Byte 1								Byte 2								Byte 3							
E0.7	E0.6	E0.5	E0.4	E0.3	E0.2	E0.1	E0.0	E1.7	E1.6	E1.5	E1.4	E1.3	E1.2	E1.1	E1.0	E2.7	E2.6	E2.5	E2.4	E2.3	E2.2	E2.1	E2.0	E3.7	E3.6	E3.5	E3.4	E3.3	E3.2	E3.1	E3.0

Beispiele für Doppelwort-Anwendungen: a) L ED 4 b) T MD 0 c) T AD 24

9.3 Lade- und Transferoperationen

Mittels der Lade- und Transferoperationen können Daten von einer Datenquelle geladen und zu einem Ziel transferiert werden. Informationen können zwischen Eingängen, Ausgängen, Merkern, Zeiten, Zählern usw. ausgetauscht werden.

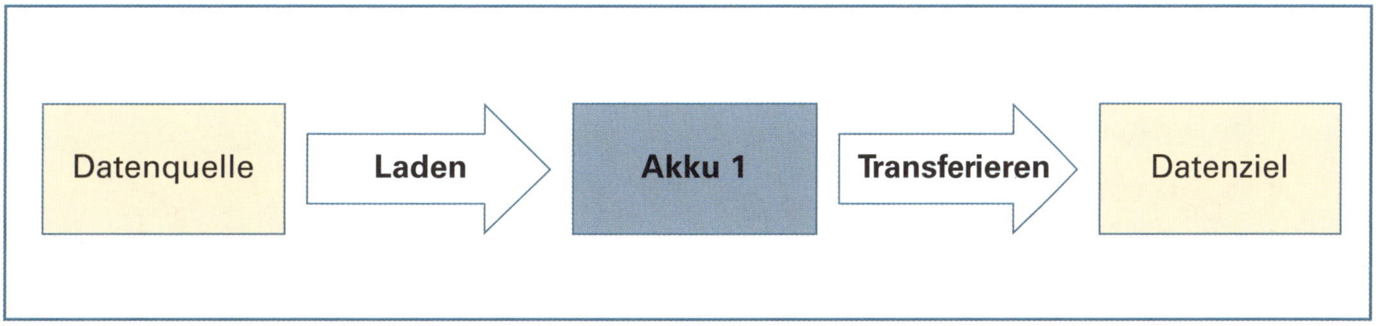

Bild1: Lade- und Transferoperation

Die Daten werden zunächst in einen Zwischenspeicher (Akku 1) der SPS geladen und von dort aus zum Ziel weiter transferiert. Diese Informationen können byte-, wort- oder doppelwortweise übertragen werden.

Beispiel: Das Eingangswort EW0 soll geladen und in das Merkerwort MW20 transferiert werden.
In AWL lauten die Befehlszeilen:

L EW0
T MW20

9.3.1 Lade- und Transferoperationen in AWL

Die nachfolgende Tabelle zeigt die Grundfunktionen in den einzelnen Programmiersprachen von Step7. Zusätzlich ist auch die Anweisungsliste nach DIN EN 61131-1 angegeben.

Lade-Befehle

Datenziel	Anweisung	Beschreibung	Beispiel
Eingänge	L EB n L EW n L ED n	Laden des Eingangsbytes Laden des Eingangsworts Laden des Eingangsdoppelworts	L EB 0 L EW 2 L ED 4
Ausgänge	L AB n L AW n L AD n	Laden des Ausgangsbytes Laden des Ausgangsworts Laden des Ausgangsdoppelworts	L AB 20 L AW 22 L AD 24
Peripheriebereich	L PEB n L PEW n L PED n	Laden des Peripherieeingangsbytes Laden des Peripherieeingangsworts Laden des Peripherieeingangsdoppelworts	L PEB 256 L PEW 272 L PED 320
Merker	L MB n L MW n L MD n	Laden des Merkerbytes Laden des Merkerworts Laden des Merkerdoppelworts	L MB 0 L MW 2 L MD 4
Daten	L DB x.DBB n L DB x.DBW n L DB x.DBD n	Laden des Datenbytes aus einem Datenbaustein Laden des Datenwortes aus einem Datenbaustein Laden des Datendoppelwortes aus einem Datenbaustein	L DB 20.DBB 0 L DB 20.DBW 2 L DB 20.DBD 4
Variablen	L # xxxx	Laden einer Variablen	L # Parameter
Konstanten	L -10 L L#-350 L 3.8 L 2#11001101 L B#16#E7 L C#110 L S5T#50S	Laden der Integerzahl -10 Laden der Doppelintegerzahl -350 Laden der Realzahl 3.8 Laden eines Wortes (binär) Laden der zweistelligen Hexadezimalzahl E7 Laden des Zählwertes 110 Laden der Zeit 50 Sekunden	L -10 L L#-350 L 3.8 L 2#11001101 L B#16#E7 L C#110 L S5T#50S
Zeiten	LT n LCT n	Laden eines Zeitwertes dualcodiert Laden eines Zeitwertes BCD-codiert	LT 1 LCT 1
Zähler	L Z n LC Z n	Laden eines Zählwertes dualcodiert Laden eines Zählwertes BCD-codiert	L Z 20 LC Z 20

Transfer-Befehle in AWL

Datenziel	Anweisung	Beschreibung	Beispiel
Eingänge*	T EB n T EW n T ED n	Transferieren zum Eingangsbyte Transferieren zum Eingangswort Transferieren zum Eingangsdoppelwort	T EB 0 T EW 2 T ED 4
Ausgänge	T AB n T AW n T AD n	Transferieren zum Ausgangsbyte Transferieren zum Ausgangswort Transferieren zum Ausgangsdoppelwort	T AB 20 T AW 22 T AD 24
Peripheriebereich*	T PEB n T PEW n T PED n	Transferieren zum Peripherieeingangsbyte Transferieren zum Peripherieeingangswort Transferieren zum Peripherieeingangsdoppelwort	T PEB 256 T PEW 272 T PED 320
Merker	T MB n T MW n T MD n	Transferieren zum Merkerbyte Transferieren zum Merkerwort Transferieren zum Merkerdoppelwort	T MB 0 T MW 2 T MD 4
Daten	T DB x.DBB n T DB x.DBW n T DB x.DBD n	Transferieren zum Datenbyte eines Datenbausteins Transferieren zum Datenwort eines Datenbausteins Transferieren zum Datendoppelwort eines Datenbausteins	T DB 20.DBB 0 T DB 20.DBW 2 T DB 20.DBD 4
Variablen	T # xxxx	Transferieren einer Variablen	T # Parameter

* Bei Eingängen wird lediglich das Prozessabbild verändert.

9.3.2 Lade- und Transferoperationen in FUP und KOP

Im Funktionsplan sowie im Kontaktplan werden Lade- und Transferoperationen durch den Befehl *MOVE* realisiert. An den Eingang *IN* wird der zu ladende Operand geschrieben. Transferiert werden die Daten an den Operand am Ausgang *OUT*. *EN* ist der Freigabeeingang und *ENO* der Freigabeausgang. Wird *EN* nicht belegt, so wird der *MOVE*-Befehl immer ausgeführt. Über einen Operanden am *EN*-Eingang kann der *MOVE*-Befehl freigeschaltet werden.

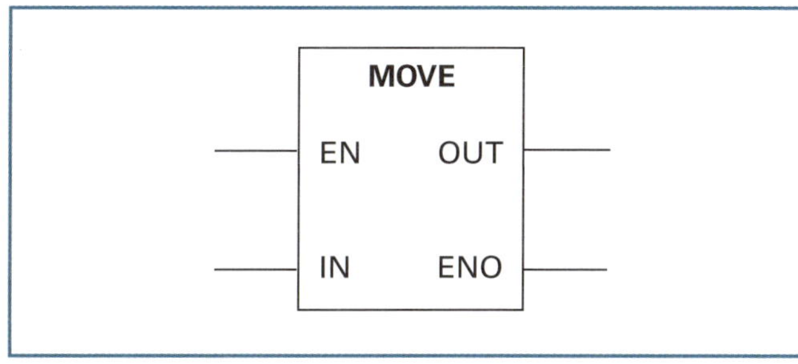

Bild1: MOVE-Symbol

Beispiel:
Das Eingangswort EW0 soll geladen und in das Merkerwort MW20 transferiert werden.
Über den E8.0 soll der MOVE-Befehl freigegeben werden.

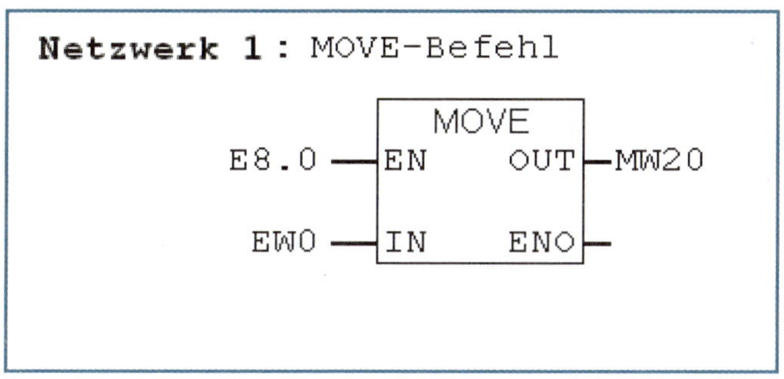

Bild 2: MOVE-Befehl in FUP

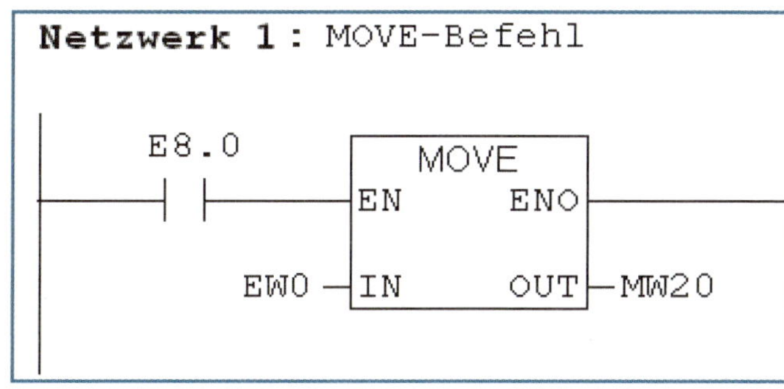

Bild 3: MOVE-Befehl in KOP

9.4 Wiederholungsfragen

1 Wie wird die Zahl 43 (dezimal) in den folgenden Zahlensystemen dargestellt?
a) Duales Zahlensystem

b) BCD-Zahlensystem

c) Hexadezimalsystem

2 Auf einer BCD-codierten Anzeige wird die Zahl 123 angezeigt. Geben Sie das Bitmuster an, mit dem die Anzeige angesteuert wird.

3 Bei der Programmierung eines Profibussystems wird die Adresse des Profibus-Masters hexadezimal angegeben. Wie lautet die Adresse 110_{HEX} im Dezimalsystem?

4 Welche Bits umfasst das Ausgangsdoppelwort 12?

5 Warum sollte das Merkerwort 1 nicht verwendet werden?

6 Erläutern Sie nachfolgende Programmzeilen.

Netzwerk 1

```
L EW0
T MW20
```

Netzwerk 2

```
L +10
T AW12
```

7 Immer wenn der Eingang E5.3 den Zustand „0“ hat, soll das Eingangsbyte 124 geladen und im Merkerbyte 8 gespeichert werden. Geben Sie das Programm in KOP an.

8 Die Bits E0.0 bis E13.7 sollen geladen und zu den Bits M20.0 bis M33.7 transferiert werden. Geben Sie das Programm in AWL an.

9.5 Übung: Wortverarbeitung

Problemstellung

Über ein Förderband sollen Flaschen transportiert werden. Wenn der Austaster betätigt wird, läuft das Förderband nach. Über einen BCD-Schalter kann die Nachlaufzeit eingegeben werden. Eine BCD-Anzeige zeigt die restliche Zeit bis zur Abschaltung.

Technologieschema:

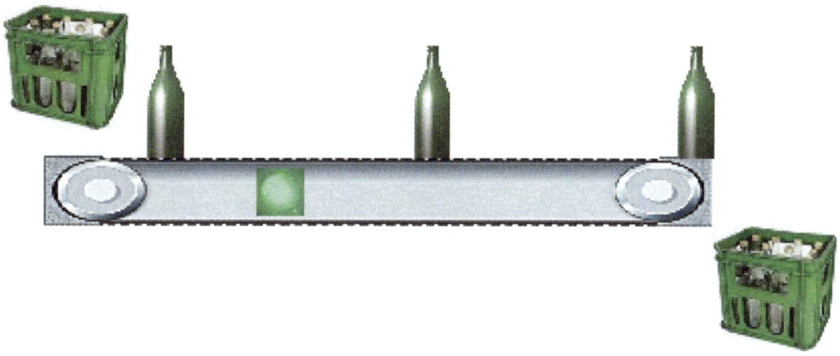

Visualisierungsdatei: *09_Wortverarbeitung.VIS* auf der Buch-CD

Zuordnungsliste:

Symbol	Operand	Kommentar	Schaltverhalten
S1	E0.0	Taster Start	Schließer
S2	E0.1	Taster Stopp	Öffner
M1 (Q1)	A0.0	Motorschütz Band 1	–
S3	EW20	Vorgabezeit	–
P1	AW20	Restzeit	–

Aufgabe:

1. Legen Sie ein SPS-Projekt an und erstellen Sie das Steuerungsprogramm.
2. Testen Sie das Steuerungsprogramm.

10 Zähler und Vergleicher

10.1 SIMATIC-Zähler

In der Steuerungs- und Automatisierungstechnik müssen häufig Stückzahlen ermittelt, Impulse verarbeitet oder andere Zählaufgaben bewältigt werden.

Unter Step7 stehen drei Zählerarten zur Verfügung. Neben einem Nur-Vorwärtszähler und einem Nur-Rückwärtszähler steht auch ein Vorwärts-/Rückwärtszähler zur Verfügung. Der Zählbereich liegt zwischen 0 und 999. Die Zählfrequenz hängt von der Zykluszeit ab, da die Zähler in jedem Zyklusdurchlauf nur einen Vorwärts- und einen Rückwärtsimpuls verarbeiten. Damit ein Zählimpuls sicher erkannt wird, muss das Signal mindestens für die Dauer von zwei Zyklen anliegen.

Wenn Zählimpulse erfasst werden müssen, die schneller als die Zykluszeit sind, muss auf spezielle Baugruppen mit schnellen Zähleingängen zurückgegriffen werden.

Der prinzipielle Aufbau der drei Zähler ist identisch und wird anhand eines Vorwärts-/Rückwärtszählers in der Darstellungsart Funktionsplan mit einem Beispielsprogramm erläutert:

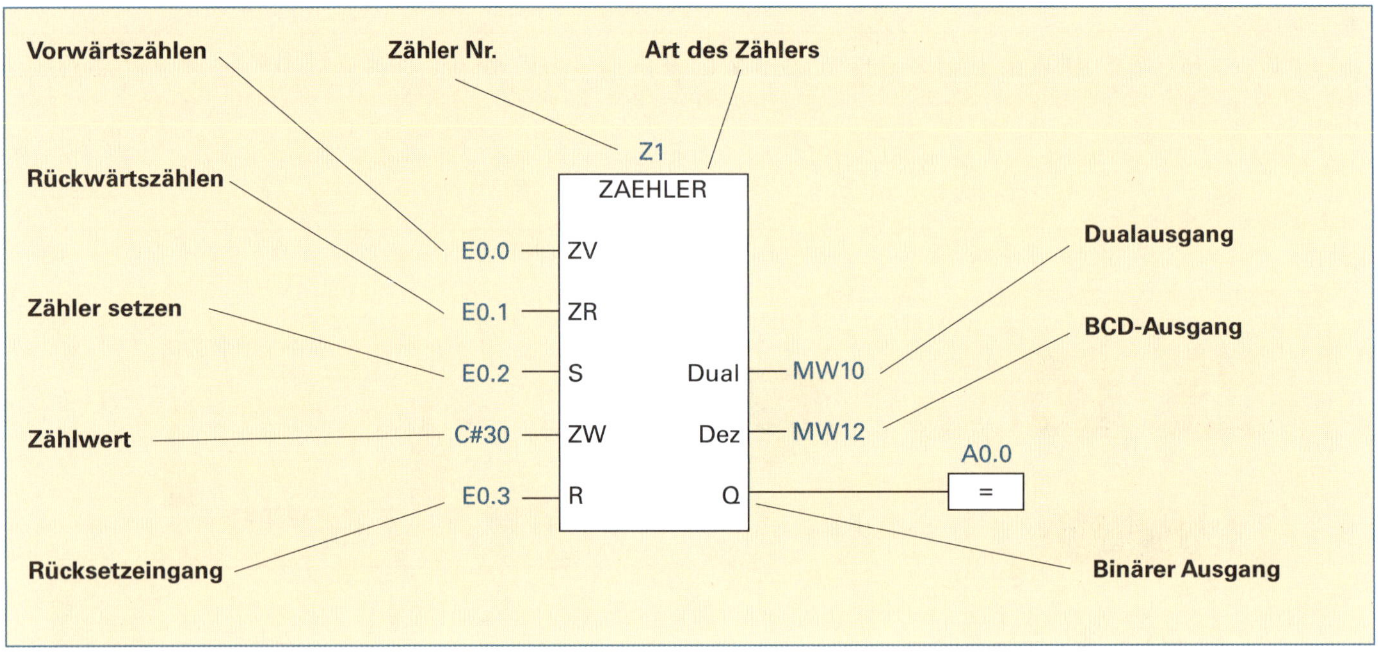

ZV Vorwärtszählen

Bei einer positiven Flanke (Signalwechsel von 0 ⟹ 1) wird der Zählwert um 1 erhöht.

Beispiel in AWL: **U E0.0**
ZV Z1

ZR Rückwärtszählen

Bei einer positiven Flanke (Signalwechsel von 0 ⟹ 1) wird der Zählwert um 1 verringert.

Beispiel in AWL: **U E0.1**
ZR Z1

S Zähler setzen

Bei pos. Flanke wird der Zählwert ZW übernommen.

ZW Zählwert

Der Zählwert (Startwert) kann als Konstante im BCD-Zahlensystem oder als Wort geladen werden.

Beispiel in AWL:

U	**E0.3**	oder	**U**	**E0.3**
L	**C#30**		**L**	**MW12**
S	**Z1**		**S**	**Z1**

R **Zähler zurücksetzen**

Der Zählwert und der Ausgang Q werden auf 0 zurückgesetzt.

Beispiel in AWL:

```
U   E0.3
R   Z1
```

Dual **Zählwert, dualcodiert**

Der aktuelle Zählwert kann einem Wort im Dual-Code zugewiesen werden.

Beispiel in AWL:

```
L   Z1
T   MW10
```

Dez **Zählwert, BCD-codiert**

Der aktuelle Zählwert kann einem Wort im BCD-Code zugewiesen werden.

Beispiel in AWL:

```
LC  Z1
T   MW12
```

Q **Binärer Ausgang**

Q = 0 bei Zählwert 0
Q = 1 bei Zählwert > 0

Beispiel in AWL:

```
U   Z1
=   A0.0
```

Bei der Programmierung müssen nicht alle Ein- und Ausgänge belegt werden. Wenn z.B. kein Zählwert gesetzt wird, kann auf die Belegung der Eingänge S und ZW verzichtet werden. Lediglich die Zähleingänge müssen belegt sein.

10.2 Vergleicher

Vergleicher werden verwendet, um zwei Zahlen des gleichen Datentyps miteinander zu vergleichen. Vergleicher werden häufig zusammen mit Zählern verwendet.

Beispiel: Beim Zählstand 14 eines Zählers soll ein Ausgang (A0.0) auf 1 gesetzt werden.
Hier wird der Zählstand im MW10 (Dualausgang des Zählers) gespeichert und mit der Zahl 14 verglichen. Wenn beide Zahlen gleich sind, wird der Ausgang des Vergleichers und damit auch der Ausgang A0.0 auf 1 gesetzt.

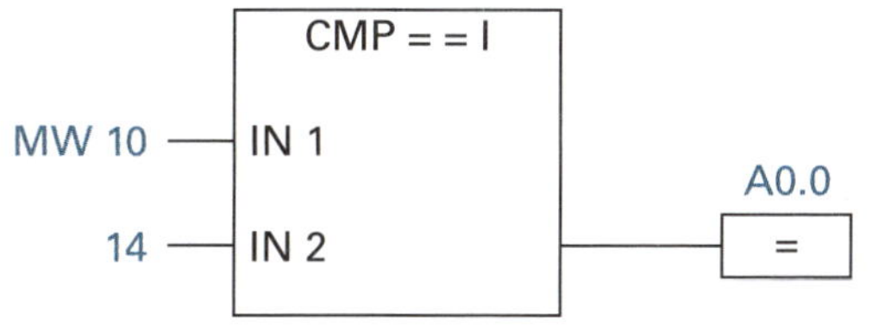

Vergleicher in FUP

```
L  MW10
L  14
= = I
=  A0.0
```

Vergleicher in AWL

Bei Step 7 stehen verschiedene Vergleichsoperationen zur Verfügung:

= =	**gleich**	Operand 1 ist gleich Operand 2
<>	**ungleich**	Operand 1 ist ungleich Operand 2
>	**größer**	Operand 1 ist größer als Operand 2
<	**kleiner**	Operand 1 ist kleiner als Operand 2
>=	**größer oder gleich**	Operand 1 ist größer oder gleich Operand 2
<=	**kleiner oder gleich**	Operand 1 ist kleiner oder gleich Operand 2
IN_RANGE		Wert ist innerhalb eines Bereichs (S7-1200/S7-1500)
OUT_RANGE		Wert ist außerhalb eines Bereichs (S7-1200/S7-1500)
OK		Gültigkeit prüfen (S7-1200/S7-1500)
NOT_OK		Ungültigkeit prüfen (S7-1200/S7-1500)

Vergleichsoperationen können nur mit Operanden des gleichen Typs erfolgen. Folgende Datentypen stehen bei Vergleichern zur Verfügung:

INT	**Ganze Zahlen** (Festpunktzahlen)	16 Bit	–32768 bis +32767
DINT	**Ganze Zahlen** (Festpunktzahlen)	32 Bit	–2147483648 bis +2147483647
Real	**Reelle Zahlen** (Gleitpunktzahlen)	32 Bit	Exponentialdarstellung: 2.456 E+02 oder Dezimaldarstellung: 245.6

Beispiele für Vergleichsoperationen in Step7

INT | **DINT** | **REAL**

FUP

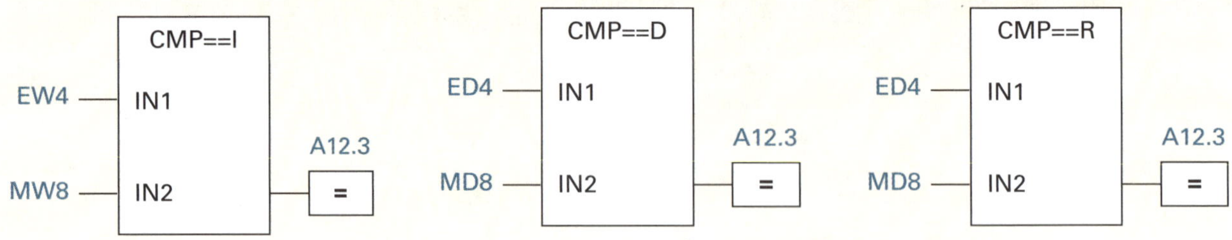

KOP

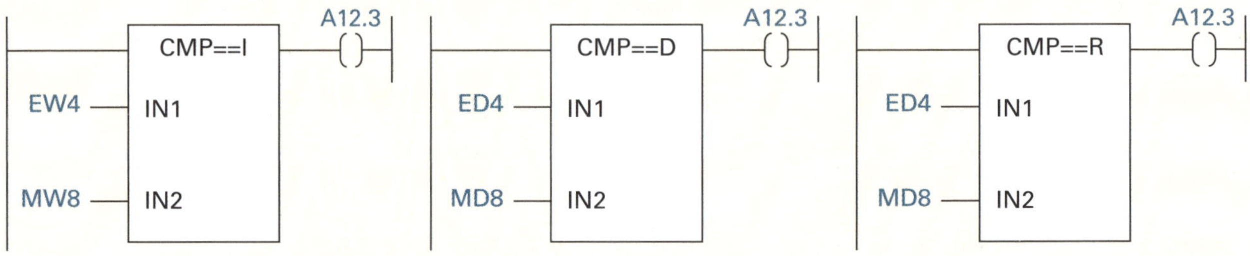

AWL

INT	DINT	REAL
L EW 4	L ED 4	L ED 4
L MW8	L MD8	L MD8
==I	==D	==R
= A12.3	= A12.3	= A12.3

10.3 SIMATIC-Vorwärts-/Rückwärtszähler mit Vergleicher in AWL, FUP und KOP

Je nach Zählaufgabe muss der Nur-Vorwärts-, der Nur-Rückwärts- oder der Vorwärts-/Rückwärtszähler gewählt werden. Beim Vorwärts-/Rückwärtszähler müssen sowohl der ZV- als auch der ZR-Eingang belegt werden.

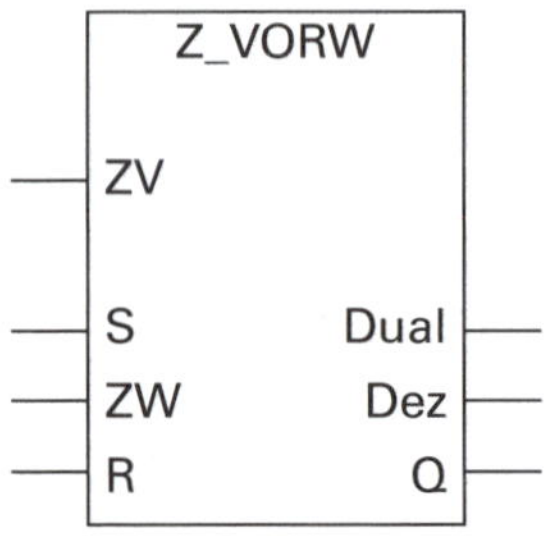

Nur Vorwärts-Zähler

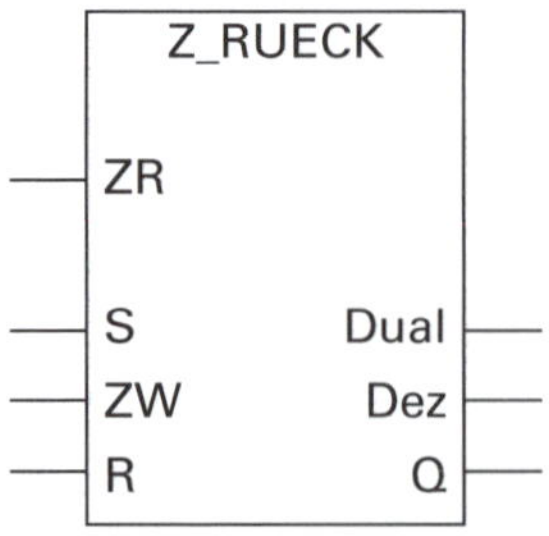

Nur Rückwärts-Zähler

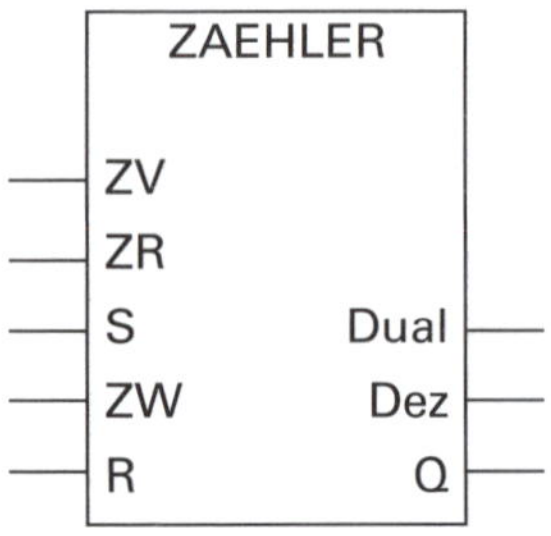

Vorwärts-/Rückwärts-Zähler

Da Zähler sehr häufig zusammen mit Vergleichern eingesetzt werden, wird nebenstehend die Darstellung in Funktionsplan, Anweisungsliste und Kontaktplan angegeben.

Die Zähler weisen eine Belegung aller Ein- und Ausgänge auf. Diese ist jedoch bei einfacheren Anwendungen oft nicht erforderlich.

Beim angegebenen Beispiel kann über E0.0 bzw. E0.1 vor- und zurückgezählt werden. Bei einer positiven Flanke an E0.2 wird der Zählwert 30 geladen. Mit E0.3 kann der Zähler zurückgesetzt werden. **Der Dualausgang gibt über das Merkerwort 20 den Zählwert an einen Vergleicher weiter.** Ist der Zählwert größer oder gleich 75 wird der Ausgang A0.1 mit einem 1-Signal angesteuert. Im Merkerwort 22 wird der Zählstand BCD-codiert dargestellt. Ist der Zählstand größer Null, wird der Ausgang A0.0 am Zähler auf 1 gesetzt.

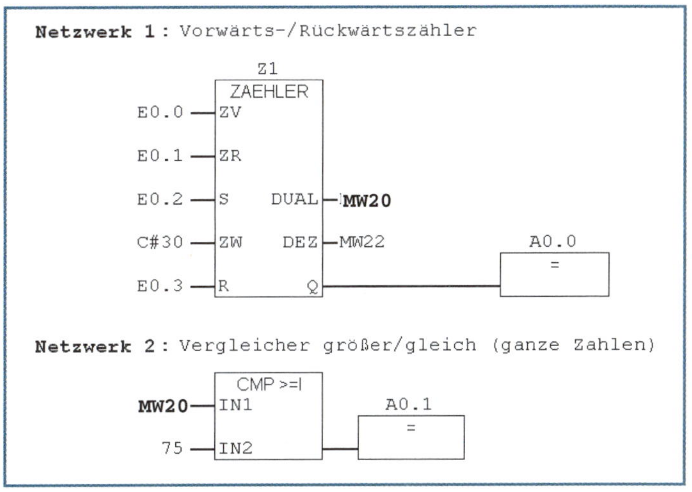

Bild 1: Vorwärts-/Rückwärtszahler in FUP

```
Netzwerk 1 : Vorwärts-/Rückwärtszähler
      U     E     0.0
      ZV    Z     1
      U     E     0.1
      ZR    Z     1
      U     E     0.2
      L     C#30
      S     Z     1
      U     E     0.3
      R     Z     1
      L     Z     1
      T     MW    20
      LC    Z     1
      T     MW    22
      U     Z     1
      =     A     0.0

Netzwerk 2 : Vergleicher größer/gleich (ganze Zahlen)
      L     MW    20
      L     75
      >=I
      =     A     0.1
```

Bild 2: Vorwärts-/Rückwärtszahler in AWL

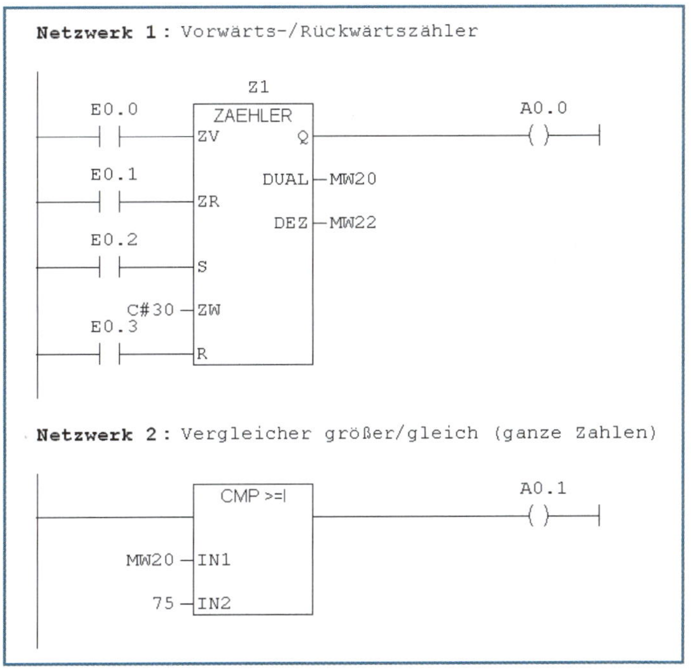

Bild 3: Vorwärts-/Rückwärtszahler in KOP

NOP 0

Werden bei der Programmierung in AWL einige Ein- bzw. Ausgänge nicht belegt, so kann man an deren Stelle eine Nulloperation (NOP 0) einfügen. Der Befehl NOP 0 hat keinerlei Auswirkung auf das Programm. Er ist lediglich ein Platzhalter, damit die Umschaltung von AWL in KOP oder FUP funktioniert. Ist eine Umschaltung nicht erforderlich, kann auf die Angabe von NOP 0 verzichtet werden.

```
Netzwerk 1 : Vorwärts-/Rückwärtszähler
      U     E     0.0
      ZV    Z     1
      U     E     0.1
      ZR    Z     1
      NOP   0
      NOP   0
      NOP   0
      NOP   0
      NOP   0
      U     Z     1
      =     A     0.0
```

Beispiel eines Zählers mit Nulloperation in AWL

Bei diesem Beispiel sind die Eingänge S, ZW und R sowie die Ausgänge DUAL und DEZ durch eine Nulloperation (NOP 0) ersetzt worden.

10.4 IEC-Zähler

Es gibt drei verschiedene Zähler nach IEC 61131-3. Im Gegensatz zu den SIMATIC-Zählern, die nur einen Zählbereich von 0-999 haben, können die IEC-Zähler von –32768 bis 32767 zählen.

Die IEC-Zähler-Bausteine sind Systemunktionsbausteine SFB (siehe Seite 95). Zu jedem SFB gehört ein Instanz-Datenbaustein in den seine Daten abgelegt werden. Der zu der Zählfunktion gehörige Datenbaustein wird über dem Baustein eingetragen.

FUP | KOP | AWL

Vorwärtszähler

FUP:

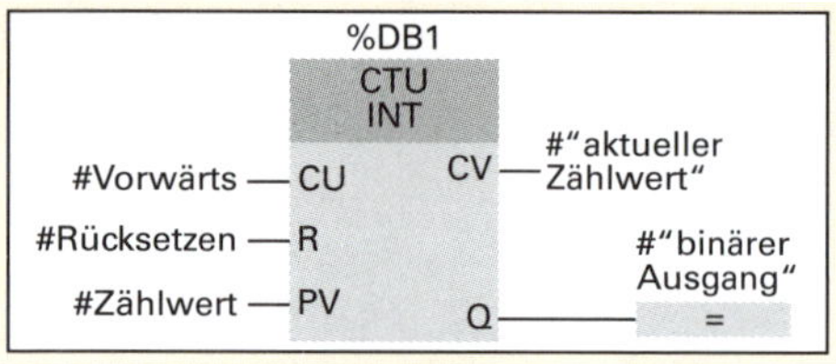

KOP:

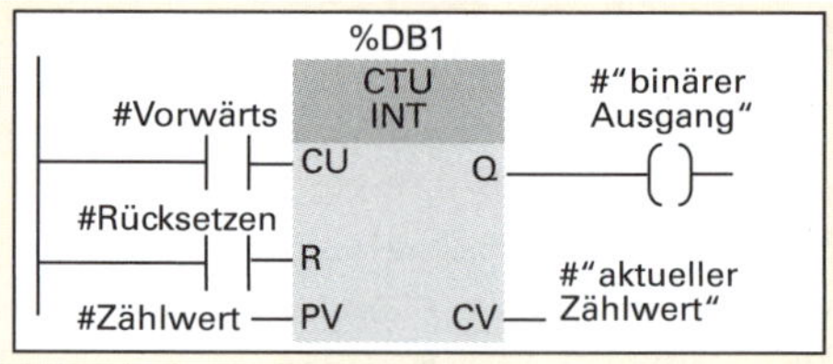

AWL:

```
CALL CTU , "DB1"
Int
CU  :=#Vorwärts
R   :=#Rücksetzen
PV  :=#Zählwert
Q   :=#"binärer Ausgang"
CV  :=#"aktueller Zählwert"
```

Rückwärtszähler

FUP:

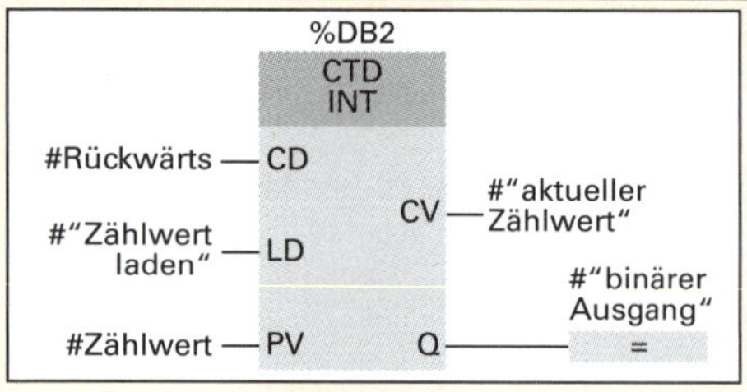

KOP:

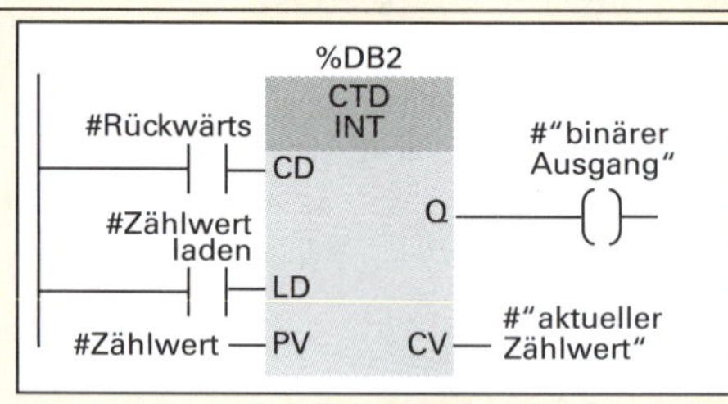

AWL:

```
CALL CTD , "DB2"
Int
CD  :=#Vorwärts
R   :=#Rücksetzen
LD  :=#"Zählwert laden"
PV  :=#Zählwert
Q   :=#"binärer Ausgang"
CV  :=#"aktueller Zählwert"
```

Vorwärts- und Rückwärtszähler

FUP:

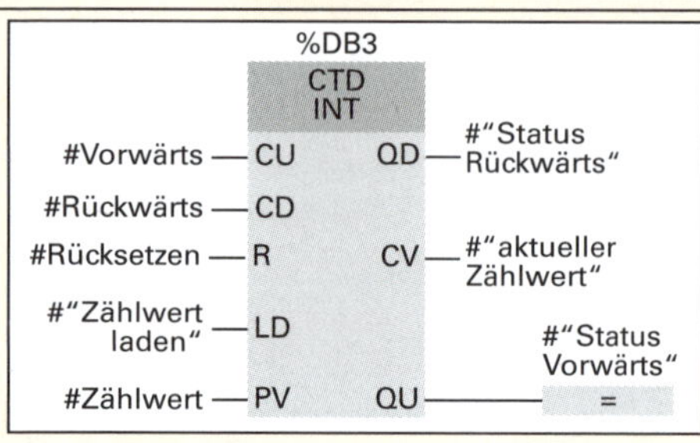

KOP:

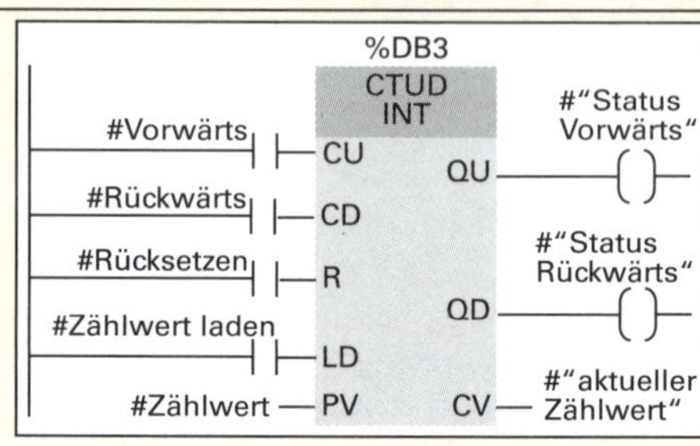

AWL:

```
CALL CTUD , "DB3"
Int
CU  := #Vorwärts
CD  := #Rückwärts
R   := #Rücksetzen
LD  : =#"Zählwert laden"
PV  :=#Zählwert
QU  :=#"Status Vorwärts"
QD  :=#"Status Rückwärts
CV  :=#"aktueller Zählwert"
```

Folgende Ein-/Ausgänge stehen zur Verfügung:

CU Vorwärtszahlen *(BOOL)*
CD Rückwärtszählen *(BOOL)*
R Zähler auf 0 zurücksetzen *(BOOL)*
LD Zählwert laden *(BOOL)*
PV Zählwert *(INT)*
Q binärer Ausgang *(BOOL)*
QU Status des Vorwärtszahlers *(BOOL)*
QD Status des Rückwärtszählers *(BOOL)*
CV aktueller Zählwert *(INT)*

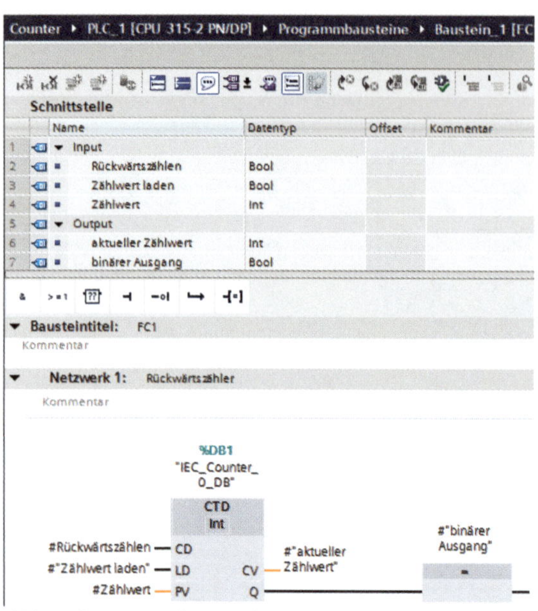

Abb. 1: Programmierung des Rückwärtszählers im FC1

Im nebenstehenden Beispiel sind im FC 1 die Variablen deklariert und ein Rückwärtszähler programmiert worden. Bei positiver Flanke an CD wird der Zählwert ab den an PV geladenen Zählwert heruntergezählt. Q wird auf ein 1-Signal gesetzt, wenn der aktuelle Zählwert ≤ 0 ist. Im OB1 wird die Funktion FC1 aufgerufen. Den Variablen werden dabei die absoluten Adressen, zugewiesen.

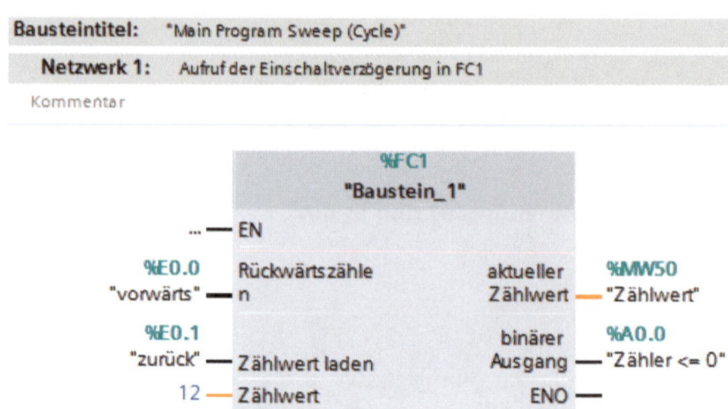

Abb. 2: Aufruf des FC1 im OB1

10.5 Wiederholungsfragen

1 Welchen minimalen und maximalen Zählstand kann ein Zähler unter Step7 anzeigen?

2 An welchem Ausgang kann der Zählstand BCD-codiert abgefragt werden?

3 Stellen Sie folgende Schaltung als Funktionsplan (FUP) dar.

Netzwerk 1

```
U   E124.0
ZV  Z12
U   E124.1
L   C#100
S   Z12
U   E124.2
R   Z12
L   Z12
T   MW6
NOP  0
NOP  0
```

Netzwerk 2

```
L   MW6
L   200
==I
=   A124.0
```

4 Welche Bedeutung haben die Programmzeilen NOP 0 in Aufgabe 3?

5 Wann wird am Ausgang Q eines Zählers eine 1 bzw. eine 0 ausgegeben?

6 Welche verschiedenen Datentypen können bei Vergleichern verwendet werden?

7 Erklären Sie die Funktion der Schaltung.

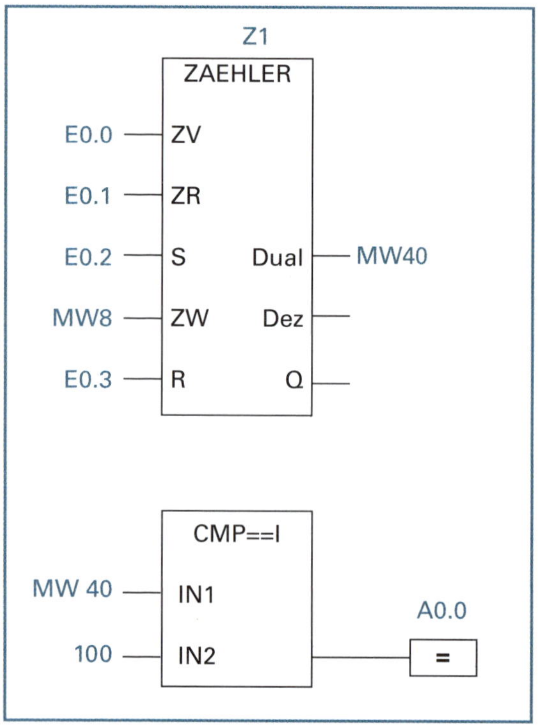

8 Wie lauten die AWL-Befehle, um den aktuellen Zählwert des Zählers Z1 dualcodiert in das Merkerwort MW10 zu schreiben?

10.6 Übung: Parkplatzampel

Problemstellung

Auf einem Parkplatz stehen 16 Parkplätze zur Verfügung. Der Parkplatz verfügt über zwei Zufahrten. Jede Zufahrt ist mit einer Ampelanlage ausgestattet. Durch den Wahlschalter „Anlage ein/aus“ wird die Ampelanlage aktiviert. Induktionsschleifen erfassen ein- und ausfahrende Fahrzeuge.
Wenn die Anlage eingeschaltet ist, gibt eine BCD-Anzeige an, dass 16 freie Plätze zur Verfügung stehen.
Die Ampeln zeigen an, ob noch Parkplätze frei sind (grün) oder ob der Parkplatz belegt ist (rot). Die BCD-Anzeige soll die genaue Anzahl der noch freien Plätze anzeigen.

Technologieschema:

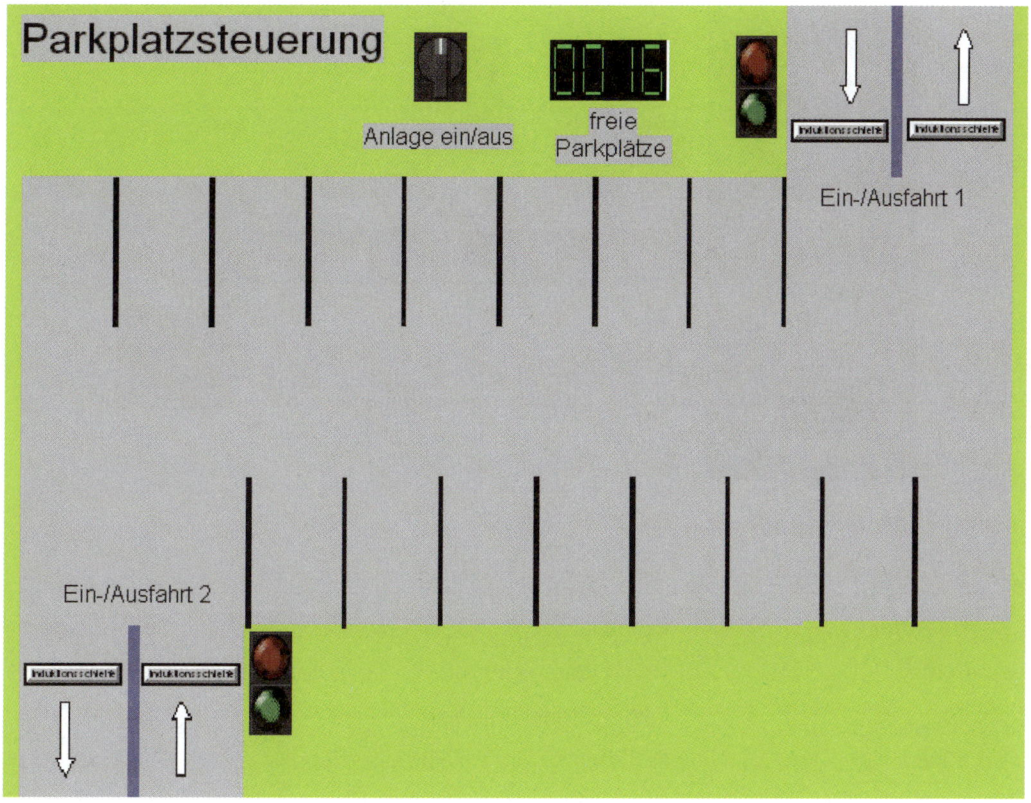

Visualisierungsdatei: *10_Parkplatz.VIS* auf der Buch-CD

Zuordnungsliste:

Symbol	Operand	Kommentar	Schaltverhalten
B1	E0.0	Induktionsschleife Einfahrt 1	Schließer
B2	E0.1	Induktionsschleife Ausfahrt1	Schließer
B3	E0.2	Induktionsschleife Ausfahrt 2	Schließer
B4	E0.3	Induktionsschleife Einfahrt 2	Schließer
S1	E0.4	Ein-/Ausschalter	1 = eingeschaltet
P1	A0.0	Ampel 1 rot	–
P2	A0.1	Ampel 1 grün	–
P3	A0.2	Ampel 2 rot	–
P4	A0.3	Ampel 2 grün	–
P5	AW 32	BCD-Anzeige „Freie Parkplätze“	–

Aufgabe:

1. Legen Sie ein SPS-Projekt an und erstellen Sie das Steuerungsprogramm.
2. Testen Sie das Steuerungsprogramm.

10.7 Übung: Stanze

Problemstellung

Über ein Förderband werden Werkstücke einer Stanze zugeführt und anschließend in eine Kiste transportiert. Dort können maximal 10 Werkstücke aufgenommen werden.
Im Automatikbetrieb wird das Förderband über den Taster *Automatik Start* eingeschaltet. Wenn die Endlage B3 erreicht ist, beginnt der Stanzvorgang. B1 und B2 sind die Endlagenschalter der Stanze. B4 ist der Endlagensensor des Förderbandes. Die Anlage kann auch im Handbetrieb gesteuert werden. Eine BCD-Anzeige gibt die Anzahl der Werkstücke an.

Technologieschema:

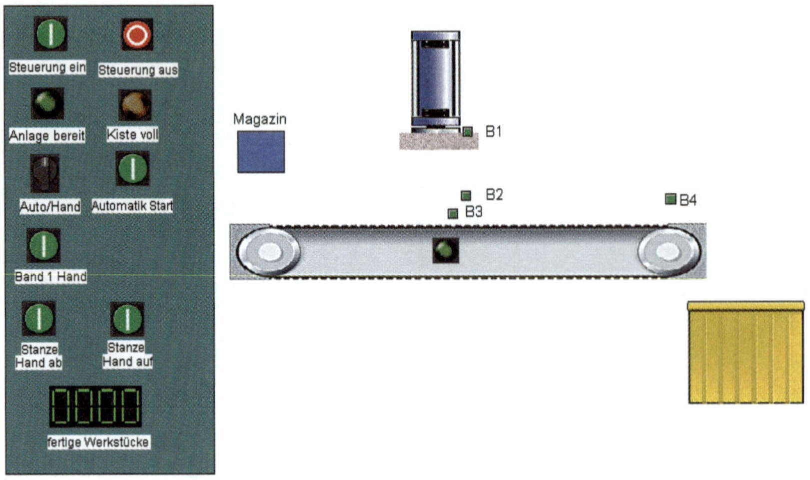

Visualisierungsdatei: *10_Stanze.VIS* auf der Buch-CD

Zuordnungsliste:

Symbol	Operand	Kommentar	Schaltverhalten
S1	E0.0	Taster Steuerung ein	Schließer
S2	E0.1	Taster Steuerung aus	Öffner
S3	E0.2	Schalter Automatik/Handbetrieb	0 = Auto, 1 = Hand
S4	E0.3	Automatikbetrieb Start	Schließer
S5	E0.4	Taster Band 1 Handbetrieb/Tippbetrieb	Schließer
S7	E0.5	Taster Stanze abwärts/Handbetrieb	Schließer
S8	E0.6	Taster Stanze aufwärts/Handbetrieb	Schließer
B1	E0.7	Endschalter Stanze oben	Öffner
B2	E1.0	Endschalter Stanze unten	Öffner
B3	E1.1	Endschalter Werkstück unter Stanze	Schließer
B4	E1.2	Endschalter Band Ende	Schließer
P1	A0.0	Meldeleuchte Anlage bereit	–
P2	A0.1	Meldeleuchte Kiste voll	–
Q1	A0.2	Motorschütz Band 1	–
Q2	A0.3	Stanze abwärts	–
Q3	A0.4	Stanze aufwärts	–
P3	AW 32	BCD-Anzeige fertige Werkstücke	–

Aufgabe:

1. Legen Sie ein SPS-Projekt an und erstellen Sie das Steuerungsprogramm.
2. Testen Sie das Steuerungsprogramm.

11 Verschiedene Programmfunktionen und Befehle

11.1 Urlöschen

Um sicherzustellen, dass sich nicht noch alte Bausteine in der CPU befinden, sollte man die CPU urlöschen bevor ein neues Anwenderprogramm aufgespielt wird. Das Urlöschen kann hardwaremäßig über den Betriebsartenschalter oder softwaremäßig durchgeführt werden.

Im **SIMATIC Manager** muss zuerst die CPU markiert werden. Dann kann über **Zielsystem** ⇒ **Diagnose/Einstellungen** ⇒ **Urlöschen** die CPU gelöscht werden. Der Betriebsartenschalter muss dafür auf STOP geschaltet werden.

Beim TIA-Portal kann über ***Tools*** ⇒ ***MRES*** ein Urlöschen durchgeführt werden.

Beim Urlöschen wird die CPU zurückgesetzt und alle Anwenderdaten werden gelöscht. Der Inhalt des Diagnosepuffers und die Parameter der MPI-Schnittstelle bleiben erhalten. Wenn Daten auf einer Memory Card oder einem EPROM vorhanden sind, kopiert die CPU nach dem Urlöschen den EPROM-Inhalt wieder in den RAM-Bereich des Speichers.

11.2 Remanenzverhalten

In der Geräte-/Hardwarekonfiguration kann im Fenster ***Eigenschaften*** das Remanenzverhalten der CPU festgelegt werden.

Im Register ***Remanenz*** kann eingestellt werden, welche Speicherbereiche nach einem Netzausfall bzw. nach einem Umschalten von STOP in RUN auch ohne eine Pufferbatterie erhalten, d.h. remanent, bleiben sollen. Es wird z.B. festgelegt, welcher Zähler nach einem Spannungsausfall seinen Zählwert behält oder für welche Merker die Zustände gespeichert werden.

Alle Datenbausteine sind immer remanent, wenn eine Pufferbatterie eingelegt ist.

Siehe auch Seite 40.

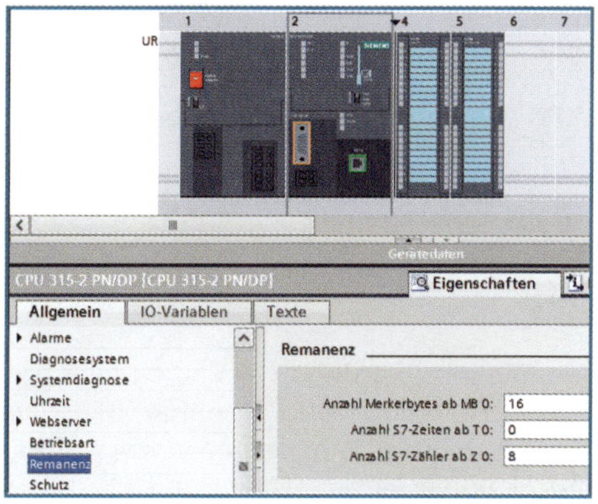

Bild 1: Einstellungen zum Remanenzverhalten

11.3 Archivieren/Dearchivieren

Bei Step7 besteht die Möglichkeit, Projekte komprimiert zu speichern, d.h. zu archivieren. Das Projekt wird dazu in eine *.zip-Datei konvertiert. Neben der Datenkomprimierung hat der Anwender den Vorteil, das gesamte Projekt in einer Datei vorliegen zu haben.

Über **Projekt** bzw. **Datei** ⇒ **Archivieren** und **Projekt** bzw. **Datei** ⇒ **Dearchivieren** können Projekte komprimiert gespeichert bzw. wieder geöffnet werden.

11.4 Flankenauswertung

Um eine positive Flanke (Signalwechsel von „0“ nach „1“) oder eine negative Flanke (Signalwechsel von „1“ nach „0“) zu erkennen, stehen die Befehle P (FP) und N (FN) zur Verfügung.

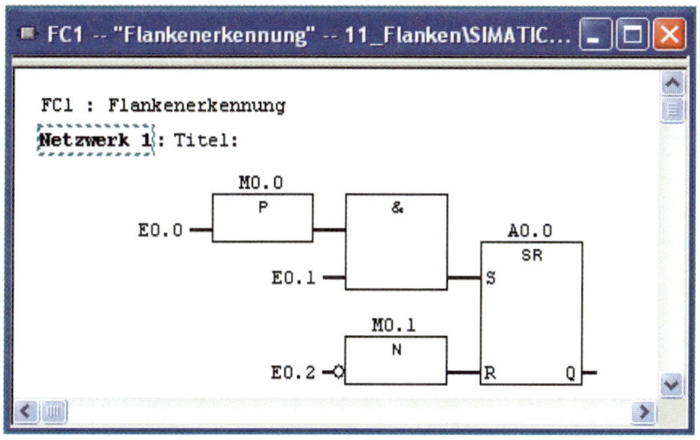

Bild 2: Flankenerkennung in FUP

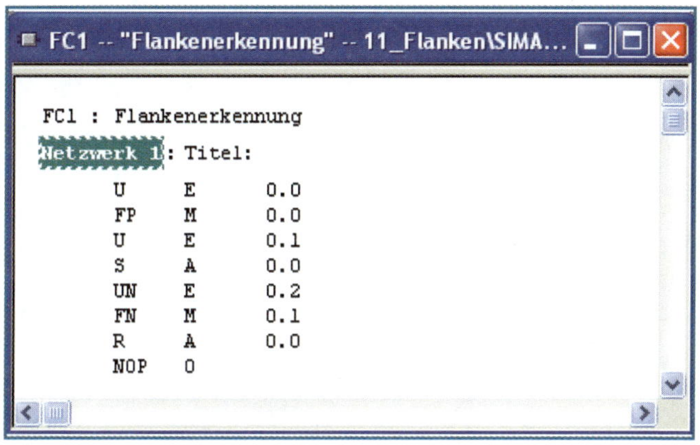

Bild 3: Flankenerkennung in AWL

Im angegebenen Beispiel wird das Flipflop nur gesetzt, wenn an E0.0 eine positive Flanke und E0.1 ein 1-Signal anliegt. Das Rücksetzen erfolgt, wenn an E0.2 eine negative Flanke anliegt. Die Merker M0.0 und M0.1 sind Flankenmerker und speichern den alten Zustand ab. Der aktuelle Zustand wird mit dem Zustand des Flankenmerkers verglichen. Wenn sich dieser unterscheidet, ist das Verknüpfungsergebnis nach der Operation „1".

11.5 Sprungoperationen

Sprungoperationen dienen dazu, Teile eines Programms zu überspringen bzw. auch rückwärts zu einer vorherigen Programmzeile zu wechseln.

Es stehen unbedingte und bedingte Sprünge zur Verfügung. Ein Sprung, der immer ohne Bedingung ausgeführt wird, ist ein unbedingter Sprung (SPA).

Sprungbefehle, die nur ausgeführt werden, wenn das vorherige Verknüpfungsergebnis (VKE) einen bestimmten Wert hat, werden als bedingte Sprünge bezeichnet (SPB und SPBN).

Sprungoperationen

Operation		**Erklärung**	**Bedeutung**
SPA	*Marke x*	Sprung unbedingt	Es erfolgt immer ein Sprung zu *Marke x.*
SPB	*Marke y*	Sprung bei VKE = „1"	Wenn das Verknüpfungsergebnis eine „1" liefert, erfolgt ein Sprung zu *Marke y.*
SPBN	*Marke z*	Sprung bei VKE = „0"	Wenn das Verknüpfungsergebnis eine „0" liefert, erfolgt ein Sprung zu *Marke z.*

Das Ziel des Sprungs wird durch eine Sprungmarke markiert. Jede Sprungmarke darf nur einmal im Programm vergeben werden. Es kann jedoch von mehreren Stellen auf eine Marke hin gesprungen werden.

Eine Sprungmarke darf bis zu vier Zeichen haben und wird gefolgt von einem Doppelpunkt.

Im nebenstehenden Beispiel wird der bedingte Sprung zur Marke *MAR1* nur ausgeführt, wenn *Hand* (E124.0) ein 1-Singal führt. In diesem Fall werden die nächsten fünf Programmzeilen nicht ausgeführt. Die unbedingte Sprunganweisung SPA MAR2 wird immer ausgeführt.

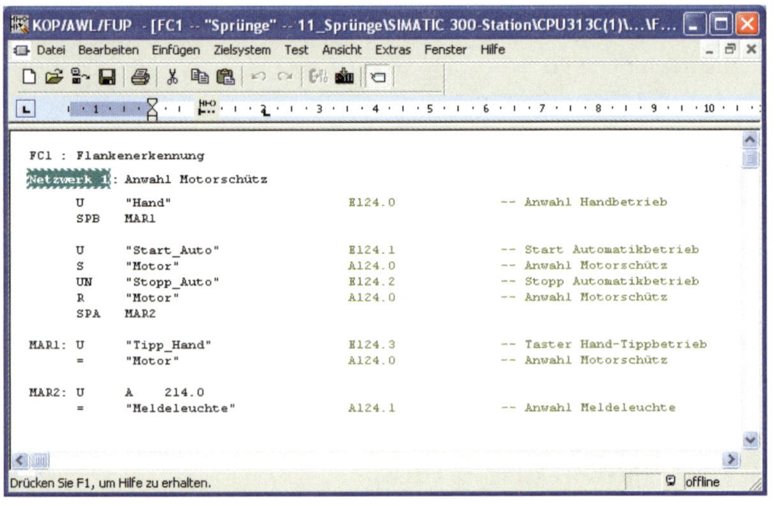

11.6 Wiederholungsfragen

1 Wozu dient das Urlöschen?

2 Wie heißt das höchste Merkerbit, das in dem Fenster Eigenschaften unter 11.2 noch remanent ist?

3 Was ist eine Sprungmarke und wie muss sie aussehen?

4 Stellen Sie folgende Schaltung als Funktionsplan dar und erklären Sie die Funktion.

```
U   E124.0
FP  M0.0
S   A0.0

O   E124.1
FP  M0.1
O   E124.2
FP  M0.2
R   A0.0
```

5 Beschreiben Sie das angegebene Programm.

```
       U    "S1"
       U    "B10"
       SPBN M001

       U    "B1"
       =    "P1"

M001:  U    "B2"
       =    "P2"
```

12 Bausteine

12.1 Aufbau von Bausteinen

Bei Step7 stehen folgende Bausteinarten zur Verfügung:

- Organisationsbausteine OB
- Datenbausteine DB
- Funktionen FC
- Systemfunktionen SFC
- Funktionsbausteine FB
- Systemfunktionsbausteine SFB

Bausteine bestehen aus einer Variablen-Deklarationstabelle und einem Anweisungsteil.

Wenn Bausteine mehrfach verwendet werden sollen, besteht die Möglichkeit, bibliotheksfähige Bausteine zu erstellen (siehe 12.2.7 *Bibliotheksfähige Bausteine).* Dafür ist es notwendig, Variablen zu verwenden, die in der Variablen-Deklarationstabelle definiert werden.

Wenn ein Baustein nur einmalig verwendet werden soll, kann mit absoluten Adressen, z.B. E 124.0, gearbeitet werden. In diesem Fall muss die Variablen-Deklarationstabelle nicht verwendet werden.

Im Sinne der DIN EN 61131-3 sollten absolute Adressen (globale Variablen) nur im aufgerufenen Baustein, z.B. OB1, verwendet werden.

Programmierung mit absoluten Adressen (globale Variablen)

Programmierung mit lokalen Variablen
a) Bausteinerstellung mit lokalen Variablen

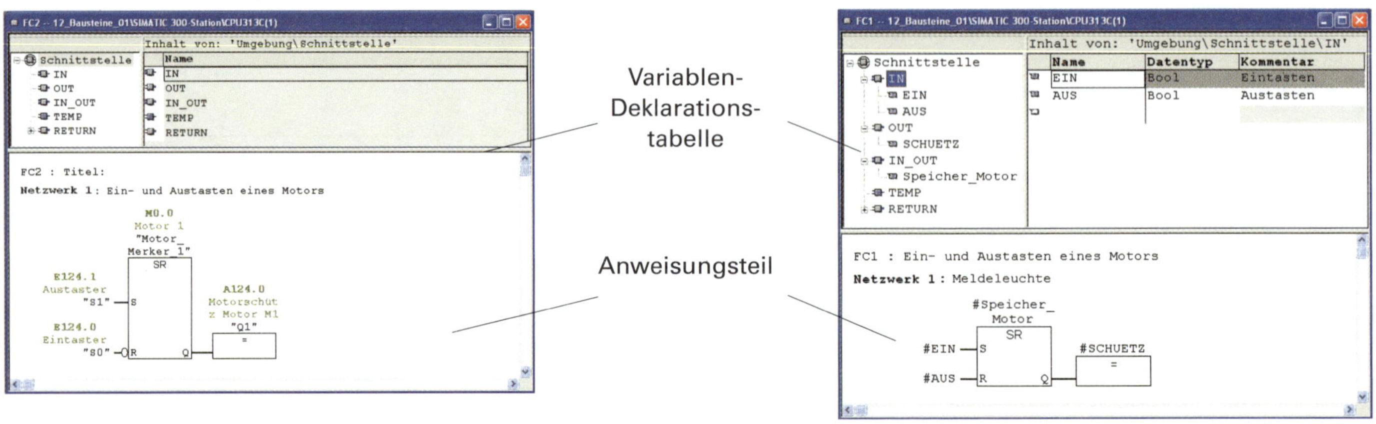

b) Aufruf des Bausteins und Zuweisung der absoluten Adressen zu den lokalen Variablen

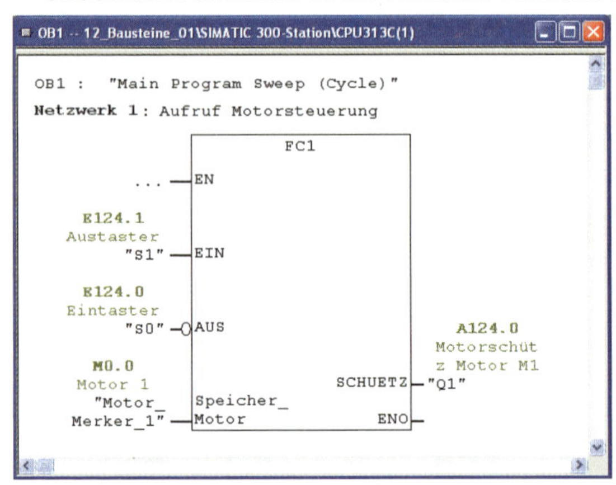

In der Variablen-Deklarationstabelle können lokale Variablen für einen Baustein definiert werden.

Variablen-Deklaration	
IN	Eingangsparameter, der innerhalb des Bausteins nur gelesen werden kann.
OUT	Ausgangsparameter, der innerhalb des Bausteins nur beschrieben werden kann.
IN_OUT	Parameter, der innerhalb des Baustein gelesen und beschrieben werden kann.
STAT	Interne statische Variable zum Abspeichern von Daten (nur in FB's) über mehrere Zyklen.
TEMP	Interne temporäre Variable zum Speichern für einen Zyklus oder zur Übergabe an den OB1.

12.2 Bausteinarten

12.2.1 Organisationsbausteine (OB)

Organisationsbausteine koppeln das Anwenderprogramm mit dem Betriebssystem des Automatisierungsgerätes. Das Hauptprogramm steht im OB1. Dieser Baustein muss immer vorhanden sein. Daneben können weitere Organisationsbausteine für Anlauf und Alarmbearbeitung programmiert werden.

12.2.2 Funktionen (FC)

Funktionen sind Bausteine, die Programme enthalten, die keinen eigenen Speicher benötigen. In ihnen werden in der Regel Binärverknüpfungen oder mathematische Funktionen programmiert. Ein FC wird abgearbeitet, wenn er von einem anderen Baustein, z.B. OB1, aufgerufen wird. Funktionen können als bibliotheksfähige Bausteine ohne Speicher verwendet werden.

12.2.3 Funktionsbaustein (FB)

In Funktionsbausteinen wird das Anwenderprogramm geschrieben. Ein FB hat, im Gegensatz zum FC, einen eigenen Speicher. Statische Variablen, die zu diesem FB gehören, werden in einem zugehörigen Instanz-Datenbaustein gespeichert. Wird ein Funktionsbaustein mehrmals aufgerufen, wird ihm bei jedem Aufruf ein neuer Instanz-Datenbaustein zugeordnet.

So kann ein Unterprogramm, das häufig benötigt wird, in einem FB erstellt werden. Jedes Mal, wenn es aufgerufen wird, wird ihm ein neuer Datenbaustein zugewiesen.

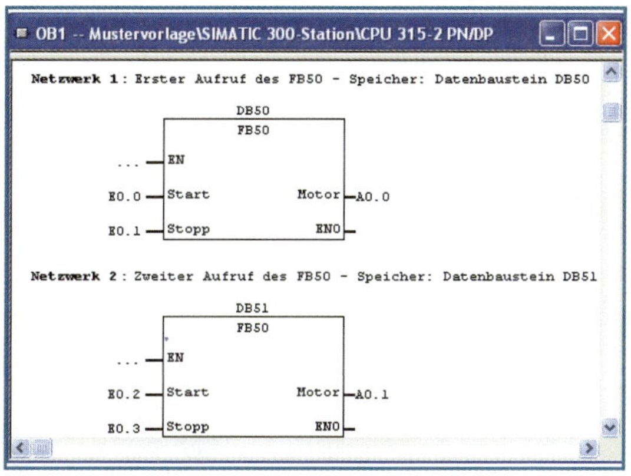

Bild 1: Mehrfacher Aufruf des FB50

12.2.4 Systemfunktionen (SFC) und Systemfunktionsbausteine (SFB)

SFC's und SFB's sind fertige Bausteine, die aufgerufen werden können. Unter *Bibliotheken* findet man eine Vielzahl von Bausteinen, die sich z.B. auf die CPU-interne Uhr oder auf die Kommunikation beziehen. Diese Bausteine können nicht verändert werden.

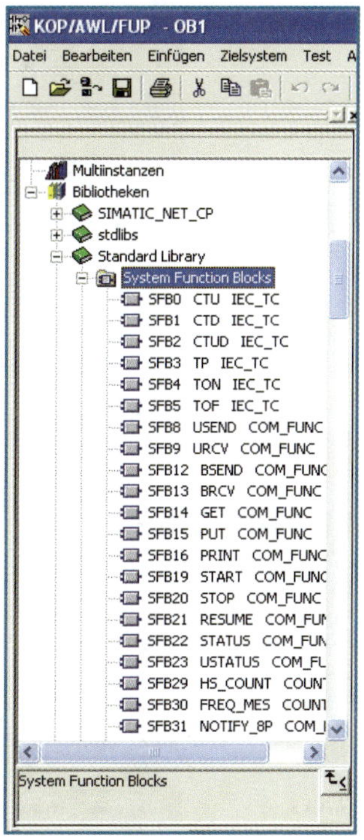

Bild 2: Auswahl SFB's

12.2.5 Datenbausteine (DB)

Datenbausteine enthalten kein Anwenderprogramm, sondern Daten verschiedener Datentypen, die jederzeit aufgerufen werden können. Auf die Daten in einem Datenbaustein kann bit-, byte-, wort- oder doppelwortweise zugegriffen werden.
Man unterscheidet zwei Arten von Datenbausteinen: Instanzdatenbausteine und Globaldatenbausteine.

Instanzdatenbausteine

Instanzdatenbausteine sind einem Funktionsbaustein fest zugeordnet. Die lokalen Daten des FB werden im Datenbaustein gespeichert. Bei jedem Aufruf wird dem FB ein Datenbaustein zugeordnet.

Globaldatenbausteine

Auf die Daten eines Globaldatenbausteins kann von allen OB's, FC's und FB's aus zugegriffen werden.
Dieser Datenbaustein muss programmiert werden.
Für den Zugriff auf einen Datenbaustein stehen verschiedene spezielle Befehle zur Verfügung:

Befehl	Erklärung	Beispiel
AUF DBn	Globaldatenbaustein aufrufen	AUF DB 30
AUF DIn	Instanzdatenbaustein aufrufen	AUF DI 20
L DBn.DBXy.z	Lade aus Datenbaustein n das Bit y.z	L DB30.DBX1.7
L DBn.DBBy	Lade aus Datenbaustein n das Byte y	L DB30.DBB3
L DBn.DBWy	Lade aus Datenbaustein n das Wort y	L DB30.DBW4
L DBn.DBDy	Lade aus Datenbaustein n das Doppelwort y	L DB30.DBD8
T DBn.DBXy.z	Transferiere in den Datenbaustein n in das Bit y.z	T DB40.DBX1.7
T DBn.DBBy	Transferiere in den Datenbaustein n in das Byte y	T DB40.DBB3
T DBn.DBWy	Transferiere in den Datenbaustein n in das Wort y	T DB40.DBW4
T DBn.DBDy	Transferiere in den Datenbaustein n in das Doppelwort y	T DB40.DBD8

Im Funktionsplan und Kontaktplan kann mit dem Befehl MOVE gearbeitet werden.

Beispiel:
Um aus dem Datenbaustein DB20 das Wort 0 zu laden und zu Merkerwort MW10 zu transferieren, gibt es zwei Varianten:

Variante 1	Erklärung	Variante 2
AUF DB20	Öffne DB20	
L DBW0	Lade Wort 0 im DB20	L DB20.DBW0
T MW10	Transferiere zum Merkerwort MW10	T MW10

Ein Datenbaustein hat im Deklarationsteil folgenden Aufbau:

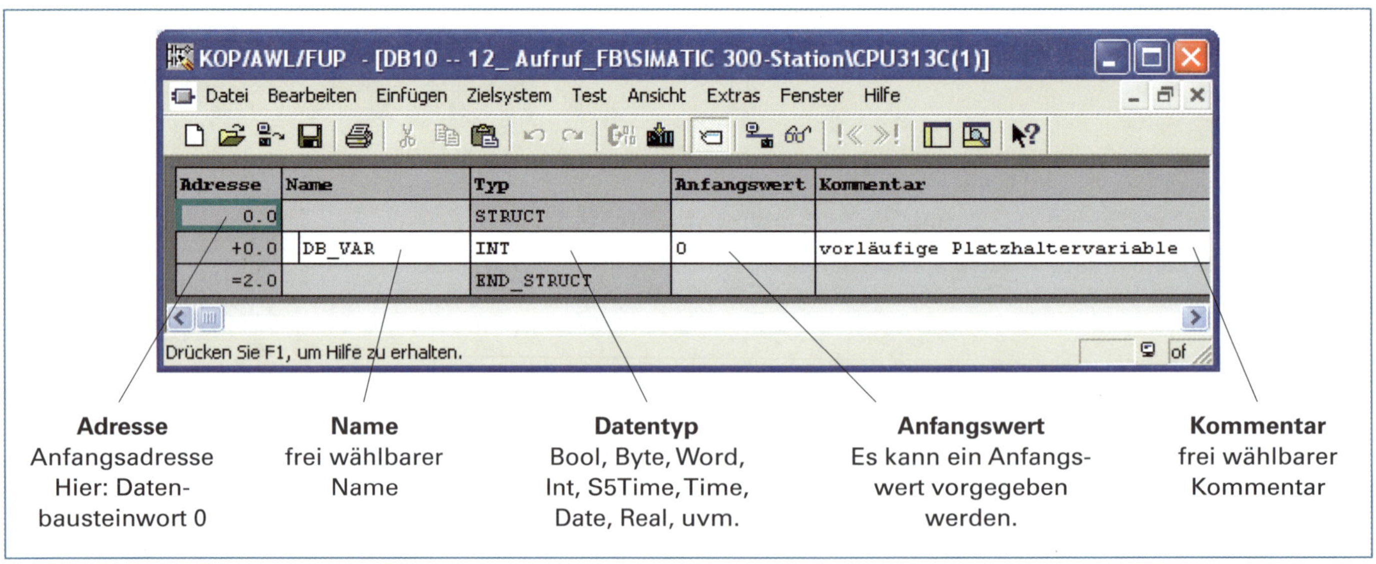

Bild 1: Deklarationsteil eines Datenbausteins

12.2.6 Beispielaufgabe: Erstellen eines Programms mit einem Globaldaten-baustein

Problemstellung:
In einer Fabrik werden Behälter mit Bällen gefüllt. Je nach Behälter können jeweils maximale Stückzahlen für die Befüllung vorgegeben werden. Ist die maximale Füllmenge erreicht, soll eine Meldeleuchte angesteuert werden.

Aufruf und Deklaration des Datenbausteins DB10:

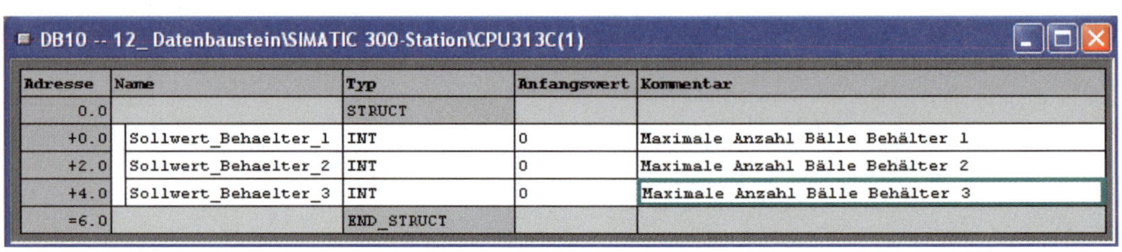

Es werden drei Sollwerte definiert. Als Datentyp wird Integer (INT) mit je 2 Byte gewählt. Der Anfangswert soll vom SPS-Programm aus in den Datenbaustein geschrieben werden.
Als Sollwerte sollen für die Behälter die Werte 60, 70 und 80 Stück vorgeben und in den Datenbaustein geladen werden. Die Sollwertvorgabe erfolgt in diesem Beispiel vereinfacht als direkte Vorgabe im Programm.
Die Anzahl der Bälle wird bei der Befüllung über eine Lichtschranke ermittelt.

OB1: Aufruf von FC1 und FC2

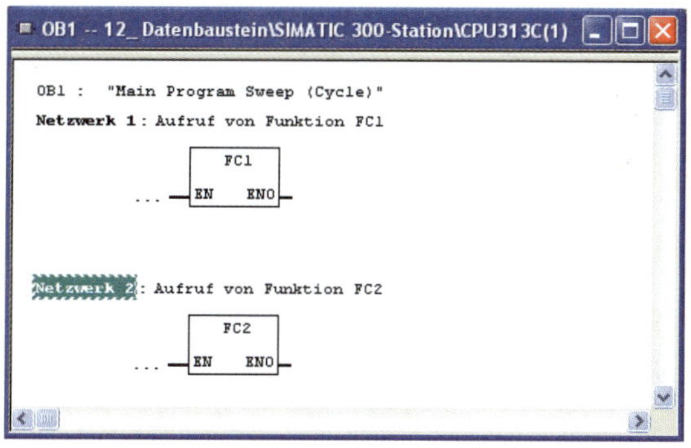

FC1: Einlesen und transferieren der Sollwerte

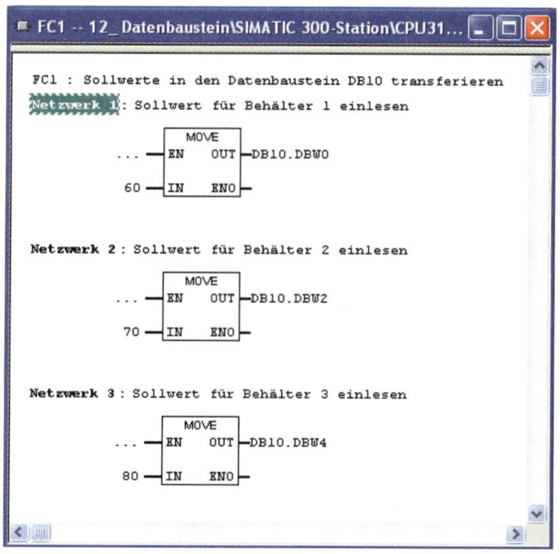

FC2: Zählung und Ansteuerung der Meldeleuchten

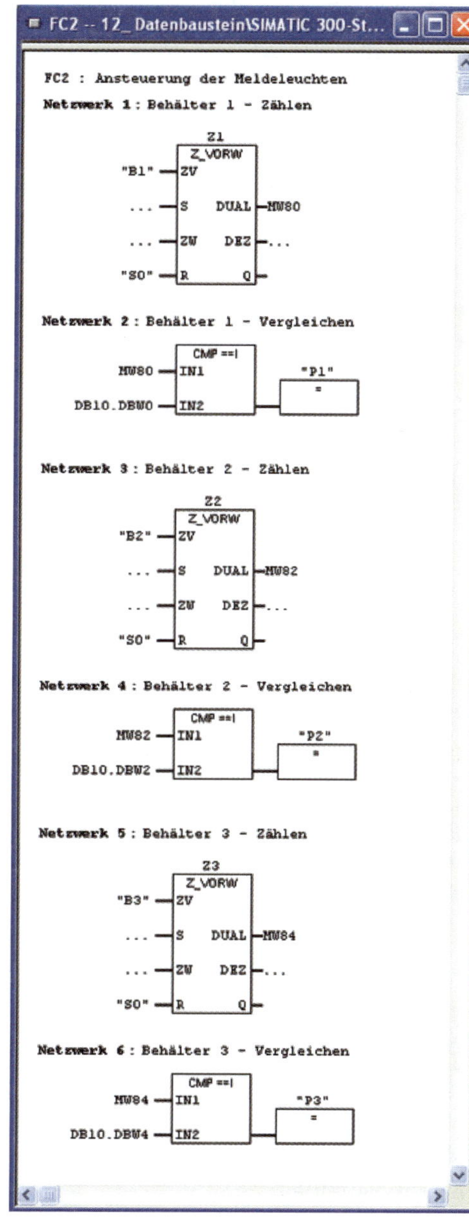

12.3 Bibliotheksfähige Bausteine

Beispiel: Wendeschützschaltung

In einem Unternehmen werden häufig Motoren mit Drehrichtungsumkehr eingesetzt. Um die Erstellung von Steuerungsprogrammen zu erleichtern, soll ein Bibliotheksbaustein für Wendeschützschaltungen erstellt werden.

Beim ersten Anwenderprogramm sollen drei Motoren mit Drehrichtungsumkehr eingesetzt werden.

a) Funktion erstellen

Im ersten Schritt wird über ***Einfügen ⇒ S7-Baustein ⇒ Funktion*** eine Funktion erstellt. Unter ***Symbolischer Name*** wird hier ***Wendeschützschaltung*** eingetragen.

b) Anlegen einer Variablen-Deklarationstabelle

Im zweiten Schritt wird die Variablen-Deklarationstabelle ausgefüllt.

Variablen-Deklarationstabelle

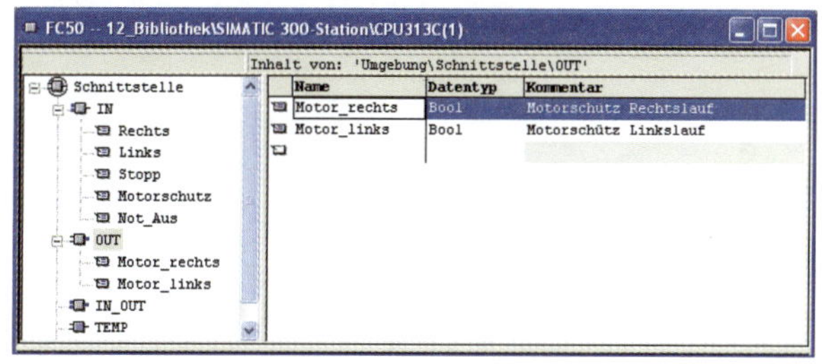

c) Erstellen des Steuerungsprogramms für den Bibliotheksbaustein

Bei der Erstellung des Bausteins ist darauf zu achten, dass ausschließlich Variablen und keine absoluten Adressen verwendet werden.

Nach dem Abspeichern kann der Baustein in einem Anwenderprogramm mehrfach verwendet werden.

Wenn bibliotheksfähige Bausteine nicht nur in einem Anwenderprogramm sondern ggf. auch in anderen Programmen verwendet werden sollen, empfiehlt es sich, eine eigene Bibliothek mit Bausteinen anzulegen.

Im **SIMATIC Manager** kann über ***Datei*** ⇒ ***Neu*** ⇒ ***Typ: Bibliothek*** eine eigene Bibliothek mit häufig verwendeten Bausteinen angelegt werden.

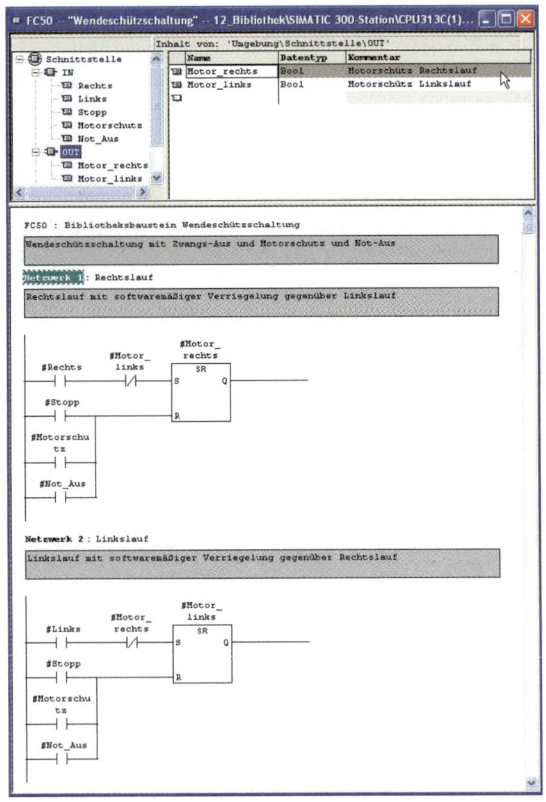

d) Aufruf des bibliotheksfähigen Bausteins im Anwenderprogramm

Im Anwenderprogramm kann in der Übersicht der Befehle und Bausteine unter ***Funktionen*** der selbst erstellte Baustein *FC50* ***Wendeschützschaltung*** aufgerufen werden.

Im Anwenderprogramm werden den Variablen die absoluten Adressen zugewiesen. Der bibliotheksfähige Baustein kann beliebig oft aufgerufen werden.

Anforderungen an Bibliotheksfähige Bausteine:

- Der Baustein kann im gleichen oder in einem anderen Programm mehrfach wiederverwendet werden.
- Statt absoluten Adresse bzw. Bezeichnungen (Eingänge, Ausgänge, Zeiten, Zähler usw.) werden im Baustein lokale Variablen verwendet.
- Im aufrufenden Baustein (OB1) werden den lokalen Variablen absolute Adressen (globale Variablen) zugewiesen.
- Allen Variablen wird eine Datentyp (BOOL, INT, TIME, usw.) zugeordnet.

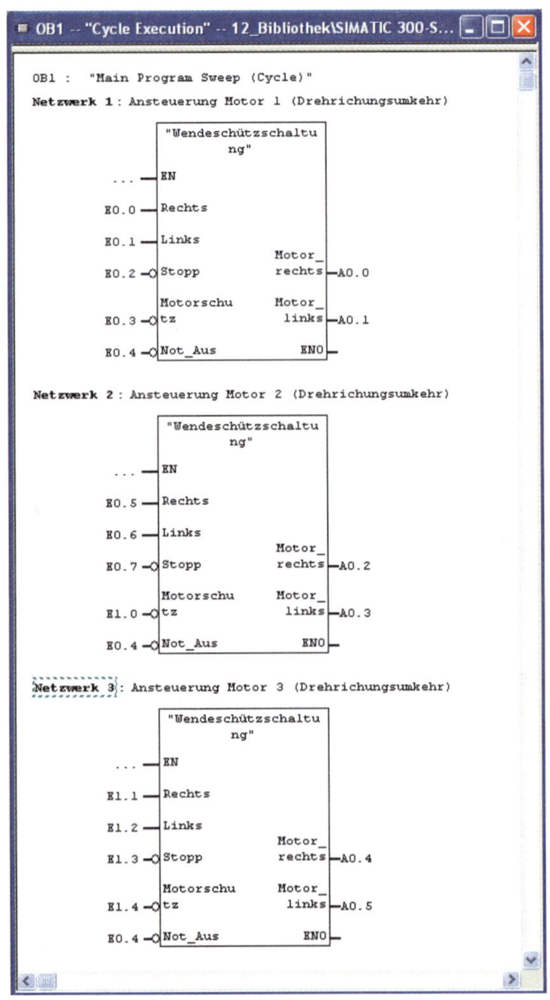

Bezeichnung von Variablen

Lokale Variablen	Globale Variablen
#Variablenname	%Variablenname (ab TIA-Portal mit %)
Beispiel: #Start; #Motor1	Beispiel: %S1; %A0.0

12.4 Wiederholungsfragen

1 Welche Bausteinarten stehen bei Step 7 zur Verfügung?

2 Wodurch unterscheiden sich Funktionen (FC) von Funktionsbausteinen (FB)?

3 Welche Datenbausteine gibt es und wodurch unterscheiden sie sich?

4 Welchen Vorteil haben bibliotheksfähige Bausteine gegenüber nicht bibliotheksfähigen Bausteinen?

5 Das Wort 10 soll aus dem Datenbaustein 20 geladen und ins Merkerwort 40 transferiert werden. Wie lautet die Befehlszeile in AWL?

12.5 Übung: Motorsteuerung mit bibliotheksfähigen Bausteinen

Problemstellung

In einem Unternehmen werden vier Motoren verwendet, die sowohl im Rechtslauf als auch im Linkslauf betrieben werden können. Eine Drehrichtungsumkehr ist nur nach vorherigem Ausschalten möglich.
Es soll ein bibliotheksfähiger Baustein für eine Wendeschützschaltung erstellt und im Steuerungsprogramm verwendet werden.

Technologieschema

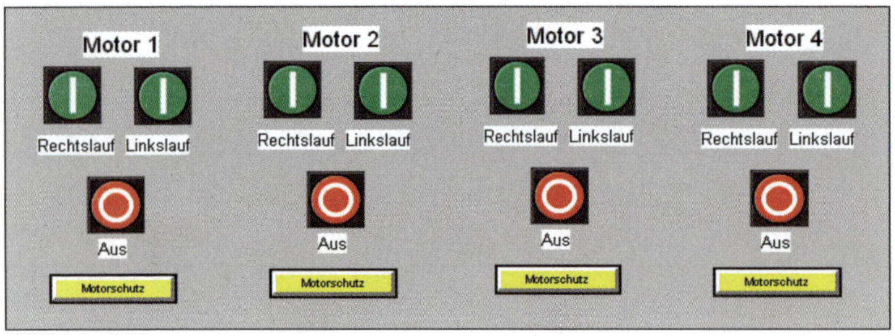

Visualisierungsdatei:
12_Bausteine1.VIS
auf der Buch-CD

Zuordnungsliste:

Symbol	Operand	Kommentar	Schaltverhalten
M1_rechts	E0.0	Taster Motor 1 Rechtslauf ein	Schließer
M1_links	E0.1	Taster Motor 1 Linkslauf ein	Schließer
M1_aus	E0.2	Taster Motor 1 ausschalten	Öffner
M1_Mo_Schutz	E0.3	Motor 1 Motorschutzschalter	Öffner
M2_rechts	E0.4	Taster Motor 2 Rechtslauf ein	Schließer
M2_links	E0.5	Taster Motor 2 Linkslauf ein	Schließer
M2_aus	E0.6	Taster Motor 2 ausschalten	Öffner
M2_Mo_Schutz	E0.7	Motor 2 Motorschutzschalter	Öffner
M3_rechts	E1.0	Taster Motor 3 Rechtslauf ein	Schließer
M3_links	E1.1	Taster Motor 3 Linkslauf ein	Schließer
M3_aus	E1.2	Taster Motor 3 ausschalten	Öffner
M3_Mo_Schutz	E1.3	Motor 3 Motorschutzschalter	Öffner
M4_rechts	E1.4	Taster Motor 4 Rechtslauf ein	Schließer
M4_links	E1.5	Taster Motor 4 Linkslauf ein	Schließer
M4_aus	E1.6	Taster Motor 4 ausschalten	Öffner
M4_Mo_Schutz	E1.7	Motor 4 Motorschutzschalter	Öffner
M1_Rechtslauf	A0.0	Motor 1 Rechtslauf	–
M1_Linkslauf	A0.1	Motor 1 Linkslauf	–
M2_Rechtslauf	A0.2	Motor 2 Rechtslauf	–
M2_Linkslauf	A0.3	Motor 2 Linkslauf	–
M3_Rechtslauf	A0.4	Motor 3 Rechtslauf	–
M3_Linkslauf	A0.5	Motor 3 Linkslauf	–
M4_Rechtslauf	A0.6	Motor 4 Rechtslauf	–
M4_Linkslauf	A0.7	Motor 4 Linkslauf	–

Aufgabe:

1. Ergänzen Sie die Anschlusspläne für Motor 1 und Motor 2.
2. Legen Sie ein SPS-Projekt an und erstellen Sie das Steuerungsprogramm. Verwenden Sie dabei den selbst erstellten bibliotheksfähigen Baustein.
3. Testen Sie das Steuerungsprogramm.

Anschlussplan:

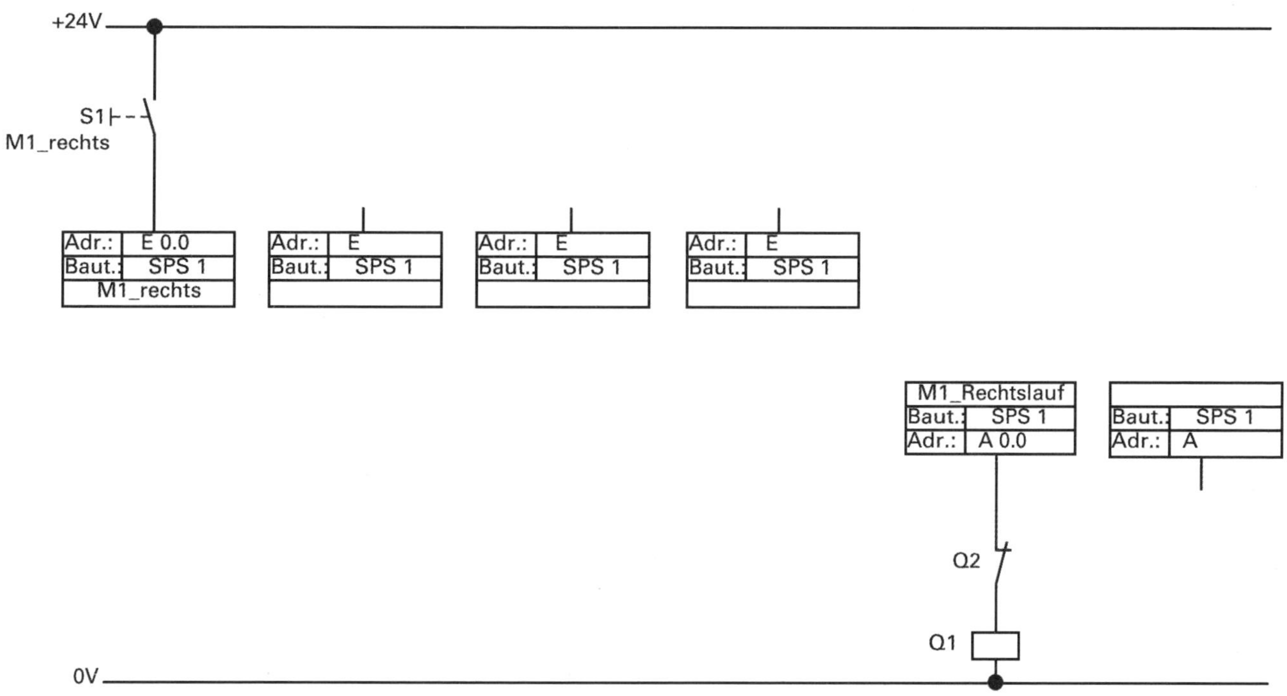

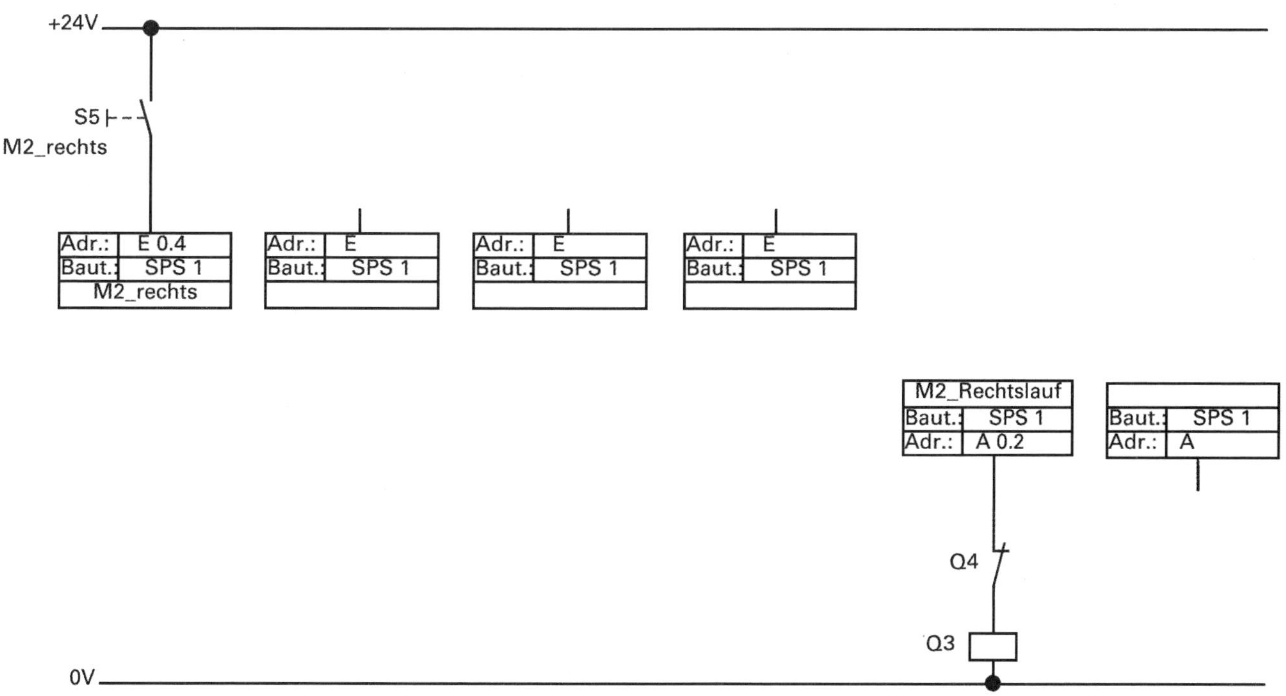

13 Ablaufsteuerungen

13.1 Grundlagen zu Ablaufsteuerungen

Viele Steuerungsprozesse bestehen aus einem festen Ablauf. Eine Ampelsteuerung arbeitet z.B. immer in der gleichen Reihenfolge die einzelnen Programmschritte ab. Steuerungen mit einem wiederkehrenden definierten Ablauf nennt man Ablaufsteuerungen.

Ablaufsteuerungen können nach einem festen Schema programmiert werden (Ablaufkette). Dadurch wird die Programmerstellung vereinfacht und Programmierfehler werden vermieden.

Ablaufsteuerungen werden in einzelne Programmschritte unterteilt. Bei einer Ampelsteuerung wären solche Programmschritte z.B. Rotphase, Grünphase, usw. Der Übergang von einem Schritt zum nächsten erfolgt durch Weiterschaltbedingungen (Transitionen). Sie können zeitgesteuert oder prozessgesteuert sein.

Regeln für Ablaufketten

- Eine Ablaufkette besteht aus Schritten und Weiterschaltbedingungen (Transitionen).
- Zwischen zwei Schritten steht immer eine Transition.
- Der Anfangsschritt ist zu Beginn einer Ablaufkette ohne Bedingung aktiv.
- In linearen Ablaufketten ist immer nur ein Schritt aktiv.
- Man gelangt von einem Schritt in den nächsten, wenn der vorherige Schritt aktiv ist und die Transition erfüllt ist.
- Der nachfolgende Schritt setzt den vorherigen Schritt zurück.
- Den Schritten sind Aktionen zugeordnet, die vom jeweiligen Schritt ausgelöst werden.

Beispiel Rührbehälter:
In einen Behälter werden nacheinander Flüssigkeiten eingefüllt. Anschließend werden die Flüssigkeiten gerührt und dann aus dem Behälter abgepumpt. B1, B2 und B3 geben eine „1" aus, wenn sie mit Wasser bedeckt sind.

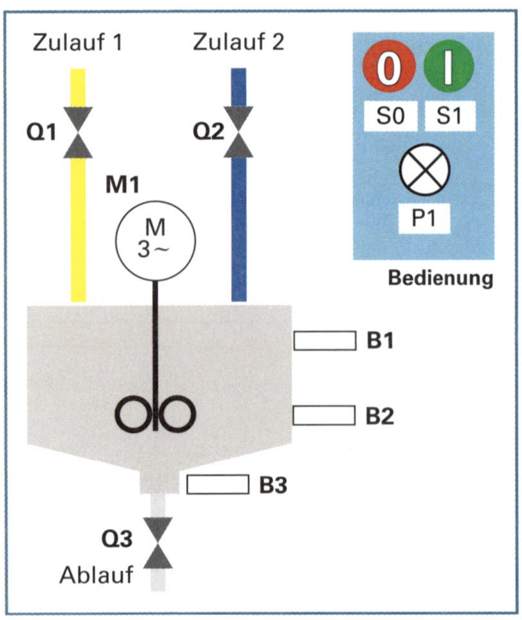

Bild 1: Rührbehälter

Zeichenerklärung:

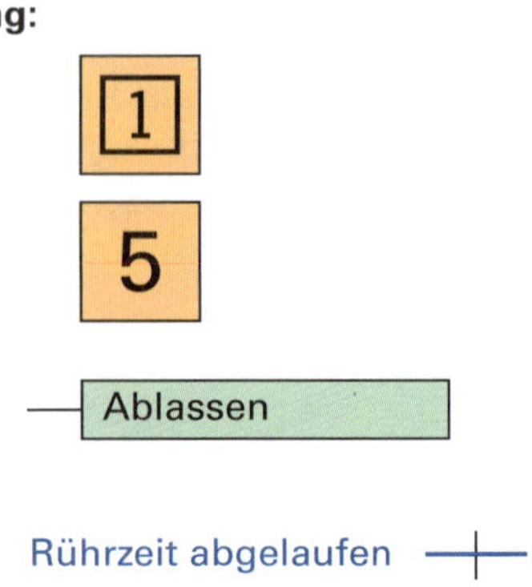

Anfangsschritt:

Schritt:

Aktionsfeld:
(Befehlsfeld)

Transition: Rührzeit abgelaufen

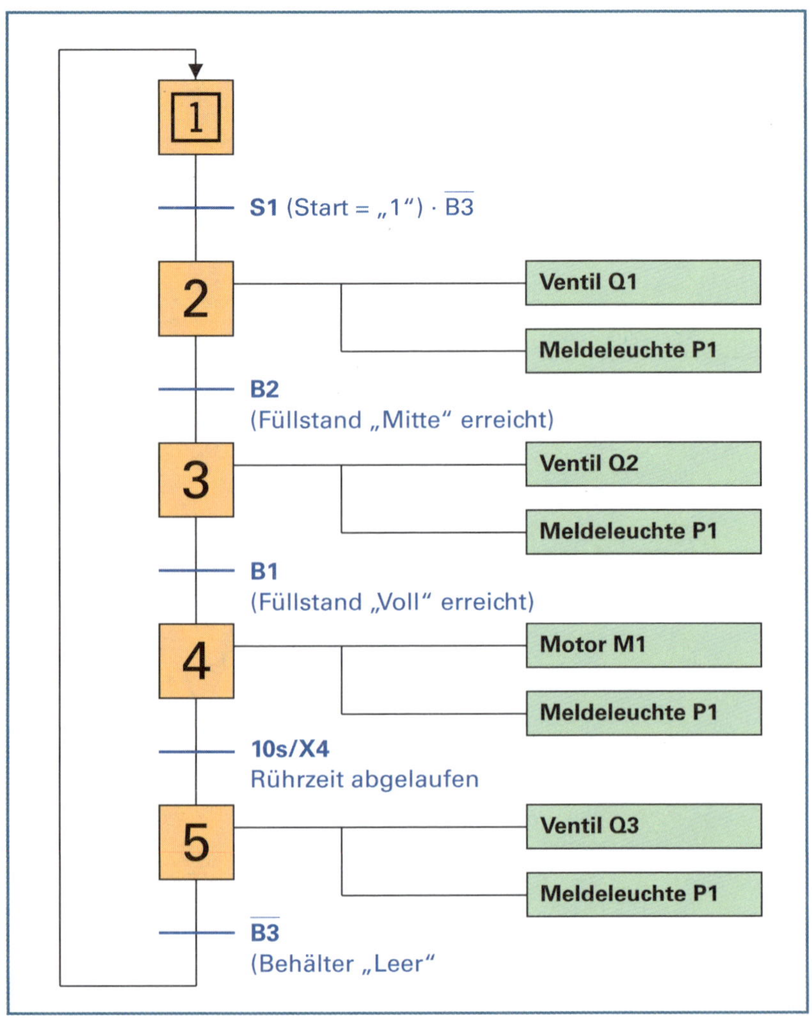

Bild 2: Ablaufkette

Ablaufsteuerung zum Beispiel Rührbehälter

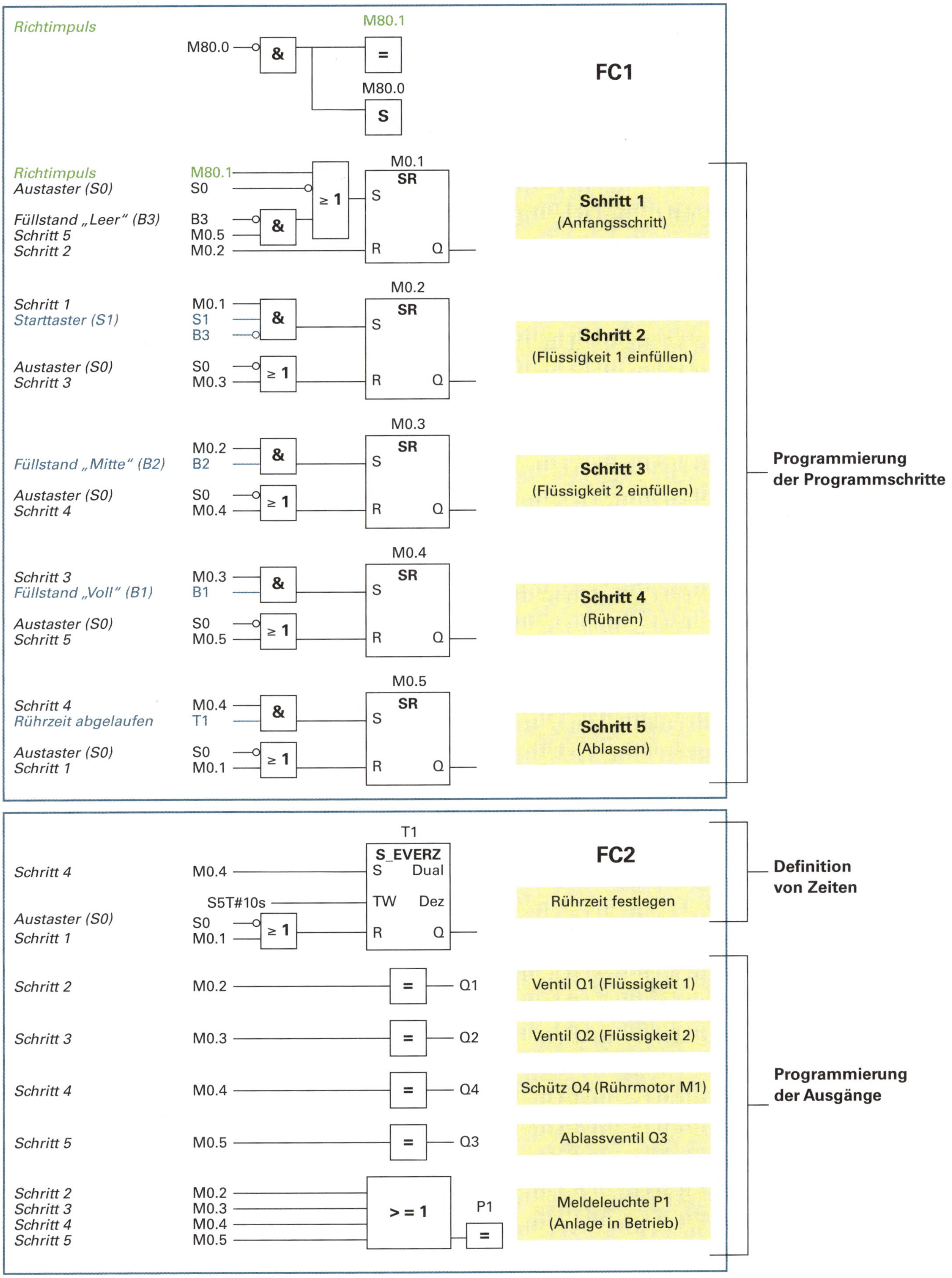

Der Anfangsschritt (Schritt 1) muss beim Einschalten der Steuerung automatisch aktiv sein. Um dieses zu gewährleisten, wird ein Richtimpuls erzeugt. Im ersten Bearbeitungszyklus hat M80.1 den Zustand „1", danach wird er automatisch zurückgesetzt. Alle anderen Merker haben beim Einschalten den Zustand „0". Bei der Steuerung des Rührbehälters gelangt man außerdem in den Schritt 1, wenn man die Ablaufkette durchlaufen hat (Füllstandsmelder B3) oder wenn der Austaster betätigt wurde.

Je nach Anlagentyp kann es sinnvoll sein, beim Betätigen des Austasters nicht in den ersten Schritt zurückzuspringen, sondern im aktuellen Schritt zu bleiben und nur die Ausgänge zu deaktivieren.

Nachdem alle Schritte programmiert worden sind, werden die Zeiten festgelegt. Anschließend können die Ausgänge programmiert werden, wobei ggf. auf erforderliche Verriegelungen zu achten ist.

Arten von Ablaufsteuerungen:

- Zeitgesteuert
- Prozessgesteuert
- Zeit- und prozessgesteuert

Betriebsarten:

- Handbetrieb
- Automatikbetrieb
- Einzelschrittbetrieb

Bei Step7 steht mit S7-Graph ein Programmierwerkzeug zur Verfügung um vereinfacht Ablaufsteuerungen zu erstellen.

13.2 GRAFCET und DIN EN 61131-3

Für die Darstellung von Ablaufsteuerungen gibt es zwei Darstellungsweisen. In der **DIN EN 60848 GRAFCET** wird die Ablaufkette unabhängig von der Umsetzung (elektromechanische, pneumatisch, elektronisch oder gemischt) beschrieben. Die DIN EN 60848 hat die DIN 40719-6 ersetzt. Daneben beschreibt die **DIN EN 61131-3** die Umsetzung der Ablaufkette mittels Ablaufsprachen. Bei Siemens wird dies mit der Programmiersprache Graph umgesetzt. Beide Normen haben nebeneinander bestand.

GRAFCET (DIN EN 60848)

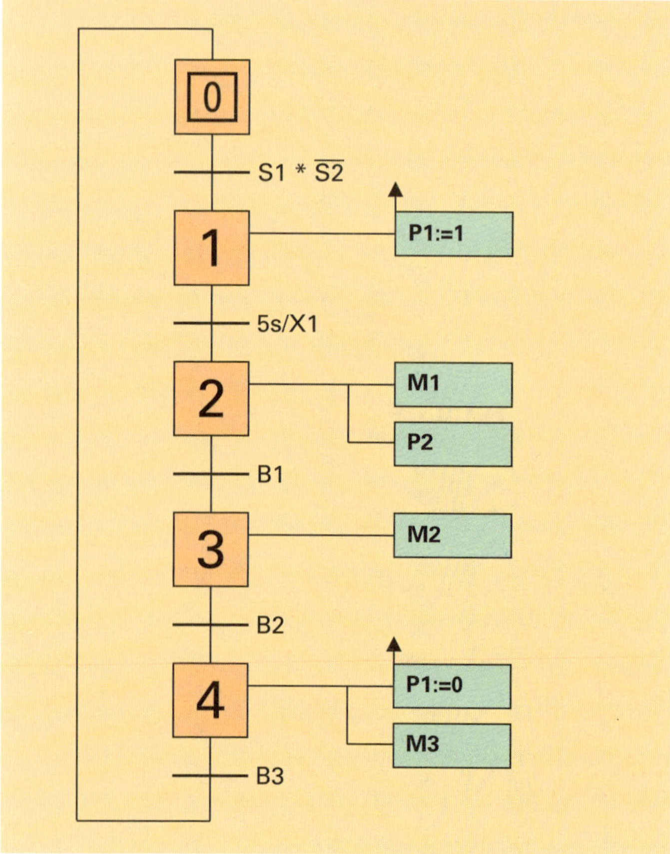

DIN EN 61131-3

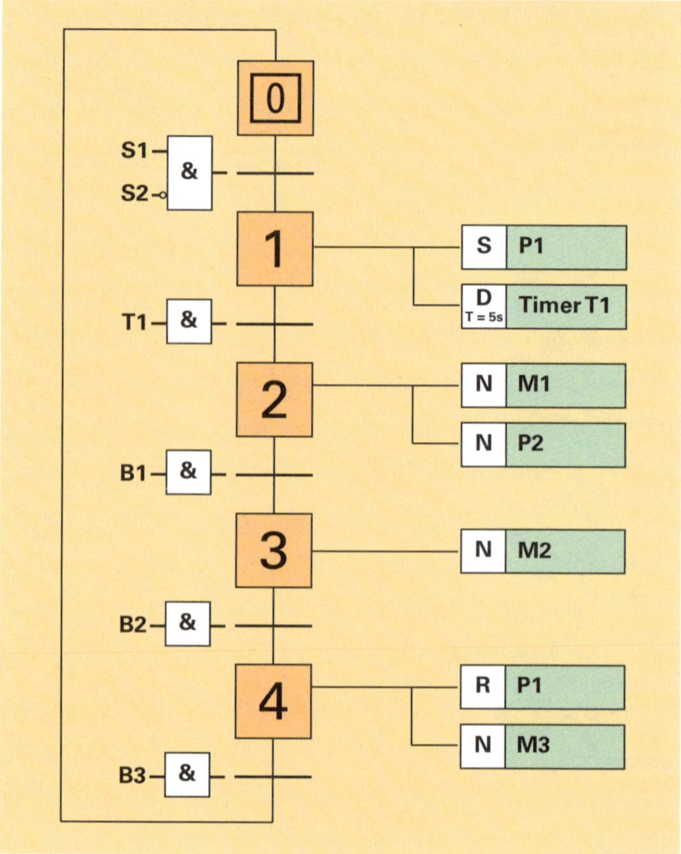

GRAFCET DIN EN 60848 | **Erklärung** | **DIN EN 61131-3**

Schritt
- Abläufe werden in Schritte unterteilt.
- Ein Schritt ist aktiv, d.h. er wird ausgeführt oder ist inaktiv.

X2

Schrittvariable
- Der Zustand eines Schritts kann über eine Schrittvariable abgefragt werden.

Beispiel: *Ist der Schritt 2 aktiv, ist X2 = 1*

Startschritt
- Den Beginn einer Schrittkette bildet der Startschritt.
- Unmittelbar nach dem Einschalten ist der Startschritt aktiv.

Alternativ:

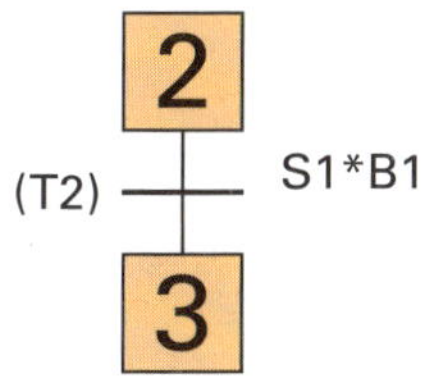

Transition (Weiterschaltbedingung)
- Zwischen zwei Schritten befindet sich immer eine Transition. Sie gibt an, unter welchen Bedingungen man vom vorherigen in den nächsten Schritt gelangt.
- Transitionen können mit einer Bezeichnung versehen werden (in Klammern links neben der Transition).

Transitionsbedingungen:
- Transitionsbedingungen können als Textform oder als mathematischer Ausdruck geschrieben werden.
- Mathematische Ausdrücke werden wie folgt dargestellt:

* bzw. •	⇒	UND-Verknüpfung
+	⇒	ODER-Verknüpfung

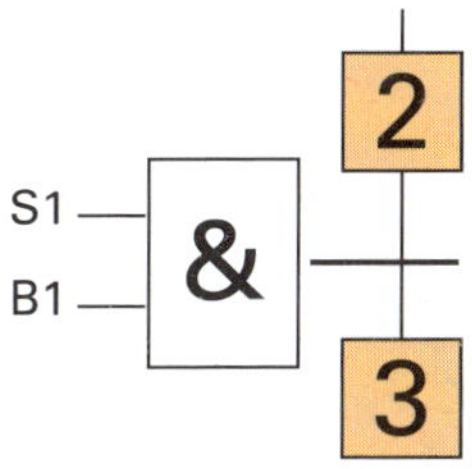

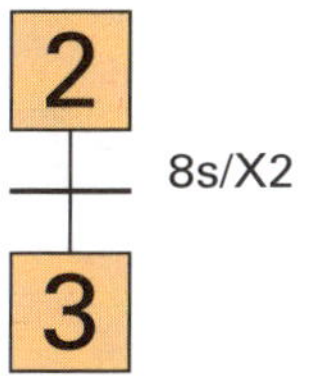

Zeitlich begrenzte Ausführung eines Schrittes
- Nach einer festgelegten Zeit wird in den nächsten Schritt geschaltet.
- X2 ist die Schrittvariable von Schritt 2.

⇒ *Schritt 2 ist für 8 s aktiv, dann wird in den Schritt 3 geschaltet.*

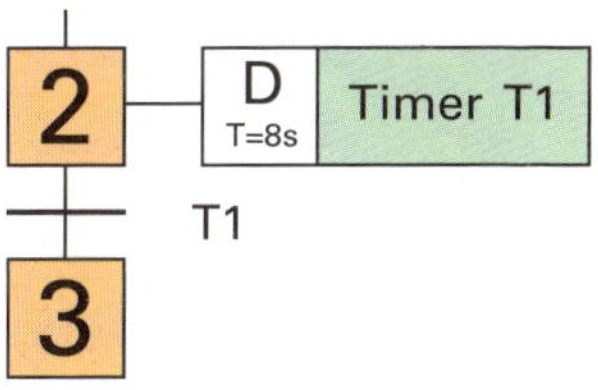

Alternativ:

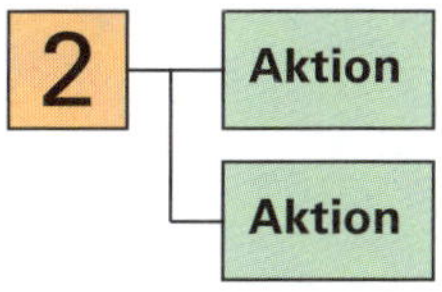

Aktion (allgemein)
- Jedem Schritt können eine oder mehrere Aktionen zugeordnet werden.
- Aktionen werden ausgeführt, wenn der Schritt aktiv ist.
- Aktionen können unterschiedliches Verhalten haben. Durch zusätzliche Angaben wird das Verhalten genauer angezeigt.

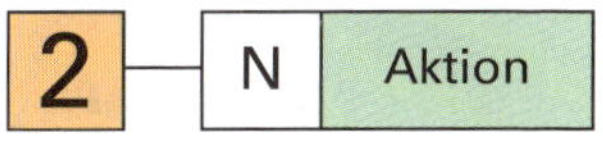

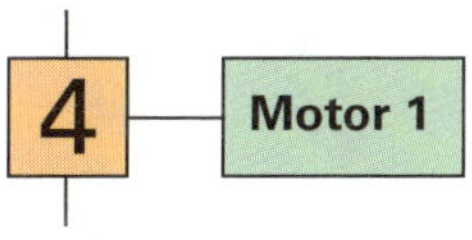

Alternativ:

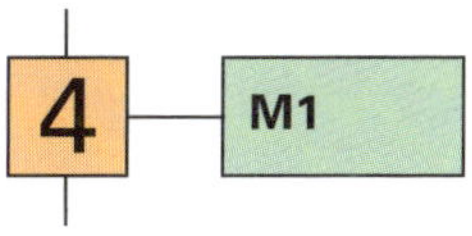

Kontinuierlich wirkende Aktion (nicht speichernd)
- So lange der Schritt aktiv ist, wird der Befehl im Aktionsfeld ausgeführt.
- Im Aktionsfeld kann ein vollständiger Text oder nur das Betriebsmittelkennzeichen angegeben werden.

⇒ *Motor 1 ist eingeschaltet, so lange Schritt 4 aktiv ist.*

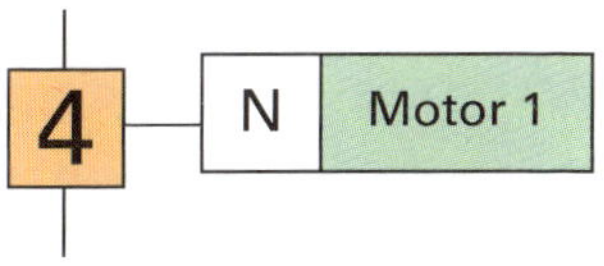

GRAFCET DIN EN 60848	Erklärung	DIN EN 61131-3

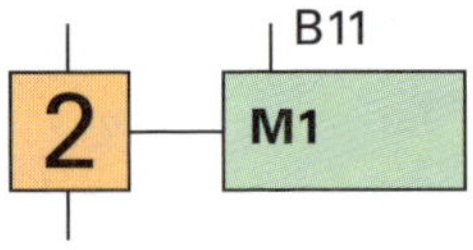

Abfrage auf „0"

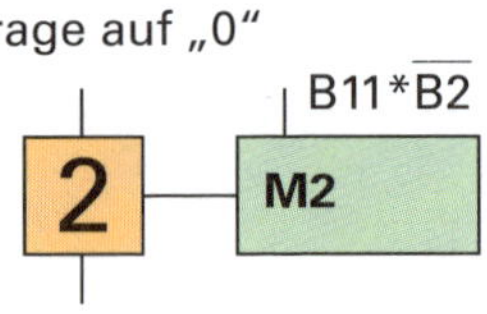

Aktion mit Zuweisungsbedingung

- Die Aktion wird ausgeführt, wenn der Schritt aktiv ist und die Zuweisungsbedingung erfüllt ist.

⇒ *Motor 1 ist eingeschaltet, wenn Schritt 2 aktiv und B11 = „1" ist.*

⇒ *Motor 2 ist eingeschaltet, wenn Schritt 2 aktiv ist und B11 „1"und B2 nicht „1" ist.*

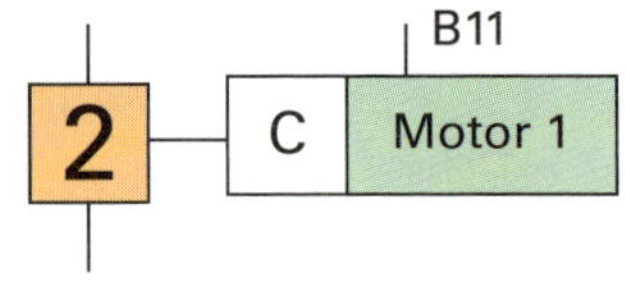

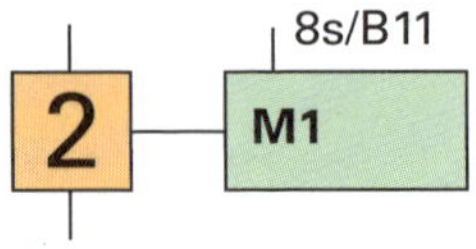

Aktion mit zeitabhängiger Zuweisung
Einschaltverzögerung:

- Die Zeit, die links neben der Variablen angegeben ist, wird bei steigender Flanke der Variablen gestartet.
- Nach Ablauf der Zeit wird die Aktion ausgeführt.

⇒ *Wenn Schritt 2 aktiv ist und B11 eine steigende Flanke gibt, dann wird nach 8 s der Motor 1 eingeschaltet.*

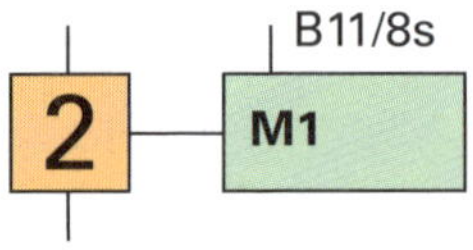

Aktion mit zeitabhängiger Zuweisung
Ausschaltverzögerung:

- Die Zeit, die rechts neben der Variablen angegeben ist, wird bei fallender Flanke der Variablen gestartet und verlängert die Aktionsdauer.
- Voraussetzung: der Schritt muss noch aktiv sein.

⇒ *Wenn Schritt 2 und B11 aktiv sind, wird der Motor 1 eingeschaltet. Bei einer fallenden Flanke von B11 bleibt der Motor noch für 8 s eingeschaltet.*

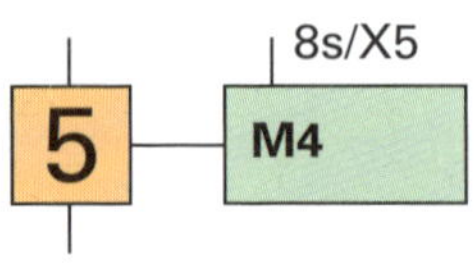

Verzögerte Aktion

- Die Aktion wird zeitverzögert ausgeführt.
- Als Zuweisungsbedingung wird die Schrittvariable angegeben.

⇒ *Ist Schritt 5 aktiv, wird nach 8 s der Motor 4 eingeschaltet.*

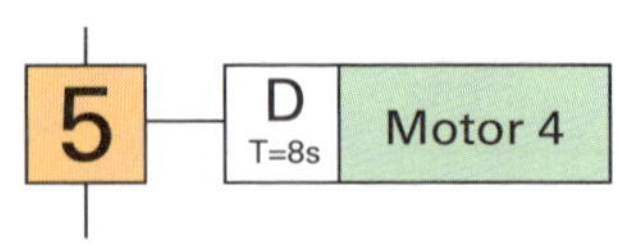

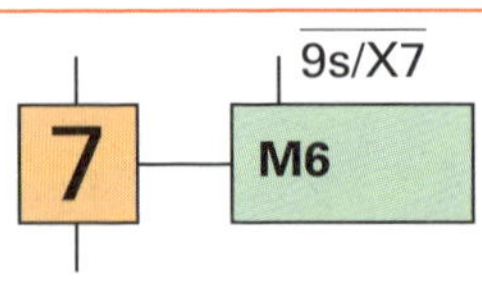

Zeitbegrenzte Aktion

- Durch die Negation der Bedingung wird eine zeitlich begrenzte Aktion angegeben.

⇒ *Ist Schritt 7 aktiv, wird der Motor 6 für 9 s eingeschaltet.*

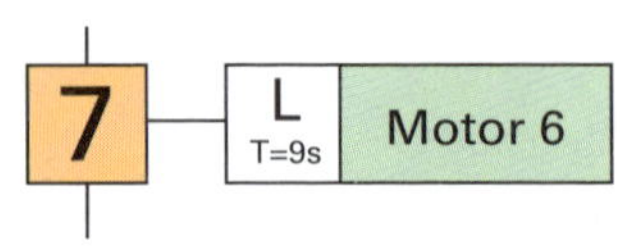

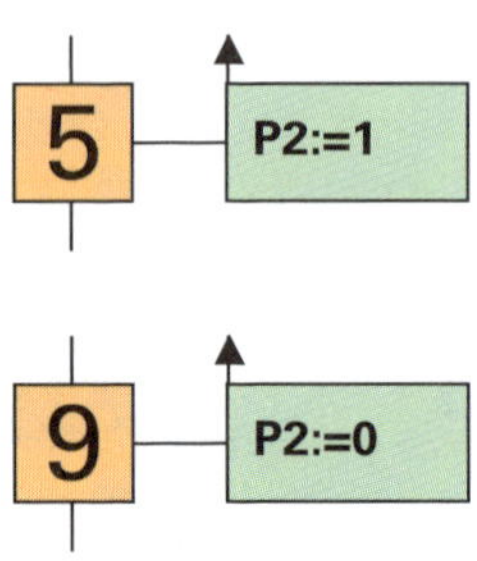

Speichernd wirkende Aktion bei Aktivierung des Schritts

- Wird der Schritt aktiv, wird der Variablen im Aktionsfeld der Wert zugewiesen (Setzen).
- Der Wert bleibt so lange gespeichert, bis er von einer anderen Aktion überschrieben wird (Rücksetzen).

⇒ *Im Schritt 5 wird die Meldeleuchte P2 eingeschaltet (gesetzt) und im Schritt 9 ausgeschaltet (zurückgesetzt).*

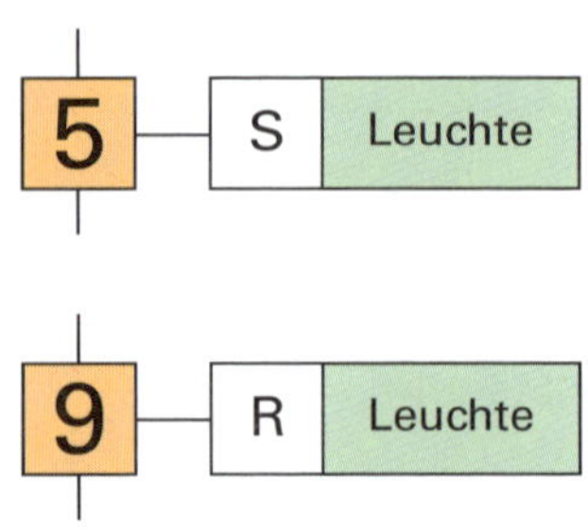

GRAFCET DIN EN 60848	Erklärung	DIN EN 61131-3

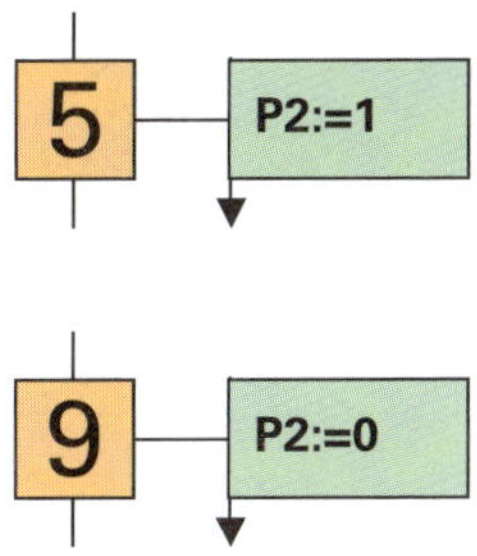

Speichernd wirkende Aktion bei Deaktivierung des Schritts

- Wird der Schritt verlassen, wird der Variablen im Aktionsfeld der Wert zugewiesen (Setzen).
- Der Wert bleibt so lange gespeichert, bis er von einer anderen Aktion überschrieben wird (Rücksetzen).

⇒ *Beim Verlassen von Schritt 5 wird die Meldeleuchte P2 eingeschaltet und beim Verlassen von Schritt 9 ausgeschaltet.*

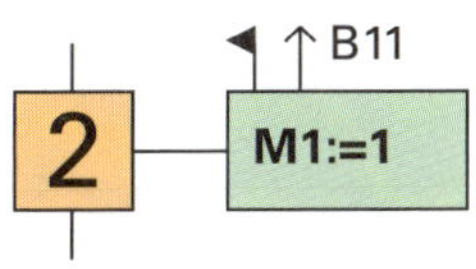

Speichernd wirkende Aktion bei Ergebnis:

- Die Aktion wird nur dann speichernd ausgeführt, wenn der Schritt aktiv ist und für die Zuweisungsbedingung eine positive Flanke auftritt.
- Fähnchensymbol: Aktion wird erst bei einem zusätzlichen Ereignis speichernd ausgeführt.
- Pfeil nach oben: steigende Flanke

⇒ *Wenn Schritt 2 aktiv ist und B11 eine steigende Flanke gibt, dann wird der Motor 1 eingeschaltet. Der Zustand wird gespeichert.*

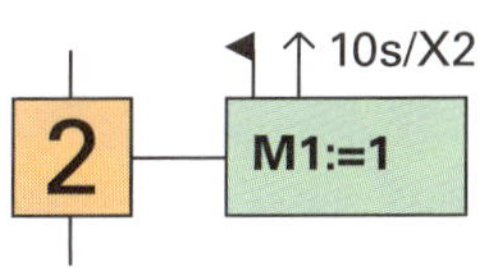

Verzögert speichernde Aktion:

- Die Aktion wird nur dann verzögert speichernd ausgeführt, wenn der Schritt aktiv ist und die Zeit abgelaufen ist (positive Flanke der Zeit).

⇒ *Wenn der Schritt 2 aktiv ist, wird der Motor 1 nach 10 Sekunden eingeschaltet. Der Zustand wird gespeichert.*

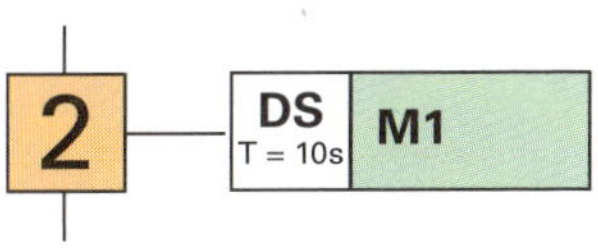

Alternative Verzweigung

Bei einer alternativen Verzweigung wird entweder der eine oder der andere Teilablauf ausgeführt. Entscheidend ist, welche Weiterschaltbedingung als erste erfüllt ist.

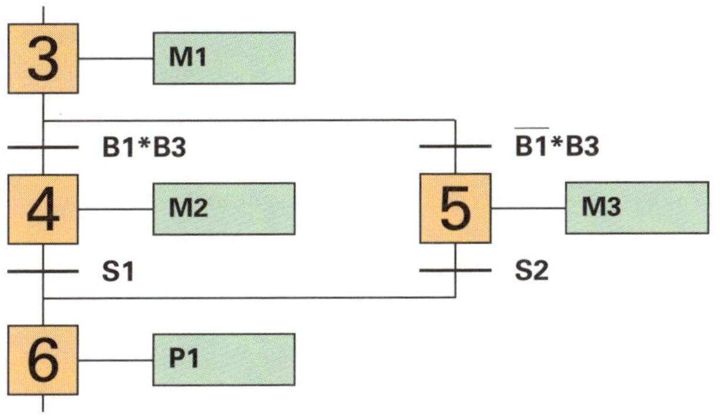

Parallele Verzweigung

Bei einer parallelen Verzweigung werden zwei Teilabläufe gleichzeitig ausgeführt. Sie werden aber unabhängig voneinander bearbeitet. Erst wenn beide Teilabläufe abgearbeitet worden sind, kann in den nächsten Schritt weitergeschaltet werden.

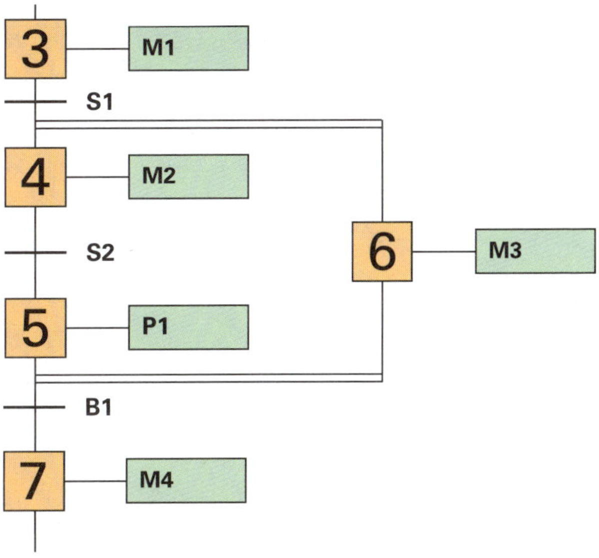

13.3 S7-Graph

Für eine schnelle und übersichtliche Programmierung von Ablaufketten steht bei Step7 die Programmiersprache S7-Graph zur Verfügung. Durch die grafische Darstellung ist eine direkte und schnelle Erstellung eines Programms möglich. In S7-Graph muss lediglich die Ablaufkette erstellt werden. Eine gesonderte Programmierung der einzelnen Schritte entfällt.

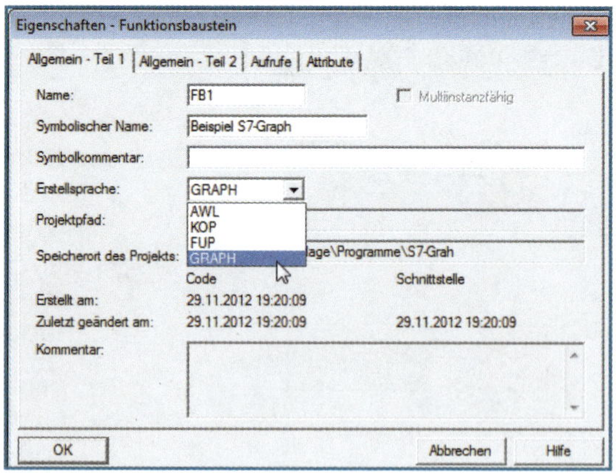

S7-Graph ist im Programmpaket von Step7 enthalten. Es muss aber separat installiert werden. Zur Programmerstellung muss zunächst ein Funktionsbaustein erstellt werden. Im Simatic-Manager wird unter
Einfügen ⇒ S7-Baustein ⇒ Funktionsbaustein
die Programmiersprache GRAPH angewählt.

Die Oberfläche unterscheidet sich von den anderen Programmiersprachen. Sie enthält folgende Elemente:

S7-Graph-Bedienoberfläche

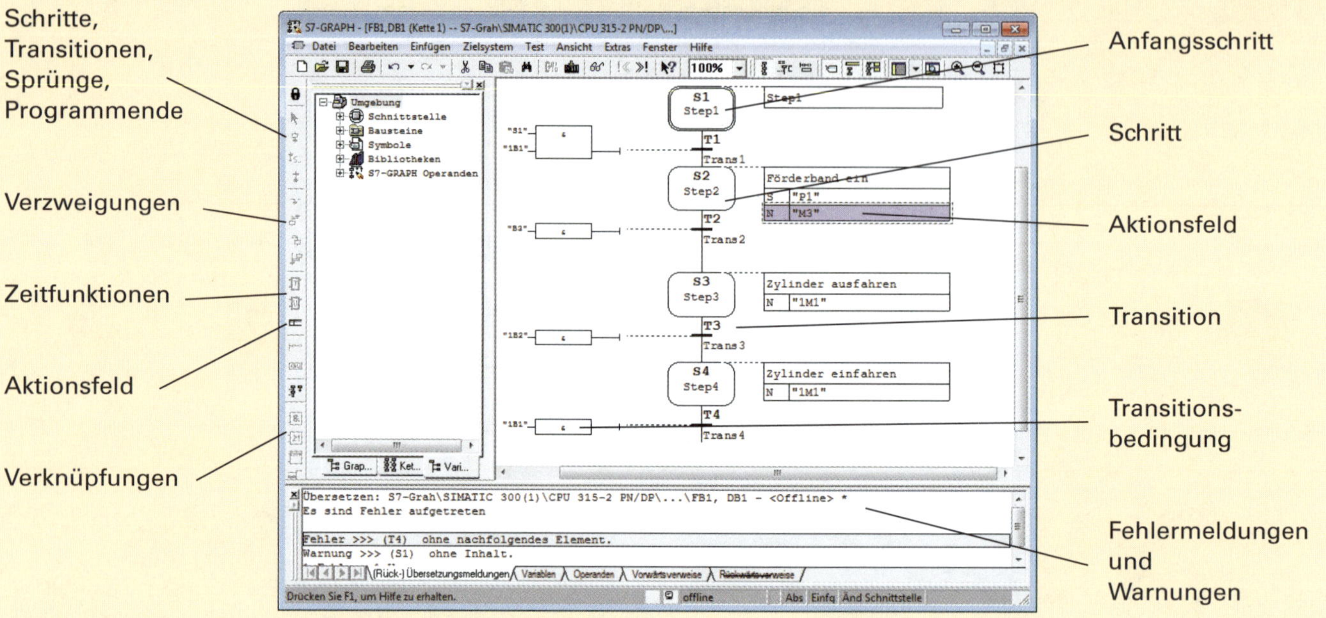

Bei den Transitionen und den Aktionsfeldern werden die gewünschten Elemente eingesetzt und konfiguriert. Es können auch logische Verknüpfungen erstellt werden.

S7-Graph Schrittkette-Elemente

	Schritt und Transition		Zeitüberwachung T (gesamte Zeit)
	Sprung		Zeitüberwachung U (ungestörte Zeit)
	Kettenende		Aktion einfügen
	Kette einfügen		UND-Verknüpfung
	Simultan-Verzweigung auf		ODER-Verknüpfung
	Simultan-Verzweigung zu		Vergleicher
	Alternativ-Verzweigung auf		binärer Eingang
	Alternativ-Verzeigung zu		Negation eine binären Eingangs

Im Funktionsbaustein (S7-Graph) werden die einzelnen Schritte durch-Transitionen programmiert. Dabei können auch Alternativ- oder Simultanverzweigungen verwendet werden.
Nach der Fertigstellung der Schrittkette, muss diese im OB1 aufgerufen werden. Dem Funktionsbaustein muss dabei ein Datenbaustein zugeordnet werden.
Es besteht außerdem die Möglichkeit diverse Eingangs- und Ausgangsparameter zu beschalten.

Beim Aufruf eines Funktionsbausteins mit der Programmiersprache S7-Graph, werden automatisch zusätzliche Funktionen und Systemfunktionen aufgerufen. Zur Inbetriebnahme werden alle Bausteine in die CPU übertragen.
Mit Hilfe der Funktion *Beobachten (Test⇒ Beobachten)* kann die Schrittkette kontrolliert werden.

Beim Programm kann zum einen in der Kettendarstellung die gesamte Ablaufkette betrachtet werden. Zum anderen bietet die Einzelschrittdarstellung die Möglichkeit einzelne Schritte genauer zu analysieren.

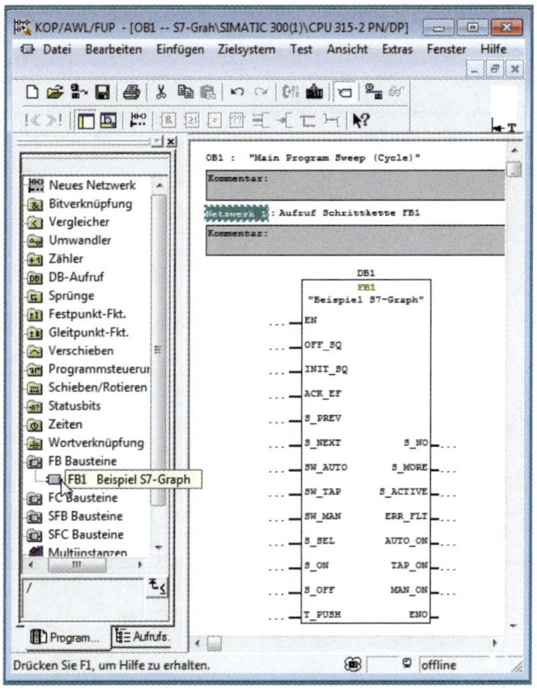

Bild: Aufruf der Schrittkette im OB1

Kettendarstellung

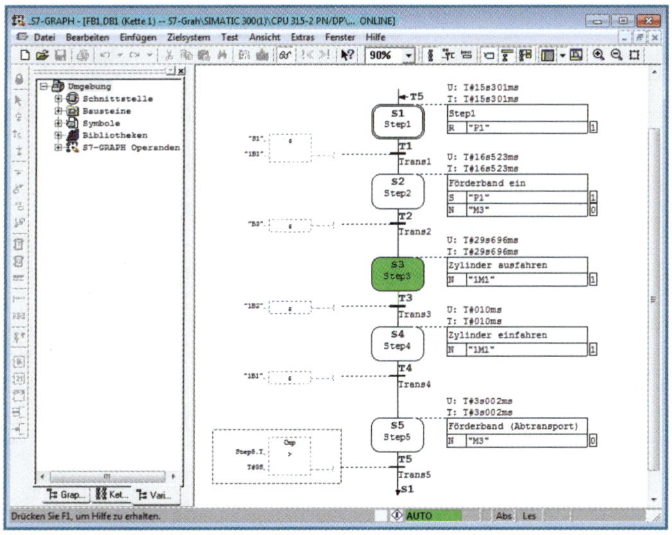

Einzelschrittdarstellung

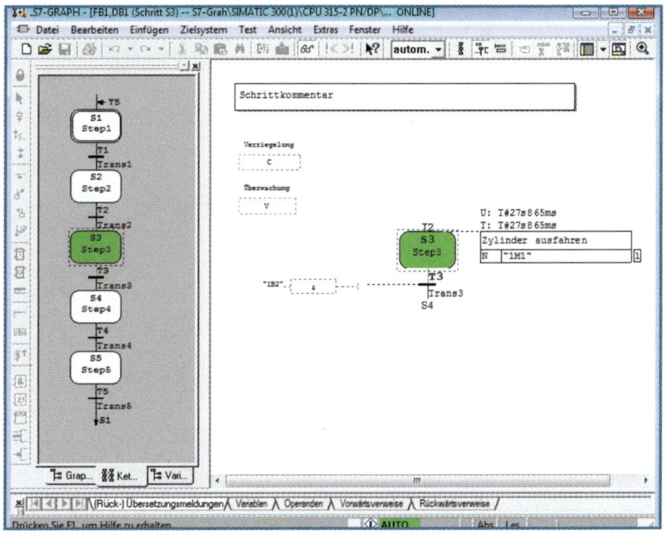

13.4 Betriebsarten

Ablaufketten werden häufig in drei Teilprogramme unterteilt:

Betriebsartenteil
Im Betriebsartenteil wird entscheiden wie das Steuerungsprogramm arbeitet. Dabei kann der Automatik-, Hand- oder Einzelschrittbetrieb angewählt werden.
Im ***Automatikbetrieb*** läuft die Ablaufkette automatisch ab. Dieser ist für den normalen Dauerbetriebeinsatz vorgesehen. Im ***Handbetrieb*** (Einrichtbetrieb) werden die Aktoren direkt vom Bediener, ohne Berücksichtigung der Ablaufkette, angesteuert. Im ***Einzelschrittbetrieb*** wird vom Bediener immer nur ein Schritt weitergeschaltet. Dieses kann bei der Inbetriebnahme und Fehlersuche hilfreich sein.

Ablaufkette
In einem zweiten Teilprogramm wird die eigentliche Ablaufkette programmiert. Dieses kann z.B. mit S7-Graph erfolgen. Dabei werden die einzelnen Schritte und Transitionen festgelegt.

Befehlsausgabe
In einem dritten Teil werden die Ausgänge programmiert. Dieses geschieht separat, um die Betriebsart, Verriegelungen und sicherheitsrelevante Verknüpfungen berücksichtigen zu können.

13.5 Wiederholungsfragen

1 Worin unterscheiden sich Ablaufsteuerungen und „normale Steuerungen"?

2 Nennen Sie vier Beispiele für Ablaufsteuerungen.

3 Erklären Sie anhand einer Ampelsteuerung die Steuerungsarten
a) zeitgesteuert

b) prozessgesteuert

c) zeit- und prozessgesteuert

4 Welche Betriebsarten gibt es und worin unterscheiden sie sich?

5 Nennen Sie die Regeln für Ablaufketten nach DIN EN 60848.

6 Geben Sie folgende Befehlsfelder nach GRAFCET an:
a) Aktion (nicht speichernd)

b) verzögerte Aktion

c) zeitlich begrenzte Ausführung eines Schritts

d) speichernd wirkende Aktion bei Aktivierung eines Schritts

7 Wie wird ein Startschritt gekennzeichnet?

8 a) Warum wird in Ablaufsteuerungen ein Richtimpuls verwendet?

b) Wie kann ein Richtimpuls in FUP aussehen?

9 Wie wird im Programm sichergestellt, dass immer nur ein Schritt aktiv ist?

10 Kann eine Ablaufkette auch vorzeitig verlassen werden? (Erklärung)

11 Wodurch unterscheiden sich Alternativ-Verzweigungen von Simultan-Verzweigungen?

13.6 Übung: Leuchtreklame

Problemstellung

Die Firma *MÜLLER* installiert den Firmennamen als Leuchtschrift an die Fassade des Firmengebäudes. Die Buchstaben sollen einzeln und nacheinander für jeweils drei Sekunden eingeschaltet werden.

Wenn alle Buchstaben einmal geleuchtet haben, soll der gesamte Schriftzug für zehn Sekunden eingeschaltet werden. Anschließend beginnt die Schaltung erneut von vorne.

Über einen Ein-/Ausschalter (Schließer) wird die Anlage gestartet.

Aufgabe:

1. Legen Sie ein SPS-Projekt an.
2. Legen Sie eine Symboltabelle an.
3. Skizzieren Sie die Ablaufkette.
4. Erstellen Sie das Steuerungsprogramm.
5. Testen Sie das Steuerungsprogramm mit PLCSIM.

13.7 Übung: Schwimmbad

Problemstellung

In einem Schwimmbad sind verschiedene Wasserdüsen bzw. Wasserspiele installiert.
Die einzelnen Komponenten werden jeweils über eine eigene Pumpe angesteuert.
Die Pumpen des Wasserspiels werden in einer festen Reihenfolge nacheinander eingeschaltet.

Reihenfolge im Automatikbetrieb:

4 min	Wasserdusche
4 min	Wasserdüsen in der Beckenmitte
5 min	Wasserdüsen rechts und Wasserdusche
5 min	Wasserdüsen links
10 min	Pause

Danach beginnt der Ablauf von vorne.

Betriebsmittel:

S1	Ein-Aus-Schalter	Schließer
Q1	Schütz für Pumpe	Wasserdusche
Q2	Schütz für Pumpe	Wasserdüsen in der Beckenmitte
Q3	Schütz für Pumpe	Wasserdüsen rechts
Q4	Schütz für Pumpe	Wasserdüsen links
P1	Meldeleuchte	Anlage in Betrieb

Zum Test können die Zeiten in Sekunden eingegeben werden.

Aufgabe:

1. Legen Sie ein SPS-Projekt an.
2. Legen Sie eine Symboltabelle an.
3. Skizzieren Sie die Ablaufkette.
4. Erstellen Sie das Steuerungsprogramm.
5. Testen Sie das Steuerungsprogramm mit PLCSIM.

13.8 Übung: Bohranlage

Problemstellung

In einer Großtischlerei werden Holzbretter automatisch gebohrt. Wenn die Steuerung eingeschaltet wird, transportiert das Förderband ein Brett bis der Endschalter betätigt wird. Die Bohrmaschine fährt die Position für das Loch 1 an. Dann wird sie eingeschaltet und fährt nach unten bis der Endschalter das Brett berührt. Anschließend fährt sie wieder hoch, bis der obere Endschalter an der Bohrmaschine schaltet.

Danach werden die Positionen für die Löcher 2 und 3 angefahren. Wenn die Bohrmaschine die obere Endlage erreicht hat, fährt sie zurück zur Grundposition. Gleichzeitig kann das Brett abtransportiert werden.

So lange die Steuerung eingeschaltet ist, werden nacheinander neue Bretter gebohrt.

Technologieschema:

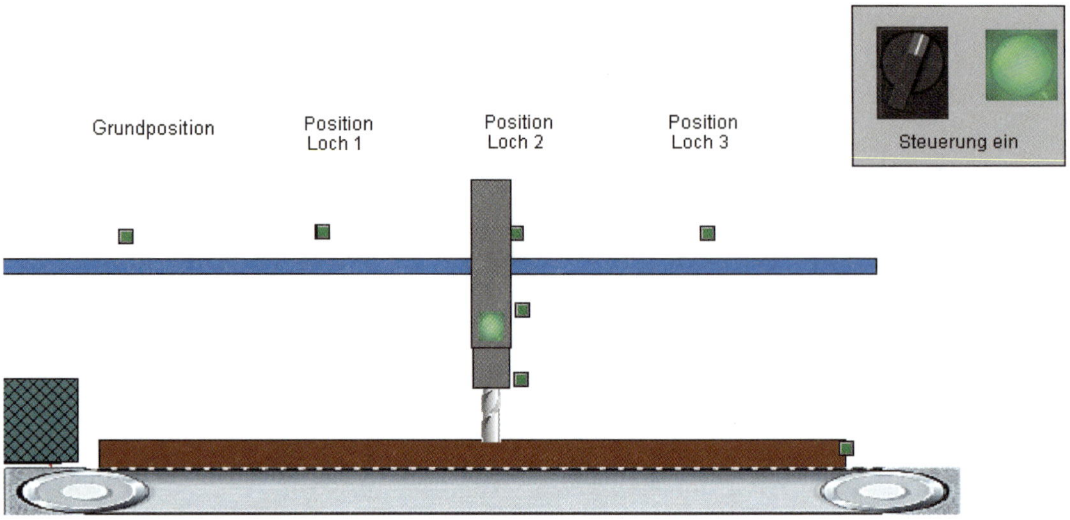

Visualisierungsdatei: *13_Bohranlage.VIS* auf der Buch-CD

Zuordnungsliste:

Symbol	Operand	Kommentar	Schaltverhalten
S1	E0.0	Wahlschalter Anlage ein	Schließer
B1	E0.1	Endschalter Grundposition	Schließer
B2	E0.2	Endschalter Position Loch 1	Schließer
B3	E0.3	Endschalter Position Loch 2	Schließer
B4	E0.4	Endschalter Position Loch 3	Schließer
B5	E0.5	Endschalter Bohrmaschine oben	Schließer
B6	E0.6	Endschalter Bohrmaschine unten	Schließer
B7	E0.7	Endschalter Werkstück in Position	Schließer
M1 (Q1)	A0.0	Motorschütz Transportband	–
M2 (Q2)	A0.1	Motorschütz Bohrmaschine nach rechts fahren	–
M2 (Q3)	A0.2	Motorschütz Bohrmaschine nach links fahren	–
M3 (Q4)	A0.3	Motorschütz Bohrmaschine hochfahren	–
M3 (Q5)	A0.4	Motorschütz Bohrmaschine runterfahren	–
M4 (Q6)	A0.5	Motorschütz Bohrmaschine ein	–
P1	A0.6	Meldeleuchte Anlage in Betrieb	–

Aufgabe:

1. Skizieren Sie die Ablaufkette nach GRAFCET zu der Steuerung.
2. Legen Sie ein SPS-Projekt an und erstellen Sie das Steuerungsprogramm.
3. Testen Sie das Steuerungsprogramm.

Ablaufkette (GRAFCET):

13.9 Übung: Ampelsteuerung

Problemstellung

An der Kreuzung einer Bundesstraße mit einer Landstraße wird eine Verkehrsampel installiert. Die Landstraße ist zur Erkennung des Straßenverkehrs mit zwei Induktionsschleifen (B1 und B2) ausgestattet.

Wenn kein Verkehr auf der Straße ist, sollen die Ampeln der Bundesstraße Grün und die Ampeln der Landstraße Rot signalisieren. Erst wenn die Induktionsschleifen ein Fahrzeug erkennen, schalten die Ampeln der Bundesstraße auf Rot und die der Landstraße auf Grün. Nach 30 s schalten die Ampeln wieder zurück, sodass die Landstraße wieder ein Rotsignal und die Bundesstraße ein Grünsignal haben. Dieser Zustand bleibt wieder erhalten, bis die Induktionsschleifen das nächste Auto erkennen, mindestens jedoch für 15 s.

Die Ampelanlage kann über einen Wahlschalter ein- bzw. ausgeschaltet werden.

Im Fall einer Störung oder bei Bauarbeiten sollen die Ampeln so geschaltet werden können, dass alle gelben Signale im Sekundentakt blinken und die roten und grünen Signale aus sind.

Technologieschema:

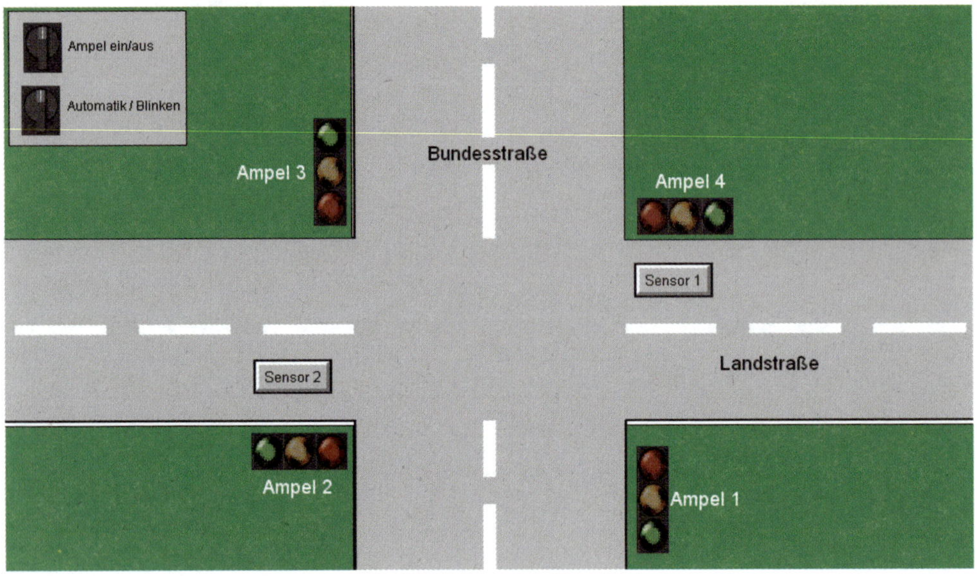

Visualisierungsdatei:
13_Ampel.VIS
auf der Buch-CD

Zuordnungsliste:

Symbol	Operand	Kommentar	Schaltverhalten
S1	E0.0	Wahlschalter Anlage ein	Schließer
S2	E0.1	Wahlschalter Automatik-Blinken	0 = Automatik, 1 = Blinken
B1	E0.2	Sensor 1 (Induktionsschleife)	Schließer
B2	E0.3	Sensor 2 (Induktionsschleife)	Schließer
P1.1	A0.0	Signal Ampel 1 (Bundesstraße) rot	–
P1.2	A0.1	Signal Ampel 1 (Bundesstraße) gelb	–
P1.3	A0.2	Signal Ampel 1 (Bundesstraße) grün	–
P2.1	A0.3	Signal Ampel 2 (Landstraße) rot	–
P2.2	A0.4	Signal Ampel 2 (Landstraße) gelb	–
P2.3	A0.5	Signal Ampel 2 (Landstraße) grün	–
P3.1	A0.6	Signal Ampel 3 (Bundesstraße) rot	–
P3.2	A0.7	Signal Ampel 3 (Bundesstraße) gelb	–
P3.3	A1.0	Signal Ampel 3 (Bundesstraße) grün	–
P4.1	A1.1	Signal Ampel 4 (Landstraße) rot	–
P4.2	A1.2	Signal Ampel 4 (Landstraße) gelb	–
P4.3	A1.3	Signal Ampel 4 (Landstraße) grün	–

Aufgabe:

1. Skizieren Sie die Ablaufkette nach GRAFCET zu der Steuerung.
2. Legen Sie ein SPS-Projekt an und erstellen Sie das Steuerungsprogramm.
3. Testen Sie das Steuerungsprogramm. Zum Testen des Blinksignals muss auch die Hardwarekonfiguration in SPS-VISU geladen werden.

Ablaufkette (GRAFCET):

14 Fehlersuche

14.1 Fehlerarten

In jeder elektrischen Anlage können Fehler auftreten. Wichtig für den Techniker ist es, Fehler möglichst bei der Erstellung zu vermeiden und auftretende Fehler schnell zu lokalisieren und zu beheben. Eine schnelle Fehlerbehebung trägt dazu bei, dass nur geringe Anlagenausfallzeiten auftreten. Typische Fehler in der Steuerungstechnik sind:

Hardwarefehler

- defekte Steckmodule
- falsche Steckmodule
- falscher Anschluss der Ein- und Ausgangskarten
- lockere Klemmen
- defekte Betriebsmittel (Sensoren oder Aktoren)
- falscher Anschluss der Betriebsmittel
- defekte Leitung zu den Betriebsmitteln
- falsche Drehrichtung von angeschlossenen Motoren
- falsche oder fehlerhafte Versorgungsspannung

Softwarefehler

- logische Programmfehler
- Verwendung falscher Ein-/Ausgänge
- falsche Bezeichnung der Ein-/Ausgänge
- doppelte Programmierung von Ausgängen oder Merkern
- doppelte Verwendung von Merkern, Timern oder Zählern
- fehlender Aufruf von Bausteinen
- keine oder nur teilweise Übertragung des Programms in die SPS

14.2 Fehlersuche bei Hardwarefehlern

Um einen Hardwarefehler zu erkennen und zu beheben, muss zuerst sichergestellt werden, dass die Ausgangskarte das entsprechende Signal herausgibt bzw. dass die Eingangskarte das erwartete Signal auch erhält. Dementsprechend kann ermittelt werden, ob der Hardwarefehler in der SPS-Hardware zu suchen ist oder ob ein externer Fehler vorliegt. Liegt ein interner Fehler vor, ist die Spannungsversorgung der Ein-/Ausgangskarten zu überprüfen. Ggf. muss ein Steckmodul ausgetauscht werden.

Wenn ein externer Fehler vorliegt, müssen die Leitung zum Sensor oder Aktor bzw. das Betriebsmittel selber kontrolliert werden.

Fehler in der Ausgabebaugruppe oder den angeschlossenen Betriebsmitteln können durch eine Rückführung auf den Eingang erkannt werden. So kann z.B. ein Schützkontakt an einen Eingang angeschlossen werden, um zu überwachen, ob das Schütz auch angezogen hat.

14.3 Fehlersuche bei Softwarefehlern

Um Softwarefehler zu erkennen, gibt es einige Hilfen, mit denen die Fehlererkennung vereinfacht werden kann.

14.3.1 Diagnosepuffer

Im Diagnosepuffer werden Diagnoseinformationen zu Ereignissen der CPU aufgezeichnet. Es wird beispielsweise protokolliert, wenn die CPU in den Betriebszustand STOP übergeht oder wenn ein Fehler auftritt. Der Diagnosepuffer ist ein sehr gutes Mittel um eine erste Fehlerdiagnose durchzuführen. Über **„Hilfe zum Ereignis"** werden dem Benutzer auch Lösungsvorschläge zur Behebung des Fehlers angeboten.

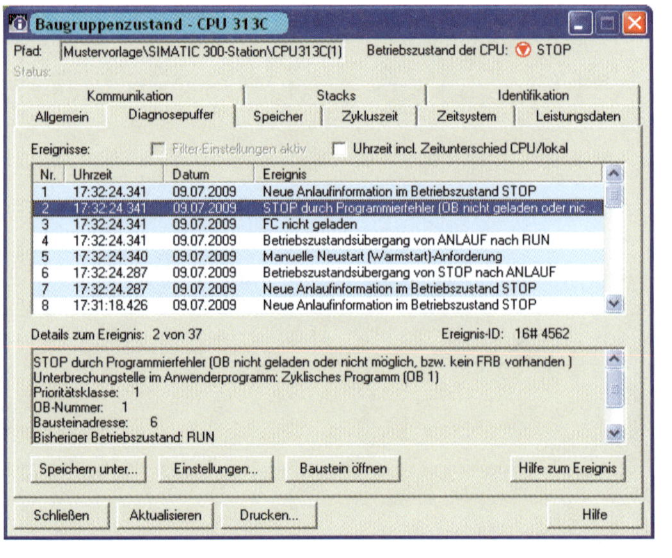

Vorgehensweise zum Eingrenzen von Störungen:

a) Bei einem Projekt mit mehreren SPSen

1. Öffnen Sie mit dem Befehl ***Ansicht*** ⇒ ***Online*** das Online-Fenster des Projekts.
2. Öffnen Sie alle Stationen, sodass die jeweiligen programmierbaren Baugruppen angezeigt werden.
3. Kontrollieren Sie, bei welcher CPU ein Fehler oder eine Störung aufgetreten ist. Bei der entsprechenden Baugruppe wird ein Diagnosesymbol angezeigt.
4. Weiter mit 5.

b) Bei einem Projekt mit nur einer SPS

5. Markieren Sie die CPU, die Sie untersuchen möchten.
6. Über ***Zielsystem*** ⇒ ***Diagnose/Einstellung*** ⇒ ***Baugruppenzustand*** kann der Baugruppenzustand der CPU dieser Station angezeigt werden.
7. Wählen Sie den Menüpunkt ***Diagnosepuffer*** um Informationen zum Zustand der CPU zu erhalten.

14.3.2 Variablen beobachten und steuern

Über die Funktion ***Variablen beobachten/steuern*** können Variablen, wie Eingänge, Ausgänge, Merker, Datenworte, Zähler, Zeiten usw. überwacht und verändert werden. Diese Funktion ist sehr hilfreich bei Programmtests und bei der Fehlersuche, da das Verhalten eines Bits, Bytes oder Wortes genau überprüft werden kann.

Der Anwender trägt in eine Variablentabelle die Operanden oder Variablen ein, die überwacht werden sollen. Dort wird dann der Zustand angezeigt. Außerdem können die Variablen von dort aus gesteuert werden.

Grundsätzlich sind drei verschiedene Bedienmodi wählbar.

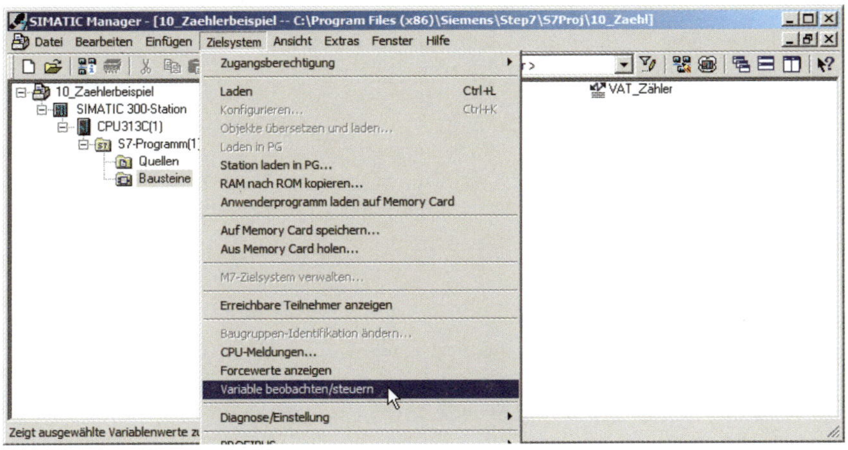

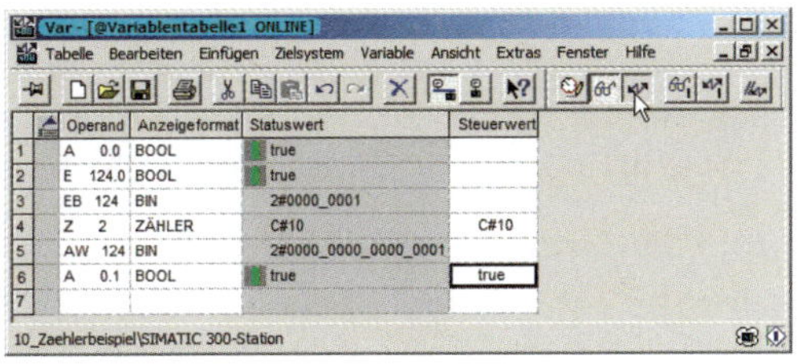

a) Variablen beobachten

Der Zustand der Variablen wird in der Variablentabelle unter ***Statuswert*** angezeigt. Die Variablen können mit der absoluten Adresse, z.B. **E124.0,** oder mit der symbolischen Adresse, z.B. ***Eintaster,*** eingegeben werden.

b) Variablen steuern

In der Variablentabelle können einzelne Operanden mit einem vorgegebenen Wert angesteuert werden. In der Spalte ***Steuerwert*** wird der Wert eingetragen. Der Wert wird jedoch vom Prozessabbild wieder überschrieben.

c) Variablen forcen

Es kann bestimmten Variablen ein fester Wert vorgegeben werden, der nicht mehr durch das Anwenderprogramm überschrieben werden kann. Voraussetzung ist, dass die CPU, z.B. S7-400, das Forcen unterstützt.

Da beim Forcen softwaremäßige Verriegelungen, die ggf. im Anwenderprogramm vorgesehen wurden, umgangen werden, können gefährliche Zustände an Maschinen und Anlagen auftreten. Der Anwender muss beim Forcen vorher die Folgen seines Handelns genau berücksichtigen.

14.3.3 Belegungsplan

Im Belegungsplan wird eine Übersicht der verwendeten Eingänge, Ausgänge, Merker, SIMATIC-Zeitfunktionen und SIMATIC-Zählfunktionen angegeben. Es können Belegungspläne für das ganze Programm oder für einzelne Baustein angezeigt werden.

Durch die Übersicht kann einfach kontrolliert werden, ob im Programm nur Operanden verwendet werden, die auch in der Hardware konfiguriert worden sind.

14.3.4 BEA – Bausteinende absolut

Der AWL-Befehl ***BEA*** (Bausteinende absolut) bewirkt, dass der Baustein verlassen wird, ohne die Anweisungen nach der Zeile BEA noch auszuführen. Bei der Fehlersuche und beim Programmtest kann der Befehl genutzt werden, um nur Teile eines Programms zu testen.

Wenn in einem Baustein nach dem ersten Netzwerk der Befehl BEA eingefügt wird, wird nur das erste Netzwerk berücksichtigt. Ist das erste Netzwerk überprüft, kann der Befehl BEA hinter dem zweiten Netzwerk eingefügt werden. Auf diese Weise kann ein Programm schrittweise überprüft werden.

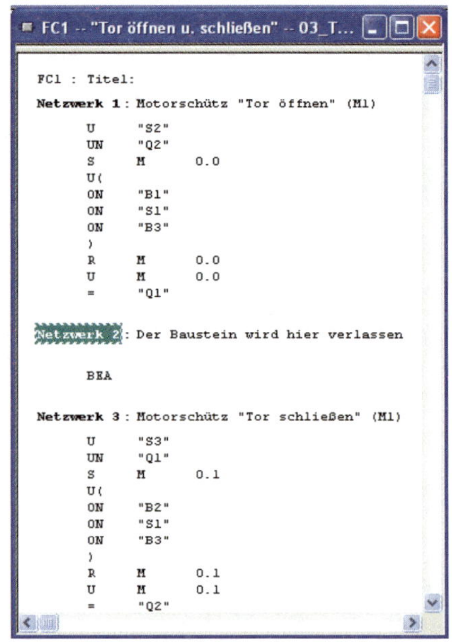

14.3.5 //-Kommentar

Wenn in einer Programmzeile der Befehl **//** eingefügt wird, werden alle Angaben der Zeile hinter // als Kommentar interpretiert. Sie werden nicht wie eine Befehlsanweisung behandelt.

Zur Fehlersuche kann diese Funktion genutzt werden, um eine oder mehrere Befehlszeilen eines Programms unberücksichtigt zu lassen. So kann ein Baustein auch teilweise überprüft werden.

Im nebenstehenden Programm werden die Befehlszeilen ***ON "S1"*** und ***ON "B3"*** nicht berücksichtigt.

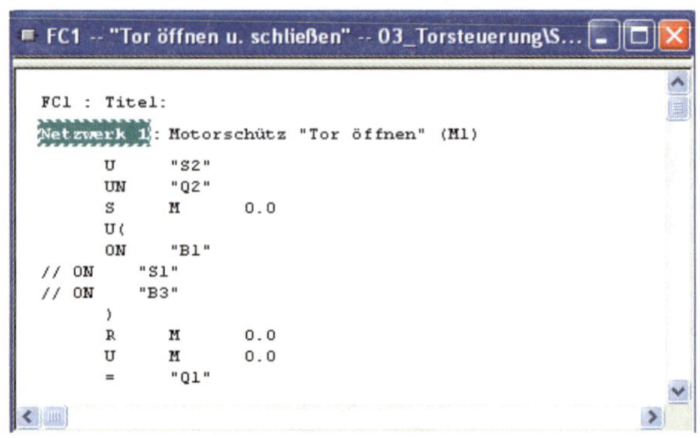

14.3.6 Gehe zu ⇒ Verwendungsstelle

Häufig werden Operanden in einem Programm mehrfach verwendet. Für den Programmierer ist es wichtig zu wissen, wo und wie ein Operand schon verwendet worden ist. Wenn in einem Baustein ein Operand markiert wird, kann über die rechte Maustaste und ***Gehe zu ⇒ Verwendungsstelle*** ein Fenster geöffnet werden. Dort werden alle Programmstellen angegeben, in denen der Operand schon verwendet worden ist.

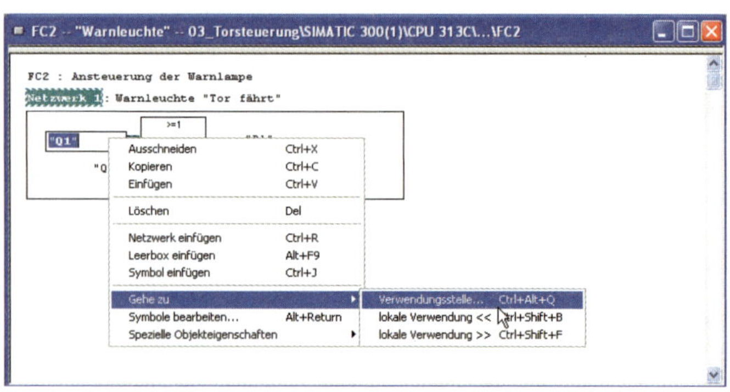

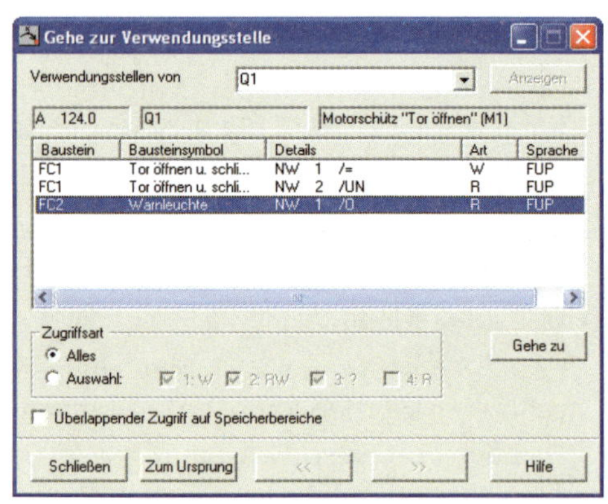

14.3.7 Querverweisliste

Die Querverweisliste gibt einen Überblick welche Objekte (Bausteine oder Operanden) wo und an welcher Stelle im Programm verwendet wurden.

14.3.8 Übersetzen (nur im TIA-Portal)

Wenn Bausteine fertig gestellt worden sind, können Sie übersetzt werden (Bearbeiten ⇒ Übersetzen).
Dabei werden Fehler und Warnungen ausgegeben, die auf unkorrekte Programmteile hinweisen.

TIA V1x

14.4 Fehler-Operationsbausteine

Wenn Systemfehler auftreten, können diese von der SPS erkannt werden. Je nach Fehlerart wird die CPU in den STOP-Zustand gesetzt oder ein Fehler-OB aufgerufen.
In den Fehler-Operationsbausteinen können Programme hinterlegt werden, die dann abgearbeitet werden.

Fehlertyp	Fehlerart	OB
Redundanz	Peripherie-Redundanzfehler (nur in H-CPUs)	OB 70
	CPU-Redundanzfehler (nur in H-CPUs)	OB 72
Asynchron	Zeitfehler	OB 80
	Stromversorgungsfehler	OB 81
	Diagnosealarm	OB 82
	Ziehen-/Stecken-Alarm	OB 83
	CPU-Hardwarefehler	OB 84
	Programmablauffehler	OB 85
	Baugruppenträgerausfall	OB 86
	Kommunikationsfehler	OB 87
Synchron	Programmierfehler	OB 121
	Zugriffsfehler	OB 122

14.5 Wiederholungsfragen

1 Erstellen Sie ein Programm mit einem OB1, einem FC1 und einem FC2. Im OB1 müssen beide Funktionen aufgerufen werden. Laden Sie nur den OB1 und den FC1 in die CPU. Stellen Sie die CPU auf RUN.
Wählen Sie anschließend im ***SIMATIC Manager*** ⟹ ***Zielsystem*** ⟹ ***Diagnose/Einstellungen*** ⟹ ***Baugruppenzustand*** ⟹ ***Diagnosepuffer.***

a) Welche Angaben stehen im Diagnosepuffer?

b) Wie kann der Diagnosepuffer zur Fehlersuche eingesetzt werden?

2 Was bewirkt der Befehl ***BEA***?

3 Wie kann bei einem umfangreichen Programm schnell festgestellt werden, ob ein Ausgang doppelt programmiert wurde?

4 Variablen beobachten und steuern:
Legen Sie ein neues Projekt an. Geben Sie unter ***Zielsystem ⇒ Variablen beobachten*** die nebenstehenden Werte in die Variablentabelle ein.

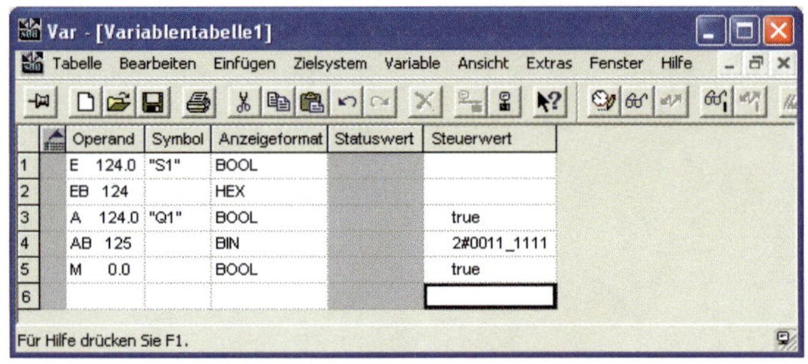

	Operand	Symbol	Anzeigeformat	Statuswert	Steuerwert
1	E 124.0	"S1"	BOOL		
2	EB 124		HEX		
3	A 124.0	"Q1"	BOOL		true
4	AB 125		BIN		2#0011_1111
5	M 0.0		BOOL		true
6					

a) Betätigen Sie die Schaltfläche .
Was ist zu beobachten, wenn an der SPS der Eingang E124.0 betätigt wird?

b) Betätigen Sie den Button . Was ist an den Ausgängen der SPS zu beobachten?

c) Welche Anzeigeformate können gewählt werden?

d) Wie kann der Befehl „Variablen beobachten und steuern“ bei der Fehlersuche eingesetzt werden?

5 Welcher Fehler-OB wird bei einem CPU-Hardwarefehler aktiviert?

14.6 Übung: Förderbandanlage (Fehlersuche)

Problemstellung

Über drei Förderbänder sollen Äpfel transportiert werden.
Bei Betätigung des NOT-AUS-Schalters müssen alle Antriebe sofort stillgesetzt werden. Die Meldeleuchte *Anlage in Betrieb* leuchtet, sobald eines der Förderbänder läuft.

Einschaltfolge: Band 3 ⇨ Band 2 ⇨ Band 1
Ausschaltfolge: Band 1 ⇨ Band 2 ⇨ Band 3

Technologieschema

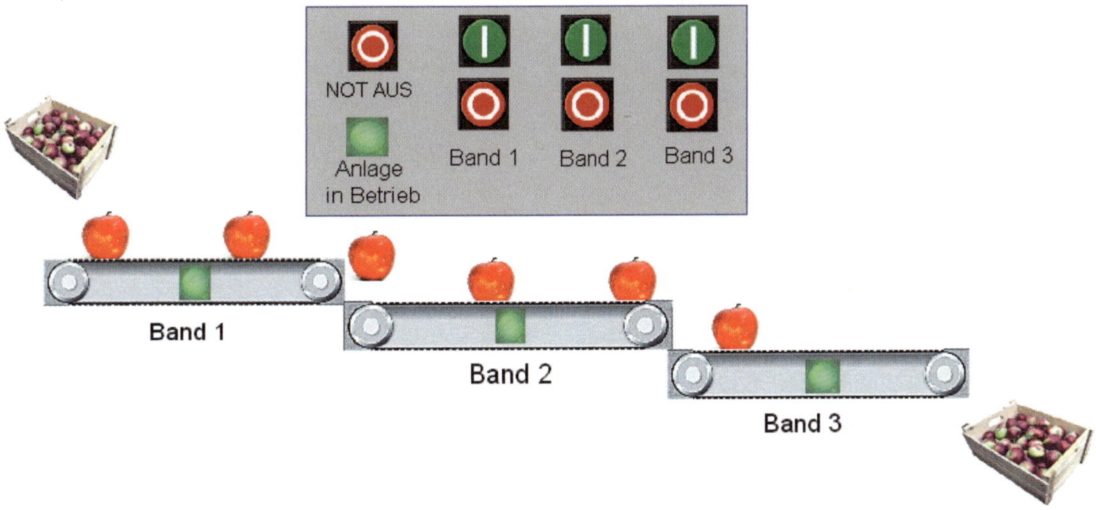

Visualisierungsdatei: *14_Förderbandanlage_Fehlersuche.VIS* auf der Buch-CD

Zuordnungsliste:

Symbol	Operand	Kommentar	Schaltverhalten
S1	E0.0	Taster Band 1 ein	Schließer
S2	E0.1	Taster Band 2 ein	Schließer
S3	E0.2	Taster Band 3 ein	Schließer
S4	E0.3	Taster Band 1 aus	Öffner
S5	E0.4	Taster Band 2 aus	Öffner
S6	E0.5	Taster Band 3 aus	Öffner
S7	E0.6	Taster NOT-AUS	Öffner
M1 (Q1)	A0.0	Motorschütz Band 1	–
M2 (Q2)	A0.1	Motorschütz Band 2	–
M3 (Q3)	A0.2	Motorschütz Band 3	–
P1	A0.3	Meldeleuchte Anlage in Betrieb	

Aufgabe:

1. Laden Sie das fehlerhafte Step7-Projekt ***14_Föl_mF*** von der Buch-CD.
2. Suchen Sie die Fehler.
3. Notieren Sie sie in der Fehlerliste.
4. Korrigieren Sie das Programm.

Fehlerliste:

Netzwerk Nr.	Fehlerbeschreibung

Fehlerhaftes SPS-Programm:

OB1 : Förderbandanlage PROGRAMM MIT FEHLER!!!!

Netzwerk 1: Band 1

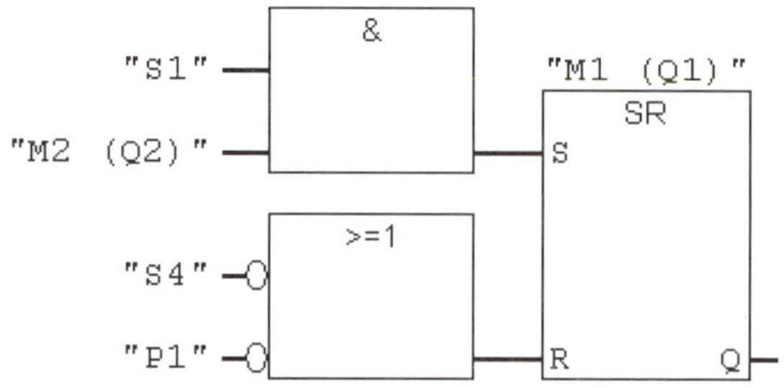

Netzwerk 2: Band 2

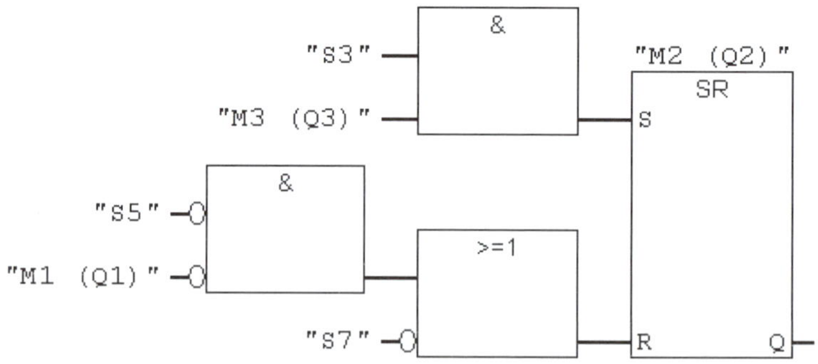

Netzwerk 3: Band 3

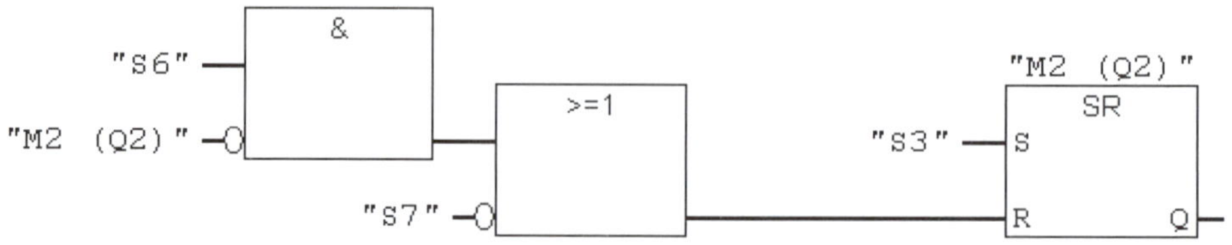

Netzwerk 4: Meldeleuchte "Anlage in Betrieb"

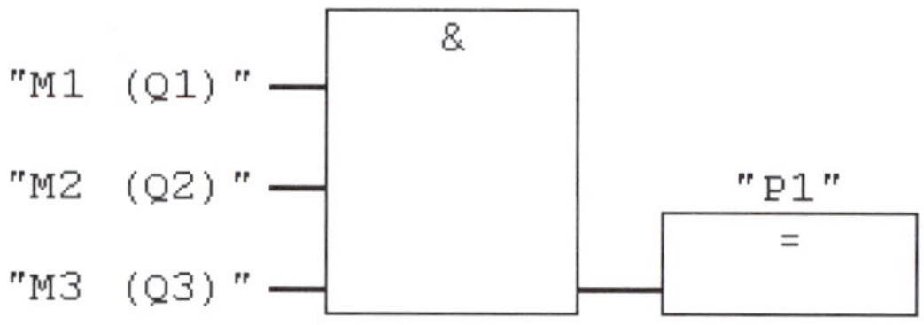

14.7 Verpackungsanlage (Fehlersuche)

Problemstellung

Ein Unternehmen produziert Metallbehälter. Sie sollen in Kisten verpackt werden. Dafür müssen sie von einem Förderband auf ein anderes übergesetzt werden. Dafür steht ein Greifer mit einem Elektromagnet zur Verfügung. Die Anzahl der zu verpackenden Kisten kann vorgewählt werden.

Technologieschema

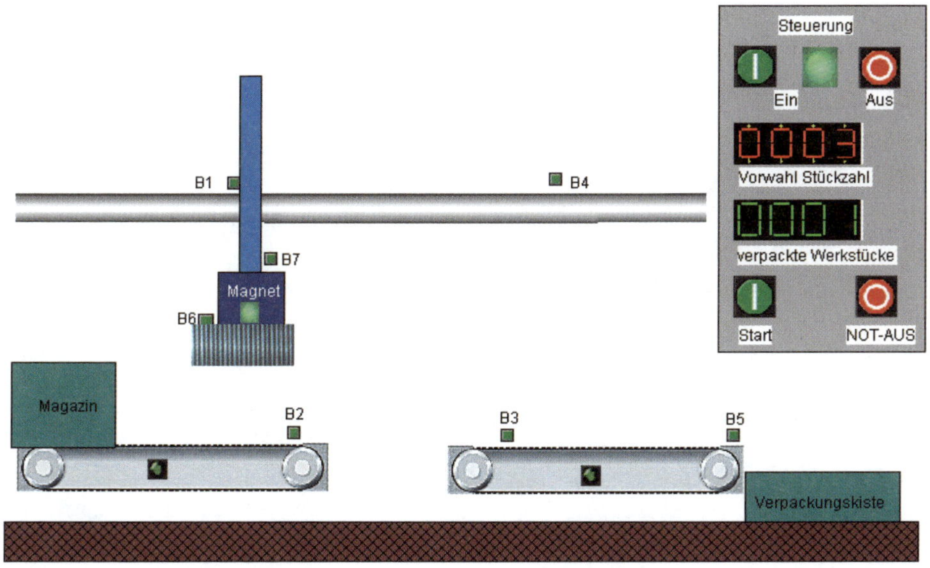

Visualisierungsdatei:
14_Verpackungsanlage.VIS
auf der Buch-CD

Zuordnungsliste:

Symbol	Operand	Kommentar	Schaltverhalten
S1	E 0.0	Taster Steuerung ein	Schließer
S2	E 0.1	Taster Steuerung aus	Öffner
S3	E 0.2	Taster Start	Schließer
S4	E 0.3	Taster NOT_AUS	Öffner
B1	E 0.4	Endschalter Position Band 1	Schließer
B2	E 0.5	Endschalter Band 1 Ende	Schließer
B3	E 0.6	Endschalter Band 2 Anfang	Schließer
B4	E 0.7	Endschalter Position Band 2	Schließer
B5	E 1.0	Endschalter Band 2 Ende	Schließer
B6	E 1.1	Endschalter Greifer unten	Schließer
B7	E1.2	Endschalter Greifer oben	Schließer
P1	A 0.0	Meldeleuchte Anlage eingeschaltet	–
M1 (Q1)	A 0.1	Motorschütz Förderband 1	–
M2 (Q2)	A 0.2	Motorschütz Förderband 2	–
M3 (Q3)	A 0.3	Antrieb Greifer nach rechts	–
M3 (Q4)	A 0.4	Antrieb Greifer nach links	–
M4 (Q5)	A 0.5	Antrieb Greifer nach oben	–
M4 (Q6)	A 0.6	Antrieb Greifer nach unten	–
M5 (Q7)	A 0.7	Elektromagnet	1 = ein, 0 = aus
S5	EW20	Soll-Stückzahl	BCD-Format
P2	AW20	Ist-Stückzahl	BCD-Format

Aufgaben:

1. Laden Sie das fehlerhafte Step7-Projekt ***14_Verpa*** von der Buch CD.
2. Suchen Sie die Fehler.
3. Notieren Sie sie in der Fehlerliste.
4. Korrigieren Sie das Programm.

Ablaufkette (Funktionsplan):

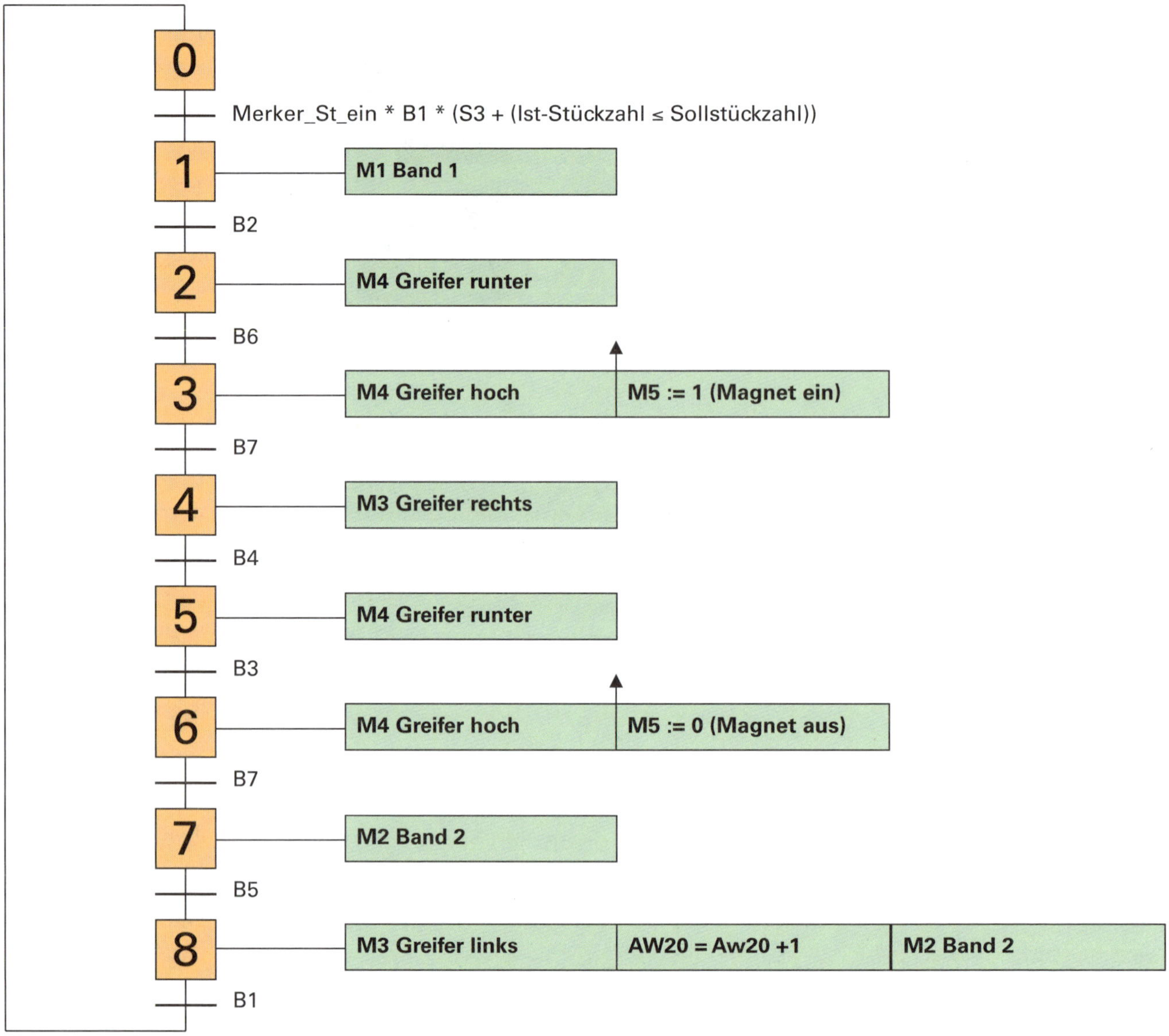

Fehlerliste:

Baustein, z.B. FC1	Netzwerk Nr.	Fehlerbeschreibung

15 Mathematische Funktionen

15.1 Datentypen

Bei Step7 stehen verschiedene Datentypen mit unterschiedlichen Größen und Formaten zur Verfügung. Im Folgenden sind die grundlegenden Datentypen aufgeführt.

Datentyp	Bedeutung	Größe (in Bit)	Beispiel
BOOL	ein Bit	1	TRUE
BYTE	Dualzahl	8	2#0011_0100
	Hexadezimale Zahl		B#16#1F
WORD (Wort)	Dualzahl	16	2#0011_1010_0010_0001
	Dezimalzahl ohne Vorz.		B#(13,38)
	Hexadezimalzahl		W#16#1F3B
	BCD		C#907
DWORD (Doppelwort)	Dualzahl	32	2#0001_0011_1001_1111_1000_1111_0001_1000
	Dezimalzahl ohne Vorz.		B#(2,10,99,112)
	Hexadezimalzahl		DW#16#003F_123D
INT	Ganzzahl	16	523
DINT	Ganzzahl	32	L#12365
REAL	IEEE Gleitpunktzahl	32	1.862795e+8
CHAR (Zeichen)	ASCII-Zeichen	8	'B'
S5TIME	Simatic-Zeit (Schritte von 10ms)	16	S5T#1M_2S
TIME	IEC-Zeit (Schritte von 1ms)	32	T#1D_10H_16M_5S_111MS
DATE	IEC-Datum in Schritten von 1 Tag	16	DATE#2010-2-15
TIME_OF_DAY	Uhrzeit (Schritte von 1ms)	32	TIME_OF_DAY#1:10:3.3

Beispiel: Verschiedene Datentypen bei einem Zähler

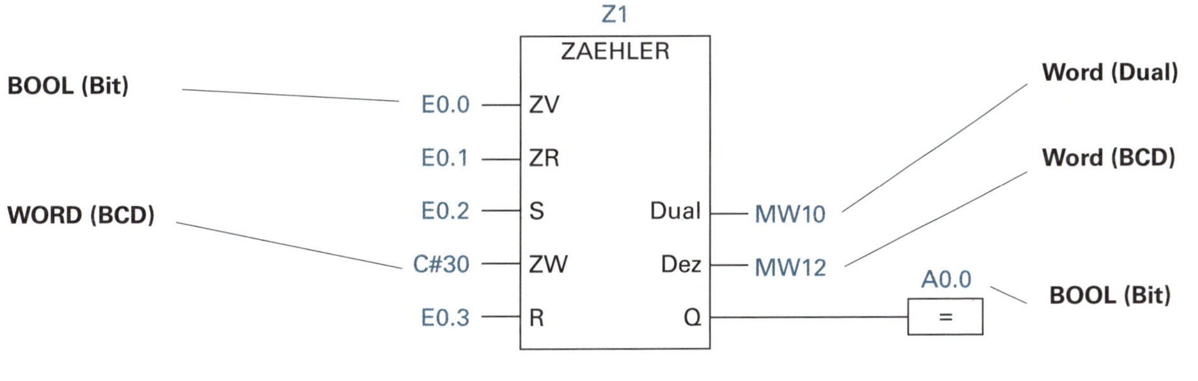

15.2 Umwandlungsfunktionen

Häufig müssen Daten von einem in einen anderen Datentyp umgewandelt werden um sie weiter verwenden zu können. Dafür stehen verschiedene Umwandlungsfunktionen zur Verfügung.

Umwandlungsfunktionen bei Step7 V5.x

Operation AWL	Operation FUP / KOP	Bedeutung
BTI	BCD_I (EN, IN / OUT, ENO)	Umwandlung BCD-Zahl in Ganzzahl (16 Bit)
ITB	I_BCD (EN, IN / OUT, ENO)	Umwandlung Ganzzahl (16 Bit) in BCD-Zahl
BTD	BCD_DI (EN, IN / OUT, ENO)	Umwandlung BCD-Zahl in Ganzzahl (32 Bit)
DTB	DI_BCD (EN, IN / OUT, ENO)	Umwandlung Ganzzahl (32 Bit) in BCD-Zahl
ITD	I_DI (EN, IN / OUT, ENO)	Umwandlung Ganzzahl (16 Bit) in Ganzzahl (32 Bit)
DTR	DI_R (EN, IN / OUT, ENO)	Umwandlung Ganzzahl (32 Bit) in Gleitpunktzahl
RND	ROUND (EN, IN / OUT, ENO)	Runden einer Gleitpunktzahl (32 Bit) zur nächsten Ganzzahl (32 Bit)

Beispiel: Die Ganzzahl (32 Bit) MD0 soll in eine BCD-Zahl MD20 umgewandelt werden.

Lösung in AWL:

```
L  MD0
DTB
T  MD20
```

Umwandlungsfunktionen beim TIA-Portal TIA V1x

Bezeichnung	Symbol	Bedeutung
CONVERT	CONV ??? to ??? (EN, IN / OUT, ENO)	Wert konvertieren Wählbarer Eingangsdatentyp: INT, DINT, BCD16; BCD32 Wählbarer Ausgangdatentyp: INT, DINT, Real, BCD16; BCD32
ROUND	ROUND Real to DInt (EN, IN / OUT, ENO)	Zahl runden
CEIL	CEIL Real to DInt (EN, IN / OUT, ENO)	Aus Gleitpunktzahl nächst höhere Ganzzahl erzeugen
FLOOR	FLOOR Real to DInt (EN, IN / OUT, ENO)	Aus Gleitpunktzahl nächst niedrigere Ganzzahl erzeugen
TRUNC	TRUNC Real to DInt (EN, IN / OUT, ENO)	Ganzzahl erzeugen

15.3 Rechnen mit Ganzzahlen (INT und DINT)

Für die Ganzzahlen INT und DINT stehen die mathematischen Grundrechenarten zur Verfügung. Die Stelle hinter dem Komma bleibt jedoch unberücksichtigt, sodass es zu Rundungsfehlern bei Divisionen kommen kann.

Beispiel: Subtraktion der Ganzzahlen (INT) in MW10 und MW12. Das Ergebnis wird ins MW20 transferiert.

AWL:

```
L  MW 10
L  MW 12
-I
T  MW20
```

FUP:

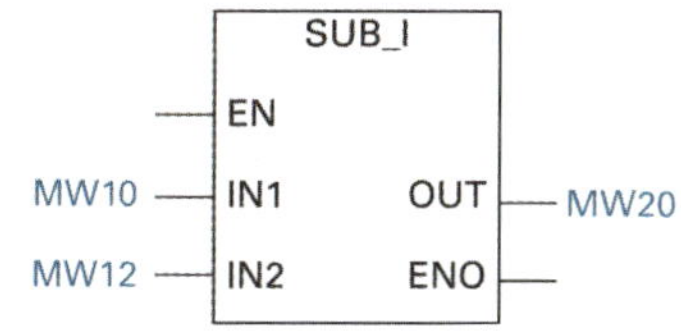

Operation	Bedeutung
+I	Addition ganzer Zahlen (16 Bit)
-I	Subtraktion ganzer Zahlen (16 Bit)
*I	Multiplikation ganzer Zahlen (16 Bit)
/I	Division ganzer Zahlen (16 Bit)
+D	Addition ganzer Zahlen (32 Bit)
-D	Subtraktion ganzer Zahlen (32 Bit)
*D	Multiplikation ganzer Zahlen (32 Bit)
/D	Division ganzer Zahlen (32 Bit)
MOD	Divisionsrest gewinnen

Bei dem Beispiel wird zuerst der Wert von MW10 in AKKU1 geschrieben. Im nächsten Schritt wird der Wert von AKKU1 nach AKKU2 geladen. AKKU1 wird vom Wert von MW12 überschrieben.

Der Wert von AKKU1 wird nun vom Wert AKKU2 abgezogen und zum Merkerwort MW20 transferiert. D.h. vom Merkerwort MW10 wird MW12 subtrahiert.

In FUP wird durch ein „1"-Signal an EN die mathematische Operation aktiviert. EN0 führt ein „0"-Signal, wenn der maximale Zahlenwert überschritten wird.

15.4 Rechnen mit Gleitpunktzahlen (REAL)

Operation	Bedeutung
+R	Addition von Gleitpunktzahlen
-R	Subtraktion von Gleitpunktzahlen
*R	Multiplikation von Gleitpunktzahlen
/R	Division von Gleitpunktzahlen
ABS	Absolutwert einer Gleitpunktzahl
SQRT	Quadratwurzel einer Gleitpunktzahl
SQR	Quadrat einer Gleitpunktzahl
LN	Natürlicher Logarithmus einer Gleitpunktzahl
EXP	Exponentialwert einer Gleitpunktzahl zur Basis e
SIN	Sinus einer Gleitpunktzahl
COS	Cosinus einer Gleitpunktzahl
TAN	Tangens einer Gleitpunktzahl
ASIN	Arcussinus einer Gleitpunktzahl
ACOS	Arcuscosinus einer Gleitpunktzahl
ATAN	Arcustangens einer Gleitpunktzahl

Neben den mathematischen Grundfunktionen stehen für Gleitpunktzahlen (Real) weitere Operationen zur Verfügung. Bei den Rechenoperationen werden auch die Nachkommastellen berücksichtigt.

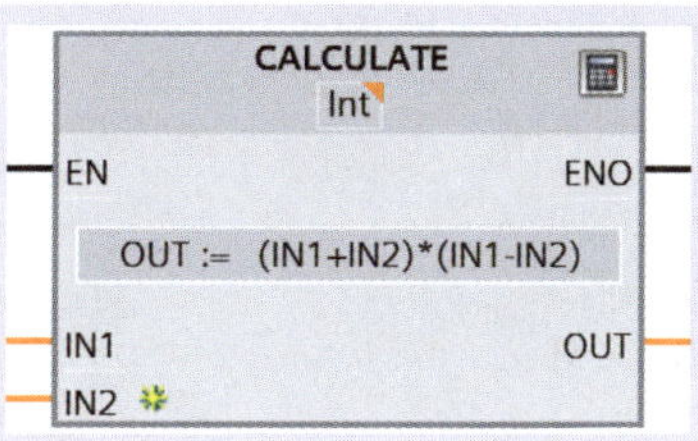

TIA V1x

CALCULATE (Berechnen)

Für die CPU1200 und CPU 1500 steht die Funktion CALCULATE zur Verfügung. In ihr können beliebige mathematische Verknüpfungen definiert werden.

15.5 Übung: Umwandlungsfunktionen

Problemstellung

Mit einer SPS können auch mathematische Rechenfunktionen durchgeführt werden. Dafür muss das Eingabeformat, z.B. BCD-Code, oft umgewandelt werden, bevor eine Rechenoperation durchgeführt werden kann.

In der Übung sollen Eingaben im BCD-Format gelesen und dann als 16-Bit-Ganzzahl (Integer) und als 32-Bit-Gleitpunktzahl (Real) ausgegeben werden.

Beachten Sie bitte, dass BCD-Formate und 16-Bit-Ganzzahlen als Wort bearbeitet und gespeichert werden. Auf 32-Bit-Ganzzahlen und Gleitpunktzahlen wird als Doppelwort zugegriffen.

Technologieschema

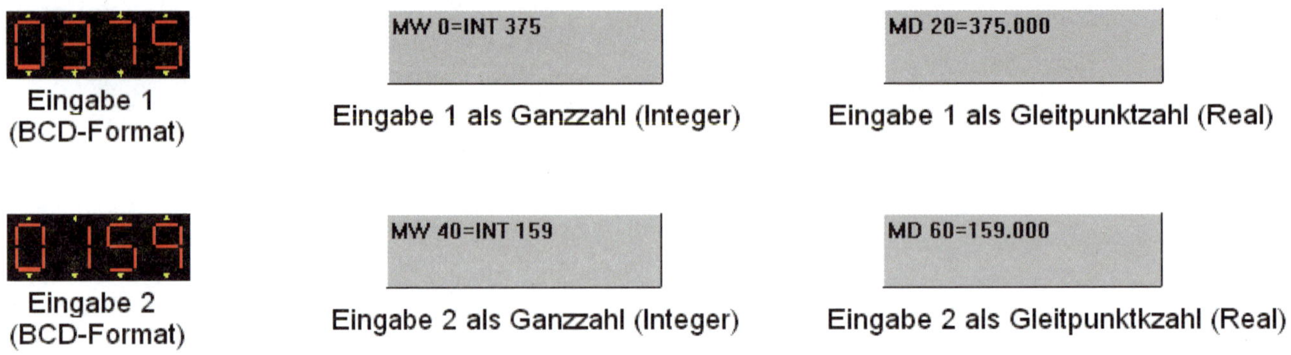

Visualisierungsdatei: *15_Umwandlungsfunktionen.VIS* auf der Buch-CD

Zuordnungsliste:

Symbol	Operand	Kommentar
Eingabe 1	EW 20	Eingabe 1 (BCD-Format)
Eingabe 2	EW 22	Eingabe 2 (BCD-Format)
Anzeige 1	MW 0	Eingabe 1 als 16-Bit-Ganzzahl (Integer)
Anzeige 2	MD20	Eingabe 1 als 32-Bit-Gleitpunktzahl (Real)
Anzeige 3	MW 40	Eingabe 2 als 16-Bit-Ganzzahl (Integer)
Anzeige 4	MD60	Eingabe 2 als 32-Bit-Gleitpunktzahl (Real)

Aufgabe:

1. Legen Sie ein SPS-Projekt an und erstellen Sie das Steuerungsprogramm.
2. Testen Sie das Steuerungsprogramm.

15.6 Übung: Mathematische Operationen

Problemstellung

Mit einer SPS können auch mathematische Rechenfunktionen durchgeführt werden. Dafür muss das Eingabeformat, z.B. BCD-Code, oft umgewandelt werden, bevor eine Rechenoperation durchgeführt werden kann.

a) Addieren Sie den Wert von Eingabe 1 und Eingabe 2 und geben Sie das Ergebnis im BCD-Format aus.

b) Subtrahieren Sie den Wert von Eingabe 2 vom Wert der Eingabe 1. Geben Sie das Ergebnis im BCD-Format aus.

c) Ziehen Sie die Quadratwurzel des Wertes von Eingabe 1 und geben Sie ihn als Gleitpunktzahl (Real) aus.

d) Quadrieren Sie den Wert von Eingabe 1 und geben Sie ihn als Gleitpunktzahl (Real) aus.

Technologieschema

Visualisierungsdatei: *15_Mathematische_Funktionen.VIS* auf der Buch-CD

Zuordnungsliste:

Symbol	Operand	Kommentar
Eingabe 1	EW 20	Eingabe 1 (BCD-Format)
Eingabe 2	EW 22	Eingabe 2 (BCD-Format)
Anzeige 1	AW 0	Addition von Eingabe 1 und Eingabe 2, Ausgabe im BCD-Format
Anzeige 2	AW 10	Subtraktion von Eingabe 1 mit Eingabe 2, Ausgabe im BCD-Format
Anzeige 3	MD 20	Quadratwurzel von Eingabe 1, Ausgabe als 32-Bit-Gleitpunktzahl (Real)
Anzeige 4	MD 24	Quadrat von Eingabe 1, Ausgabe als 32-Bit-Gleitpunktzahl (Real)

Aufgabe:

1. Legen Sie ein SPS-Projekt an und erstellen Sie das Steuerungsprogramm.
2. Testen Sie das Steuerungsprogramm.

16 Verarbeitung von Analogwerten

16.1 Analoge Signale

Neben den digitalen Signalen, die nur den Zustand „1“ oder „0“ haben können, werden in der Steuerungstechnik häufig analoge Signale verwendet. Sie können in einem bestimmten Bereich viele Werte annehmen. Typische Größen, die analog erfasst werden, sind Temperaturen, Drücke, Drehzahlen usw.

Mittels Sensoren werden diese physikalischen Größen in elektrische Signale umgewandelt. Für die Arbeit mit analogen Signalen müssen analoge Eingänge bzw. Ausgänge in der SPS verwendet werden. Standardmäßig werden die analogen Größen als Signale von 0 bis 10 V, 0 bis 20 mA oder 4 – 20 mA dargestellt.

Eine Temperatur, die in dem Bereich 0 – 100 °C von einem Sensor erfasst wird, kann als ein Signal von 0 bis 10 V dargestellt werden. 0 V entspricht dann 0 °C, 6 V entsprechend 60 °C.

Die Analogwerte werden nur in binärer Form von der CPU verarbeitet. Analog-Eingabebaugruppen wandeln das analoge in ein digitales Signal um. Analog-Ausgabebaugruppen wandeln den digitalen Wert in ein Analogsignal um.

Darstellung eines Analogwertes in 16-Bit-Auflösung

Bit	15	14	13	12	11	10	9	8	7	6	5	4	3	2	1	0
Wert des Bits	Vorzeichen	2^{14}	2^{13}	2^{12}	2^{11}	2^{10}	2^{9}	2^{8}	2^{7}	2^{6}	2^{5}	2^{4}	2^{3}	2^{2}	2^{1}	2^{0}

Im Bit 15 wird immer das Vorzeichen angegeben: „0“ $\Rightarrow$ positives Vorzeichen
„1“ $\Rightarrow$ negatives Vorzeichen

Wenn die Auflösung weniger als 16 Bit beträgt, wird der Analogwert in dem Wort hinterlegt. In die nicht verwendeten Bits wird ein 0-Signal geschrieben.

Analogwertdarstellung im Spannungsmessbereich 1 bis 5 V und 0 bis 10 V

System			Spannungsmessbereich		
	dez.	**hex.**	**1 bis 5 V**	**0 bis 10 V**	
118,515 % 117,593 %	32767 32512	7FFF 7F00	5,741 V	11,852 V	Überlauf
117,589 %	32511 27649	7EFF 6C01	5,704 V	11,759 V	Übersteuerungsbereich
100,000 % 75 % 0,003617 % 0 %	27648 20736 1 0	6C00 5100 1 0	5 V 3,75 V 1 V + 144,7 µV 1 V	10 V 7,5 V 0 V + 361,7 µV 0 V	Nennbereich
 –17,593 %	–1 –4864	FFFF ED00	 0,296 V	negative Werte nicht möglich	Untersteuerungsbereich
 ≤–17,596 %	–4865 –32768	ECFF 8000		negative Werte nicht möglich	Unterlauf

Auszug aus: *SIMATIC Automatisierungssystem S7-300 Baugruppendaten Referenzhandbuch, Siemens*

Aus dem Referenzhandbuch des Herstellers ist ersichtlich, dass ein analoges Signal mit dem Messbereich 0 – 10 V im Nennbereich dezimal von 0 bis 27648 dargestellt wird. Dadurch ergibt sich eine Auflösung von 10 V/27648 = 361,7 µV pro Digit.

Ein analoges Signal von 7,5 V entspricht der dezimalen Zahl 20736. Außerhalb des Nennbereichs werden bei analogen Werten auch Werte im Über- und Untersteuerungsbereich sowie im Über- und Unterlauf erfasst.

Analogwertdarstellung im Strommessbereich 0 bis 20 mA und 4 bis 20 mA					
System			Strommessbereich		
	dez.	hex.	1 bis 20 mA	0 bis 20 mA	
118,515 % 117,593 %	32767 32512	7FFF 7F00	23,70 mA	22,96 mA	Überlauf
117,589 %	32511 27649	7EFF 6C01	23,52 mA	22,81 mA	Übersteuerungs-bereich
100,000 % 75 % 0,003617 % 0 %	27648 20736 1 0	6C00 5100 1 0	20 mA 15 mA 723,4 nA 0 mA	20 mA 16 mA 4 mA + 578,7 nA 4 mA	Nennbereich
 –17,593 %	–1 –4864	FFFF ED00	 –3,52 mA	 1,185 mA	Untersteuerungs-bereich
 ≤–17,596 %	–4865 –32768	ECFF 8000			Unterlauf

Auszug aus: *Simatic Automatisierungssystem S7-300 Baugruppendaten Referenzhandbuch, Siemens*

16.2 Analogwerte einlesen und ausgeben

Analogwerte werden als Wort im Format Integer (INT) verarbeitet. Analogwerte sind dem Peripheriebereich zugeordnet. Die Adressen der Ein- und Ausgänge können der Hardwarekonfiguration entnommen werden.
Die Bearbeitung der Peripherie-Eingangs- und Peripherie-Ausgangswörter erfolgt über die Lade- und Transferbefehle:

```
L  PEW 752     //Lade das analoge Peripherieeingangswort 752
T  MW10        //Transferiere zum Merkerwort 10
. . .
L  MW12        //Lade das Merkerwort 12
T  PAW 752     //Transferiere zum analogen Peripherieausgangswort 752
```

Im Funktionsplan kann die Bearbeitung mit dem Befehl MOVE erfolgen:

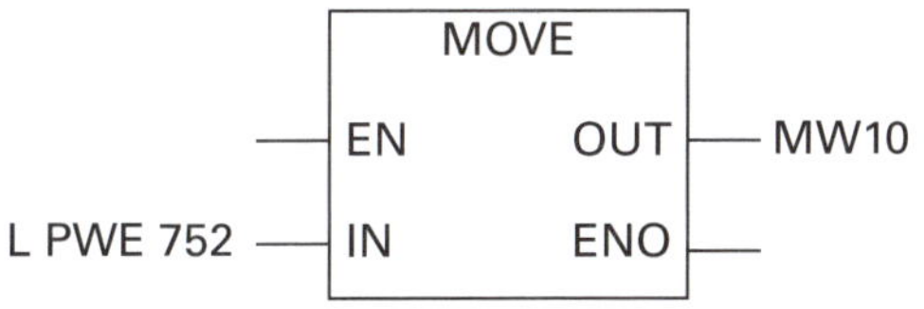

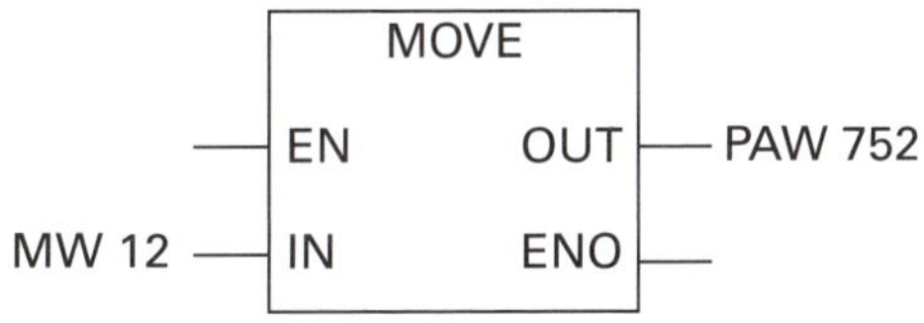

Die eingelesenen Werte können weiterverarbeitet werden. Es können die mathematischen Funktionen (Kap. 15) angewendet werden.

16.3 Analogwerte einlesen und normieren

Wenn ein Analogwert eingelesen wurde, wird er in der Regel vor der Weiterverarbeitung normiert, d.h. er wird in eine Realzahl umgewandelt, um Rechenoperationen durchführen zu können. Außerdem wird er dem Nennbereich des Messsignals angepasst.
Die Normierung erfolgt mit folgender Gleichung:

$$NW = \frac{AEW}{27\,648} \times (HI\_LIM - LO\_LIM) + LO\_LIM$$

mit: NW = Normierter Wert
AEW = Analoger Eingangswert
HI_LIM = Oberer Grenzwert
LO_LIM = Unterer Grenzwert
27648 = Auflösung des Nennbereichs

Beispiel: Eine Temperatur wird durch einen Sensor erfasst. Der Sensor liefert einen analogen Wert von 0 bis 10 V. 0 V entspricht 100 °C. 10 V entspricht 400 °C. Gesucht wird der normierte Wert des Eingangswertes 20736 (entspricht 7,5 V).

$$NW = \frac{20\,736}{27\,648} \times (400\ °C - 100\ °C) + 100\ °C = \mathbf{325\ °C}$$

Darstellung in AWL

Wie im vorherigen Beispiel soll der Analogwert eines Temperatursensors gelesen werden. Der Wert soll aus dem Peripherieeingangswort PEW752 geladen, normiert und dann ins Merkerdoppelwort 32 geschrieben werden. Der untere Temperaturwert beträgt 100 °C (= 0 V), der oberer Wert 400 °C (= 10 V).

```
L     PEW 752       //Analogwert (0 – 10 V) einlesen, entspricht Nennbereich 0-27648 Ganzzahl (16 Bit)
ITD                 //Ganzzahl (16 Bit) in Ganzzahl (32 Bit) umwandeln
DTR                 //Ganzzahl (32 Bit) in Gleitpunktzahl (REAL) umwandeln
L     2.7648e+4     //Lade den Teiler 27648 (Auflösung des Nennbereichs) als Gleitpunktzahl
/R                  //Analogwert durch 27648 dividieren
L     3.00e+2       //Lade den Bereichswert (HI_LIM - LO_LIM), hier 400 – 100 (°C)
*R                  //Multiplikation mit (HI_LIM - LO_LIM) als Gleitpunktzahl, hier 300 (°C)
L     1.00e+2       //Lade den unteren Grenzwert LO_LIM, hier 100 (°C)
+R                  //Addition mit unterem Grenzwert LO_LIM, hier 100 (°C)
T     MD32          //Transferiere zum Merkerdoppelwort 32
```

FC 105 – Analogwert einlesen

Zum Einlesen und Normieren von Analogwerten kann auch die Bibliotheks-Funktion ***FC105 Scale – Werte skalieren*** benutzt werden. Die Funktion ist unter ***Bibliotheken*** ⟹ ***Standard Library*** ⟹ ***Ti-S7*** zu finden.

Netzwerk 1: Analogwert einlesen und normieren

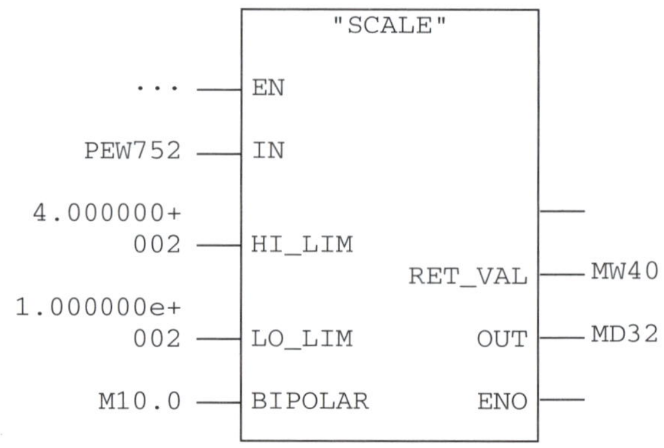

Parameter	Datentyp	Beschreibung
EN	BOOL	Aktivierung des FC 105
IN	INT	Eingabewert, der skaliert werden soll
HI_LIM	REAL	oberer Grenzwert
LO_LIM	REAL	unterer Grenzwert
BIPOLAR	BOOL	1 ⟹ Eingabewert mit positiven und negativen Werten 0 ⟹ Eingabewert nur mit positiven Werten
RET_VAL	WORD	Gibt den Wert W#16#0000 aus, wenn die Operation fehlerfrei ausgeführt wird.
OUT	REAL	Ergebnis der Skalierung
ENO	BOOL	1-Signal bei fehlerfreier Ausführung der Funktion

16.4 Analogwerte auslesen und normieren

Wenn ein normierter Wert an einer Ausgabebaugruppe als Wort ausgegeben werden soll, so muss dieser zuvor entsprechend normiert werden. Um Rundungsfehler zu vermeiden, wird dieses noch im Datentyp REAL durchgeführt. Dann wird dieser Wert auf eine Ganzzahl gerundet.

Die Normierung erfolgt mit folgender Gleichung:

$$AAW = \frac{NW - LO\_LIM}{HI\_LIM - LO\_LIM} \times 27\,648$$

mit: AAW = Analoger Ausgangswert
NW = Normierter Wert
HI_LIM = Oberer Grenzwert
LO_LIM = Unterer Grenzwert
27648 = Auflösung des Nennbereichs

Beispiel: Ein Frequenzumrichter soll einen Motor stufenlos in der Drehzahl ansteuern. Die Ansteuerung erfolgt über einen analogen SPS-Ausgang (0 – 10 V). Der Drehzahlwert liegt im Merkerdoppelwort MD40 im Bereich 100 – 1500 (min^{-1}) vor.

Bei einer Drehzahl von 900 min^{-1} ergibt sich ein Ausgangswert von:

$$AAW = \frac{900 - 100}{1500 - 100} \times 27\,648 = \mathbf{15\,799}$$

Das entspricht einer Ausgangsspannung von $\frac{10\,V}{27\,648} \times 15\,798 = \mathbf{5{,}71\,V}$

Darstellung in AWL

```
L    MD40        //Gleitpunktzahl 100 – 1500(min⁻¹)
L    1.00e+2     //Lade den unteren Grenzbereich LO_LIM, hier 100 (min⁻¹)
-R               //Subtrahiere den unteren Grenzwert
L    1.400e+3    // Lade den Bereichswert (HI_LIM - LO_LIM), hier 1500 – 100 (min⁻¹)
/R               //Division durch (HI_LIM - LO_LIM) als Gleitpunktzahl, hier 1400 (min⁻¹)
L    2.7648e+4   //Lade den Wert 27 648 (Auflösung des Nennbereichs) als Gleitpunktzahl
*R               //Multiplikation mit dem Wert 27 648
RND              //Wert wird zu einer Ganzzahl gerundet
T    PAW752      //Transferiere zum Peripherieausgangswort 752
```

FC 106 – Analogwert auslesen

Zum Auslesen und Normieren von Analogwerten kann auch die Bibliotheks-Funktion *FC106* ***Unscale – Werte deskalieren*** benutzt werden. Die Funktion ist unter ***Bibliotheken ⇒ Standard Library ⇒ Ti-S7*** zu finden.

Netzwerk 2: Analogwert auslesen und normieren

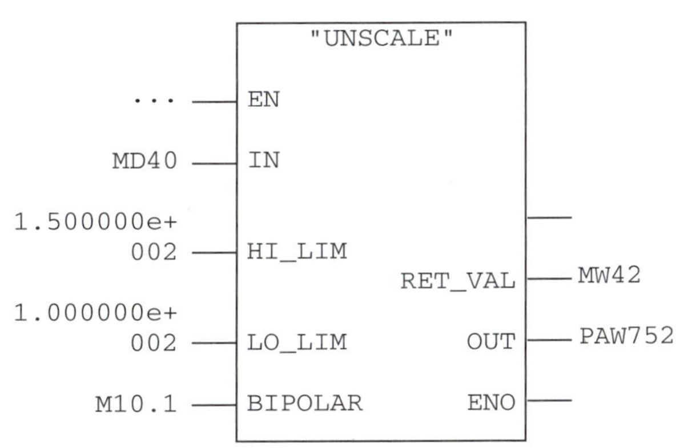

Parameter	Datentyp	Beschreibung
EN	BOOL	Aktivierung des FC 106
IN	REAL	Eingabewert, der skaliert werden soll
HI_LIM	REAL	oberer Grenzwert
LO_LIM	REAL	unterer Grenzwert
BIPOLAR	BOOL	1 ⟹ Eingabewert mit positiven und negativen Werten 0 ⟹ Eingabewert nur mit positiven Werten
RET_VAL	WORD	Gibt den Wert W#16#0000 aus, wenn die Operation fehlerfrei ausgeführt wird.
OUT	INT	Ergebnis der Skalierung
ENO	BOOL	1-Signal bei fehlerfreier Ausführung der Funktion

16.5 Wiederholungsfragen

1 In welchem Bit des Analogwertes des Peripherieeingangswortes 256 wird das Vorzeichen definiert?

2 Was versteht man unter Normierung eines analogen Eingangswertes?

3 Ein analoger Eingang mit dem Strommessbereich 0 – 20 mA weist einen dezimalen Wert von 14222 auf. Welcher Strom fließt im analogen Eingang?

4 Am Spannungsmessbereich eines analogen Einganges wird der hexadezimale Wert 7FFF angegeben. Was bedeutet dieser Wert?

5 Welche Funktion haben die Befehle SCALE und UNSCALE?

16.6 Übung: Temperaturanzeige

Problemstellung

In einem Behälter wird die Temperatur über einen Sensor gemessen.
Der Temperatursensor gibt ein Signal von 0 bis 20 mA aus. Die Temperatur soll auf einer BCD-Anzeige dargestellt werden.

Technologieschema:

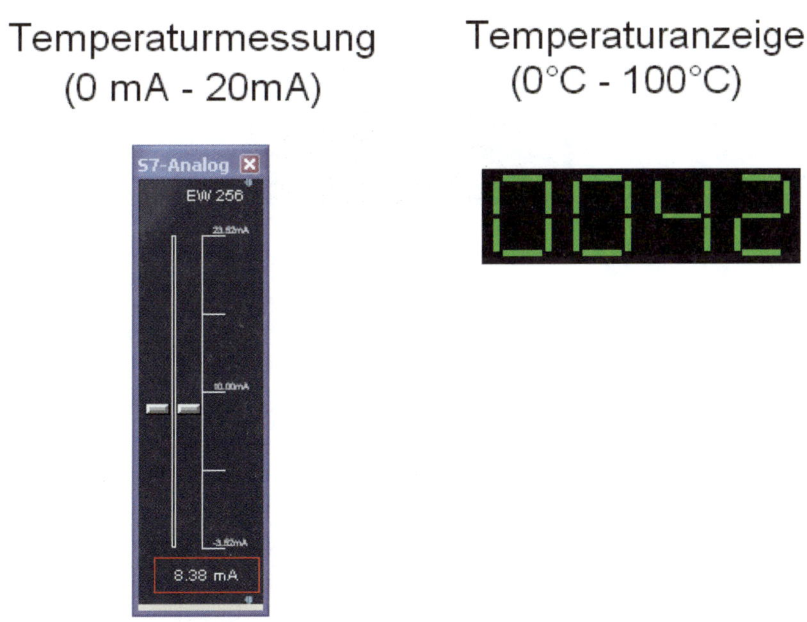

Visualisierungsdatei: *16_Temperaturanzeige.VIS* auf der Buch-CD

Zuordnungsliste:

Symbol	Operand	Kommentar
B1	PEW 256	Temperatursensor (0 – 20 mA)
P1	AW 0	Temperaturanzeige im BCD-Format

Aufgabe:

1. Legen Sie ein SPS-Projekt an und erstellen Sie das Steuerungsprogramm.
2. Testen Sie das Steuerungsprogramm.

16.7 Übung: Temperaturüberwachung

Problemstellung

In einem Behälter wird die Temperatur über einen Sensor gemessen.
Der Temperatursensor gibt ein Signal von 0 bis 20 mA aus. Die Temperatur soll auf einer BCD-Anzeige dargestellt werden.
Über einen BCD-Vorwahlschalter kann eine maximal zulässige Temperatur eingestellt werden.
Wenn die Ist-Temperatur die eingestellte maximale Temperatur übersteigt, soll eine Meldeleuchte im Sekundentakt blinken.

Technologieschema:

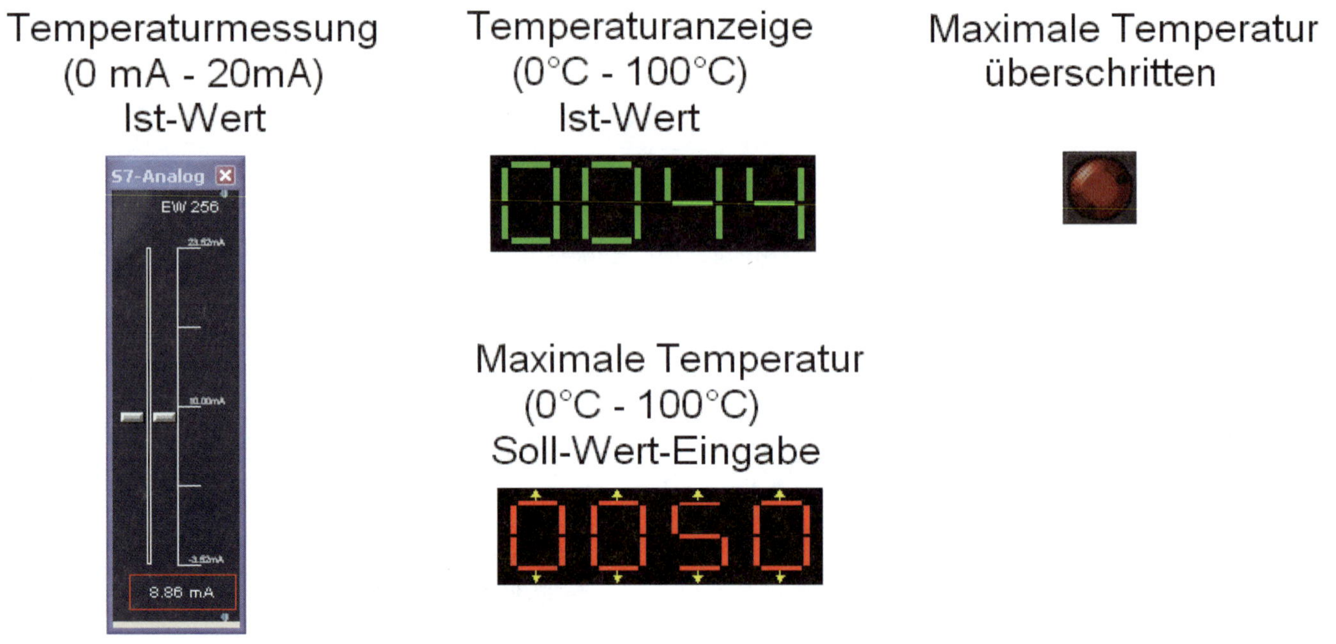

Visualisierungsdatei: *16_Temperaturüberwachung.VIS* auf der Buch-CD

Zuordnungsliste:

Symbol	Operand	Kommentar
B1	PEW 256	Temperatursensor (0 – 20 mA)
P1	AW 20	Temperaturanzeige im BCD-Format
S1	EW20	Vorwahlschalter „Maximale Temperatur“ (BCD-Format)
P2	A0.0	Warnleuchte (blinkt im Sekundentakt)

Aufgabe:

1. Legen Sie ein SPS-Projekt an und erstellen Sie das Steuerungsprogramm.
2. Testen Sie das Steuerungsprogramm.

Hinweis: *Wenn der Taktmerker in SPS-VISU genutzt werden soll, muss auch die Hardwarekonfiguration des SPS-Projekts in SPS-VISU geladen werden.*

17 Bussysteme

In modernen Automatisierungssystemen werden Steuerungen häufig über Bussysteme miteinander verbunden. Im Vergleich zu autark arbeitenden Steuerungen bietet eine Vernetzung viele Vorteile:

- einfacher Datenaustausch zwischen einzelnen Geräten
- übergeordnete Aufgaben können zentral bearbeitet werden (Visualisierung, Störmeldeprotokolle, ...)
- Steuerungen mit dezentralen Ein-/Ausgängen können realisiert werden
- Kostensenkung durch weniger Verdrahtungsaufwand
- erhöhte Ausfallsicherheit durch weniger Leitungen
- Fernzugriff auf die Steuerungen ist möglich

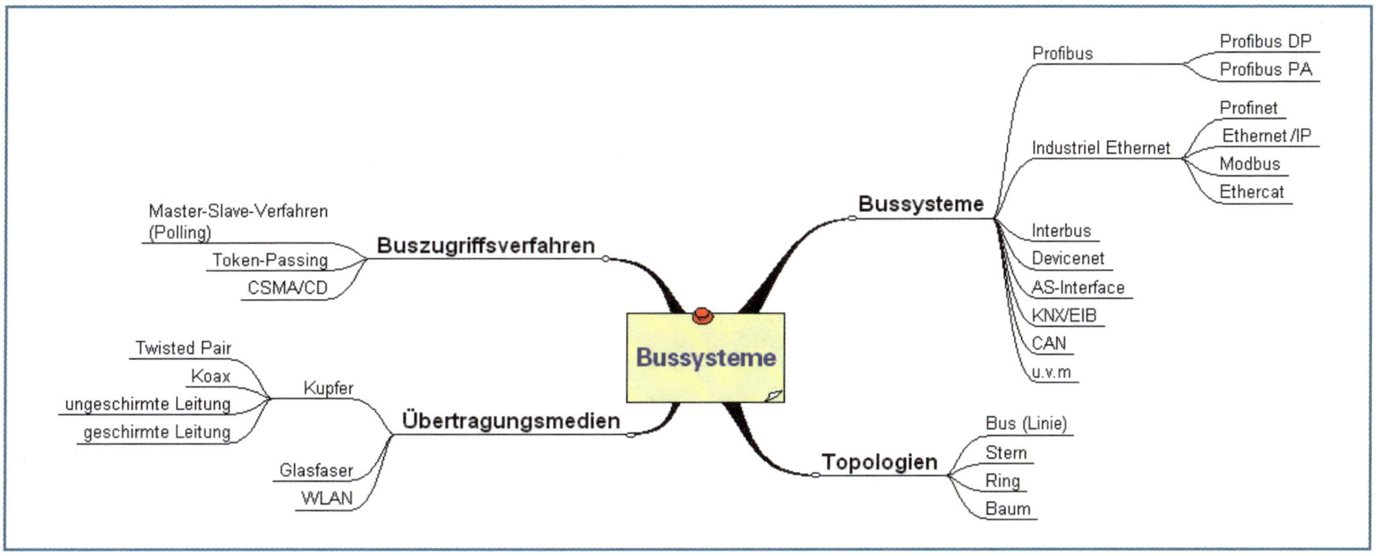

Bild 1: Mindmap-Übersicht über Bussysteme

Um die Vernetzung eines Automatisierungssystems zu realisieren, stehen verschiedene Bussysteme, Topologien, Zugriffsverfahren und Übertragungsmedien zur Verfügung.

17.1 Hierarchischer Aufbau

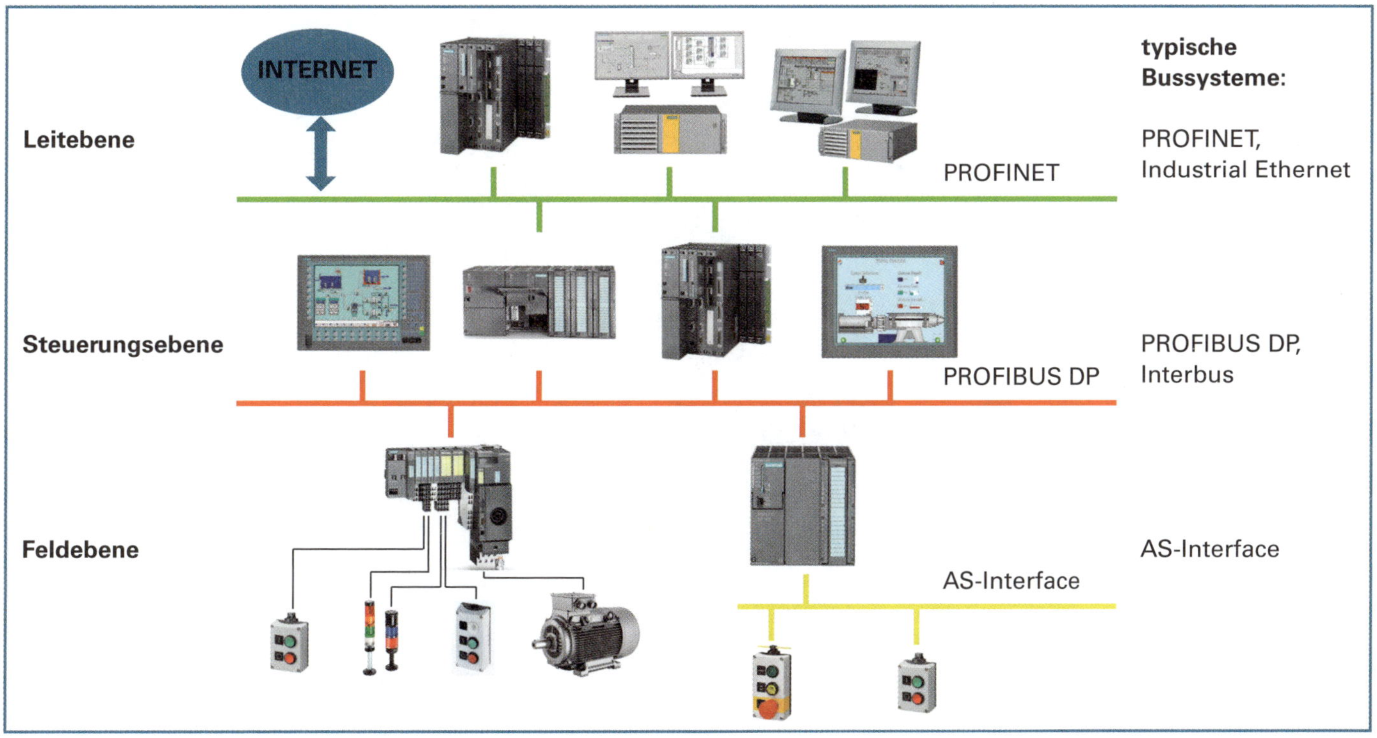

Bild 2: Hierarchischer Aufbau eines Automatisierungssystems

In der Leitebene wird das Automatisierungssystem bereichsübergreifend über einen Leitrechner bedient. Hier werden Mengen und Sollwertvorgaben gemacht und übergreifend bedient und beobachtet. In der Steuerungsebene findet man bereichsweise arbeitende Automatisierungssysteme mit zugehörigen Bedien- und Beobachtungspanels. In der Feldebene, auch Aktor-/Sensorebene genannt, werden die Aktoren und Sensoren entweder herkömmlich über Einzelverdrahtung an eine dezentrale Steuerung angeschlossen oder über ein Bussystem, z.B. AS-Interface, miteinander verbunden.

17.2 Topologien

Die Topologie beschreibt die Vernetzungsstruktur des Computernetzes bzw. des Automatisierungssystems. Die Art der Topologie ist maßgebend für die Ausfallsicherheit und die Schnelligkeit eines Systems. Je nach Bussystem sind eine oder mehrere Vernetzungstopologien möglich.

Topologie		Vorteile	Nachteile
Bus, Linie z.B. Profibus	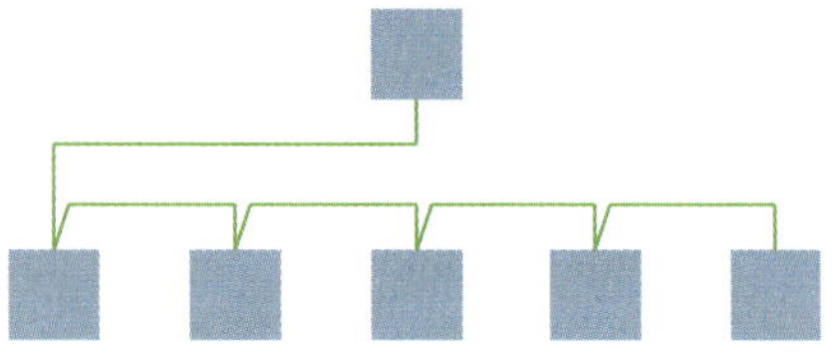	• geringe Kosten, wegen geringem Verdrahtungsaufwand • einfache Erweiterung möglich • kein Gesamtausfall bei Ausfall einer Einzelstation	• aufwändiger Datenaustausch • eine Unterbrechung der Busleitung blockiert den gesamten Strang
Stern z.B. Ethernet	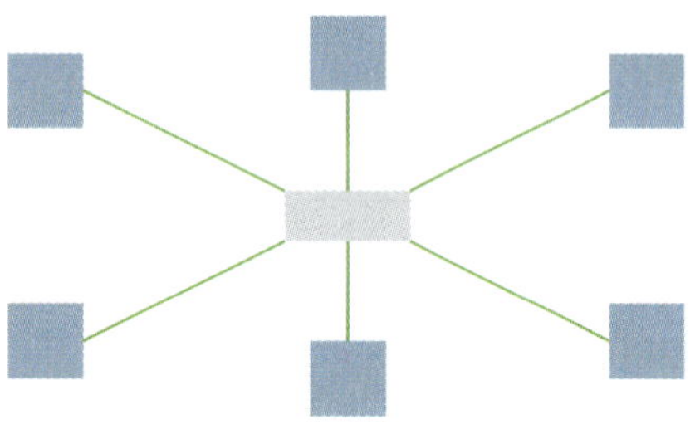	• kein Gesamtausfall bei Ausfall einer Einzelstation • leicht erweiterbar • einfache Fehlersuche • hohe Übertragungsraten möglich	• hohe Kosten, wegen hohem Installationsaufwand • ein Ausfall des Sternpunkts hat einen Totalausfall zur Folge
Ring z.B. Interbus	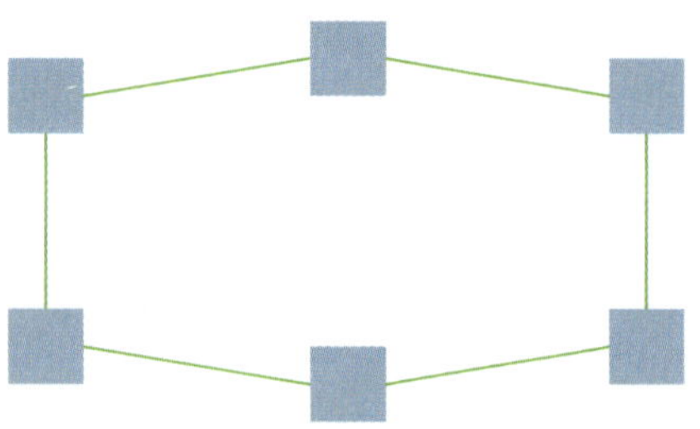	• geringe Kosten, wegen geringem Verdrahtungsaufwand • leicht erweiterbar	• höherer Verkabelungsaufwand als bei einer Bustopologie
Baum z.B. AS-I	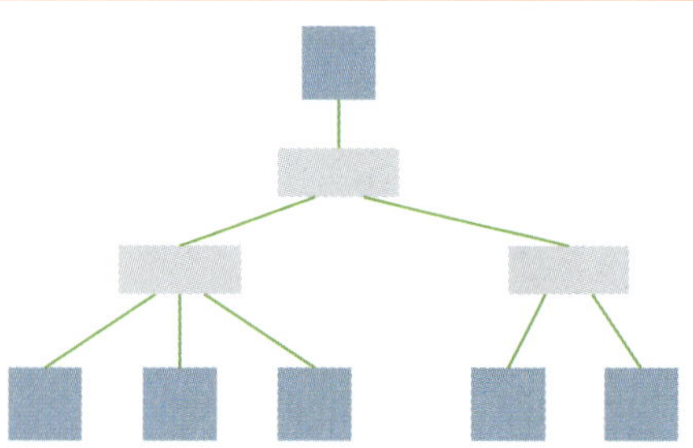	• einfache Erweiterung möglich • flexible Verdrahtung • Der Ausfall einer Endstation hat keine Folgen.	• bei Ausfall einer Station können weitere Stationen ausfallen
Freie Verdrahtung, gemischte Topologie z.B. LON	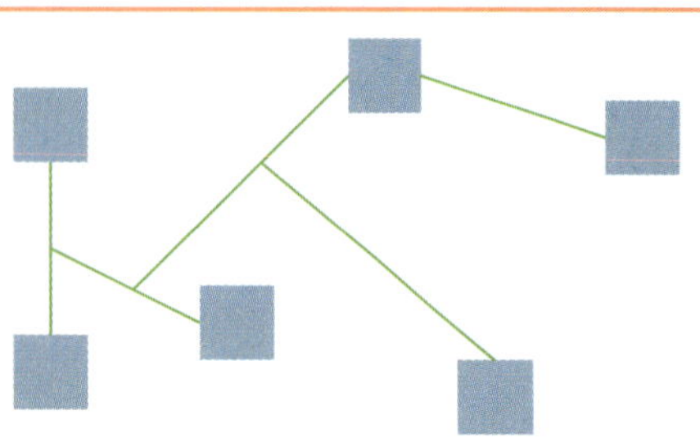	• flexible Verdrahtung • leicht erweiterbar	• unübersichtlich

17.3 Übertragungsmedien

Für die Übertragung stehen verschiedene Übertragungsmedien zur Verfügung. Abhängig vom Medium, können verschiedene Geschwindigkeiten der Datenübertragung realisiert werden.

Medium	Beispiel	Vorteile	Nachteile
Kupferleitung	Twisted Pair	• abgeschirmt gegen Störungen von außen • verdrillt, gegen Signaleinkopplung innerhalb	• wegen des Leiterwiderstandes ist die Reichweite begrenzt
	Koaxialleitung	• abgeschirmt gegen Störungen von außen	• wegen des Leiterwiderstandes ist die Reichweite begrenzt
	konventionelle Netzleitung	• günstig	• ohne Schirm, daher empfindlich gegenüber Störeinstrahlungen
Licht	Lichtwellenleitung	• große Entfernungen möglich • unempfindlich gegenüber Störeinstrahlungen • hohe Datenübertragungsgeschwindigkeit	• aufwändige Anschlusstechnik • teurer als Kupferleitungen • hoher Aufwand bei der Verlegung (Biegeradius, ...)
Funk	WLAN	• keine Leitungen notwendig • einfacher Aufbau	• teure Komponenten • elektromagnetische Strahlung

17.4 Störgrößen bei leitungsgebundener Datenübertragung

Bei der Datenübertragung können verschiedene Störgrößen auftreten. Grundsätzlich ist die Signalübertragung so zu realisieren, dass Störungen von außen keinen Einfluss auf die Übertragung haben.

Je nach Bussystem und Übertragungsmedium gibt es verschiedene Maßnahmen, um Störungen entgegenzuwirken.

Störung	Beschreibung	Gegenmaßnahme
Dämpfung	Signalschwächung durch den Widerstand der Leitung	Einbau von Repeater, Hub oder Switch
Signaleinkopplung	Durch parallel liegende benachbarte Aderpaare kann es zu Signaleinkopplungen kommen.	Verdrillen der Aderpaare
Störeinstrahlung von außen	Durch externe Störsignale kann die Signalübertragung gestört werden.	abgeschirmte Leitungen
Reflexion	Signalreflexion am Leitungsende	Abschlusswiderstand am Leitungsende

17.5 Buszugriffsverfahren

Buszugriffsverfahren legen fest, wie der Datenzugriff einzelner Teilnehmer eines Bussystems koordiniert wird. Bei der Vielzahl der verschiedenen Bussysteme wird in der Regel eines der nachfolgenden Zugriffsverfahren verwendet.

17.5.1 Kollisionsverfahren – CSMA/CD

CSMA/CD *(Carrier Sense Multiple Access/Collision Detection)* ist ein Zugriffsverfahren, bei dem die teilnehmenden Stationen den Datenverkehr auf der Leitung abhören. Wenn keine Datenübertragung stattfindet, kann ein beliebiger Netzwerkteilnehmer senden. Versuchen zwei Teilnehmer gleichzeitig zu senden, kommt es zu einer Kollision, das heißt, die Datentelegramme werden zerstört. Die Kollision wird von allen beteiligten Stationen erkannt. Es wird ein „JAM", eine Signalfolge, die normalerweise nicht vorkommt, ausgesendet.

Nach einem zufälligen Zeitraum versuchen die kollidierten Teilnehmer erneut zu übertragen. Beim Kollisionsverfahren kann nicht vorhergesagt werden, wie lange ein Vorgang dauert. Ein Netzwerk mit vielen Teilnehmern kann aufgrund der häufigen Kollisionen sehr langsam werden. Das CSMA/CD-Verfahren wird z.B. beim Ethernet verwendet.

17.5.2 Kollisionsverfahren – CSMA/CA

CSMA/CA *(Carrier Sense Multiple Access/Collision Avoidence)* ist eine modifizierte Version des CSMA/CD-Zugriffsverfahrens. Jeder Teilnehmer hört den Datenverkehr ab. Wenn der Kanal frei ist, wartet jeder Teilnehmer eine unterschiedliche Zeit, bis er sendet. Die Wartezeit richtet sich nach einer Prioritätenliste. Durch die Prioritätensteuerung ist das System echtzeitfähig. Dieses Verfahren wird beim CAN-Bus angewendet.

17.5.3 Token-Passing

Zugriffsverfahren, das mit Hilfe eines Token (Staffelholz) die Sendeberechtigung vergibt. Nur die Station, die den Token besitzt, darf senden. Der Token ist ein Datentelegramm, das nur einmal im System vorhanden ist. Es wird von Station zu Station weitergegeben. Ist der Token als „frei" markiert, kann ein Teilnehmer eine Nachricht senden und den Token mit der Kennzeichnung „besetzt" anhängen.

Die Nachricht wird von einem Teilnehmer zum nächsten weitergegeben. Jede Station, für die diese bestimmt ist, quittiert im Token den Empfang. Ist die Nachricht wieder beim Sender angekommen, wird der Token wieder als „frei" markiert.

17.5.4 Polling

Beim Polling unterscheidet man im System zwei Arten von Netzteilnehmern, den Master und die Slaves. Der Master könnte z.B. eine SPS mit ihrer CPU sein. Die Slaves könnten dezentrale Peripheriebaugruppen mit Ein- und Ausgängen sein. Der Master fragt zyklisch die Slaves, ob sie Daten senden möchten. Der Slave sendet eine Nachricht mit Zieladresse an den Master oder teilt mit, dass er keine Nachricht senden möchte.

Die Reihenfolge und die Häufigkeit der Abfrage der einzelnen Slaves kann vom Master bestimmt werden. Wenn ein Slave eine Nachricht an einen anderen Slave senden möchte, muss die Kommunikation über den Master durchgeführt werden.

17.5.5 Summenrahmenverfahren (Interbus)

Der INTERBUS arbeitet als einziges Bussystem nach dem Summenrahmenverfahren. Dieses Master-Slave-Zugriffsverfahren ermöglicht das gleichzeitige Senden und Empfangen von Daten (Vollduplexbetrieb). Durch dieses Datenübertragungsverfahren ist eine konstante und berechenbare Zugriffszeit möglich.

17.6 Industrielle Bussysteme

17.6.1 Ethernet TCP/IP

Ethernet TCP/IP ist der Standard in der Vernetzung von Bürocomputern. Es ist für den Datenaustausch in einem LAN (Local Area Network), d.h. in einem Netzwerk ausgelegt, wobei oft ein Zugang zu anderen Netzwerken oder zum Internet realisiert wird. Der Zugriff beim Ethernet wird über das CSMA/CD-Zugriffsverfahren geregelt. Jeder Teilnehmer ist dabei gleichberechtigt. Zur Unterscheidung der einzelnen Netzwerkteilnehmer erhält jede Station eine eindeutige IP-Adresse sowie eine weltweit einmalige MAC-Adresse. TCP/IP ist ein Protokoll für den Datenaustausch über Netzwerkgrenzen hinaus. In einem Ethernet können durch Switches und Hubs Unternetze (Subnet) erstellt werden.

Ethernet	
Topologie	Stern, Baum (mit Repeater)
Buszugriff	CSMA/CD
Hierarchischer Aufbau	Multimaster/Master-Slave
Medium	Twisted Pair, Lichtwellenleiter, WLAN
Geschwindigkeit	bis zu 10 GBit/s
Busteilnehmer	unbegrenzt
Netzausdehnung	100 m (bei Twisted Pair)

17.6.2 Industrial Ethernet

Da die Ethernet-Komponenten, die im Bürobereich verwendet werden, nicht den Anforderungen der Industrieumgebung standhalten, wurde das Industrial Ethernet entwickelt. Die Netzwerkkomponenten werden bezüglich Temperaturbereich, EMV-Festigkeit, Spritzwasser- und Staubbelastung für den Einsatz in rauer Umgebung ausgelegt. Industrielle Hubs und Switches sind speziell für die Montage im Schaltschrank konzipiert. Die Kopplung von Industrial Ethernet mit Ethernet TCP/IP ist problemlos möglich.

17.6.3 PROFINET

Die Weiterführung des Ethernet TCP/IP bis hin zur Feldebene war wegen der fehlenden Echtzeitfähigkeit umstritten. Durch die Öffnung der Profibustechnologie für den Ethernet-Standard ist diese Lücke geschlossen worden. Für das PROFINET (Process Field Ethernet) wurde das klassische Ethernet um ein Industrieprotokoll erweitert. Über das herkömmliche TCP-Protokoll werden nicht zeitkritische Daten übertragen. Eingangs- und Ausgangsdaten können wegen des Zusatzprotokolls schneller übertragen werden.

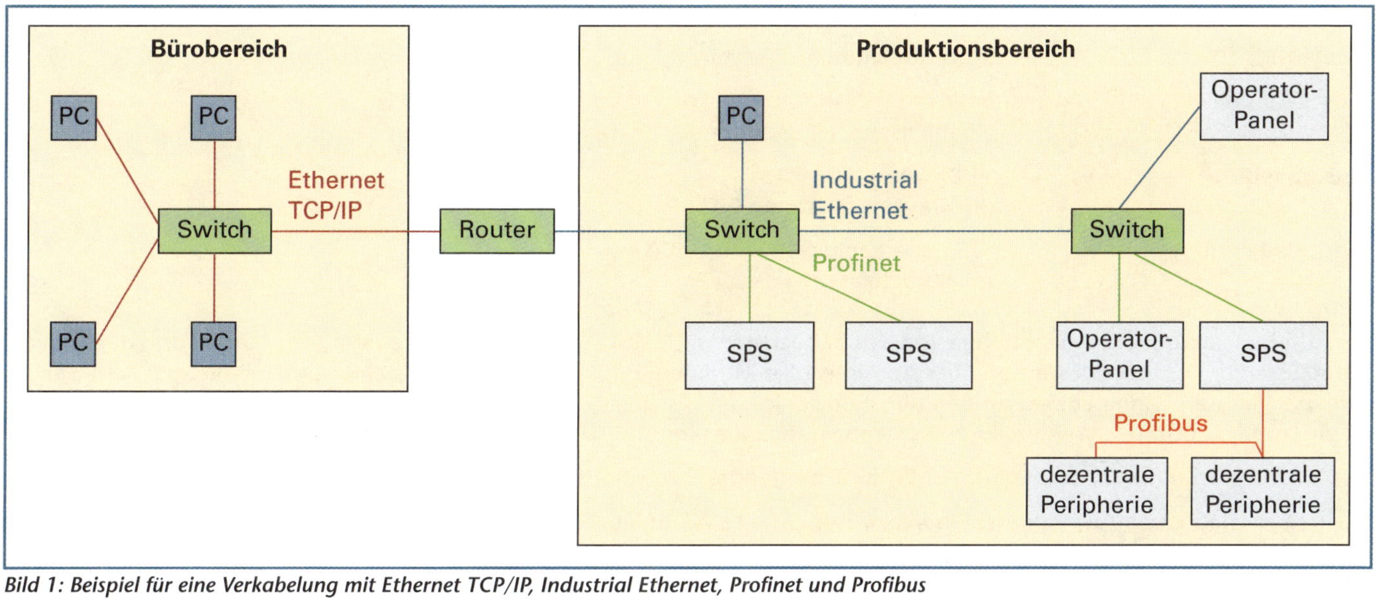

Bild 1: Beispiel für eine Verkabelung mit Ethernet TCP/IP, Industrial Ethernet, Profinet und Profibus

17.6.4 Profibus DP

Der Profibus DP (DP = Dezentrale Peripherie) verbindet den SPS-Master mit den dezentralen Slaves. Die Slaves können Ein-/Ausgabeeinheiten aber auch Frequenzumrichter oder Touchpanels sein. Über den Profibus DP ist ein schneller Datenaustausch zwischen den Stationen möglich. Jeder Teilnehmer erhält eine eigene Profibus-Adresse. Die Leitungsenden müssen mit einem Abschlusswiderstand versehen werden. Dieser kann am Busanschlussstecker eingeschaltet werden. Die zulässige Übertragungsgeschwindigkeit hängt von der Leitungslänge ab.

Als Buszugriffsverfahren wird ein Token Passing mit unterlagertem Polling angewendet. Dadurch sind beim Profibus kurze Reaktionszeiten möglich. Neben dem Profibus DP existiert noch der Profibus FMS/Profinet, der zur Kommunikation zwischen mehreren Mastern geeignet ist und der Profibus PA für eigensichere Stromkreise in explosionsgefährdeten Bereichen.

Profibus DP	
Topologie	Bus, Baum (mit Repeater)
Buszugriff	Token Passing mit Polling
Hierarchischer Aufbau	Multimaster/Master-Slave
Medium	2-Draht-Leitung, geschirmt, verdrillt Lichtwellenleiter
Geschwindigkeit	bis zu 12 MBit/s
Busteilnehmer	32 ohne Repeater, 126 mit Repeater
Netzausdehnung	max. 9,6 km elektrisch max. 90 km optisch

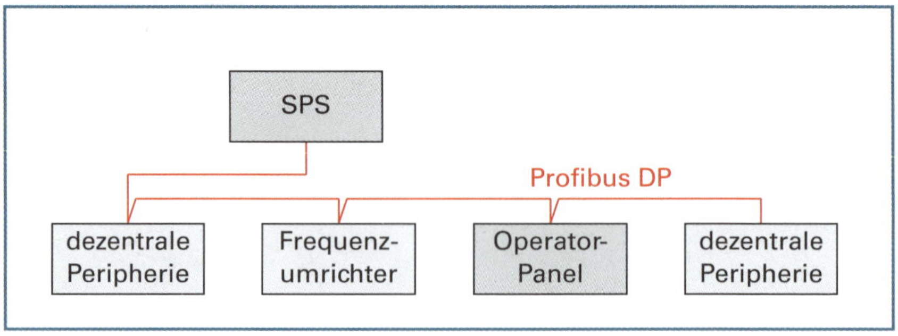

Bild 1: Profibus DP -System

17.6.5 Aktor-Sensor-Interface (AS-I)

Das Aktor-Sensor-Interface-System (AS-I) ist ein Feldbus für die unterste Ebene eines Automatisierungssystems. Im Gegensatz zur Einzelverdrahtung, bei der zu jedem Aktor und Sensor eine eigene Leitung verlegt werden muss, benötigt das AS-I-System nur eine Busleitung. Dadurch reduziert sich der Verkabelungsaufwand. Zudem kann auf die Ein- und Ausgangskarten und Klemmen verzichtet werden.

AS-Interface	
Topologie	Linie, Stern, Baum
Buszugriff	Polling
Hierarchischer Aufbau	Master-Slave
Medium	2-Draht-Leitung ungeschirmt, gelb
Geschwindigkeit	5 ms max. Zykluszeit (10 ms max. Zykluszeit bei 62 Slaves)
Busteilnehmer	31 Slaves (62 Slaves, ab Version 2.1)
Netzausdehnung	100 m, je Repeater weitere 100 m, maximal (500 m)

Ein AS-I-Bus ist auf eine Gesamtlänge von 100 m beschränkt. Das System besteht aus einem AS-I-Master und den Slaves. Die Aktoren und Sensoren werden über AS-I-Interface-Module an die Busleitung angeschlossen. Intelligente AS-I-Sensoren und -Aktoren können direkt an den Bus angeschlossen werden. 31 Slaves, bei neueren Systemen 62 Slaves, können an einem Bus betrieben werden. Ein Slave kann dabei aus vier Ein- bzw. Ausgängen bestehen.

Das Zugriffsverfahren ist das Polling. Dafür bekommt jeder Busteilnehmer eine eindeutige Adresse.

Für den Betrieb eines AS-I-Bus-Systems ist ein spezielles AS-I-Netzteil (30 V/DC) erforderlich. Die gelbe AS-I-Leitung ist Daten- und Energieleitung zugleich. Wenn viele Slaves mit hohem Energiebedarf angeschlossen werden, muss zusätzlich eine schwarze Energieleitung (24 V/DC) an die Slaves angeschlossen werden.

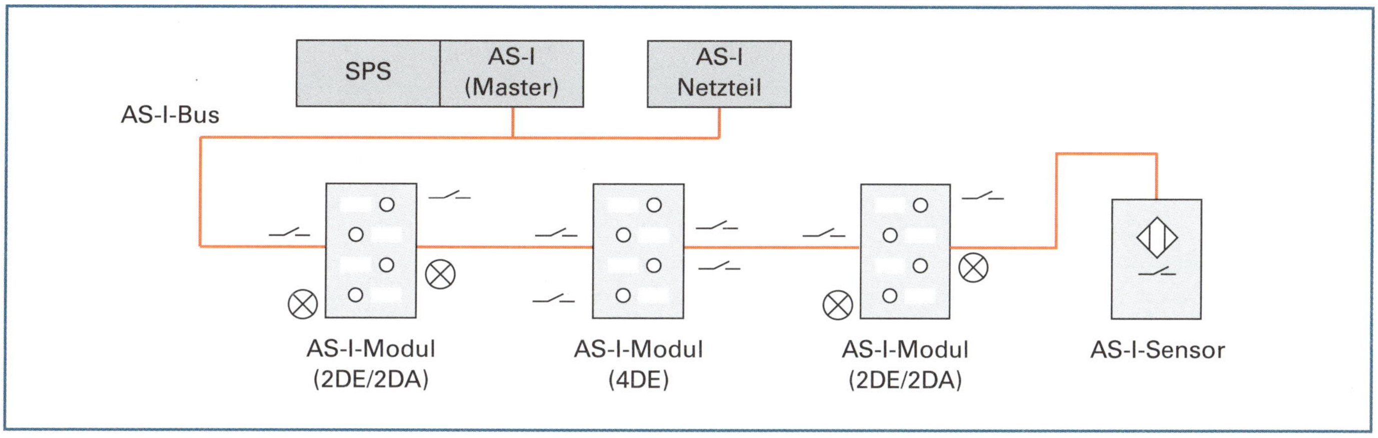

Bild 1: AS-Interface-System

17.7 Wiederholungsfragen

1 Warum werden PCs bzw. Komponenten in der Automatisierungstechnik miteinander vernetzt?

2 Bei Computernetzwerken ist die Bustopologie durch eine Sterntopologie ersetzt worden. Nennen Sie je zwei Vorteile und Nachteile der Sterntopologie gegenüber der Bustopologie.

3 Nennen Sie die Übertragungsmedien, mit denen eine Netzwerkverbindung aufgebaut werden kann.

4 Welches Netzzugriffsverfahren wird beim Ethernet angewendet?
Was passiert, wenn zwei Teilnehmer gleichzeitig eine Nachricht senden wollen?

5 Ordnen Sie die Leitungen den jeweiligen Bussystemen zu. Verbinden Sie die jeweiligen Elemente.

Ethernet	2-Drahtleitung, gelb, flach, ungeschirmt
AS-I	Twisted Pair, geschirmt
Profibus-DP	2-adrige Leitung, geschirmt, rund, violett

6 Wie lang darf eine AS-I-Leitung maximal sein (ohne Repeater)?

7 Auf den Anschlusssteckern eines Profibuses ist ein Schalter (ON-OFF) zu finden. Welche Bedeutung hat er?

8 In der Automatisierungstechnik spricht man von einem hierarchischen System mit mehreren Ebenen.
a) Geben Sie die Ebenen an.
b) Ordnen Sie die Bussystem den jeweiligen Ebenen zu.

a) Name der Ebene:

b) typisches Bussystem:

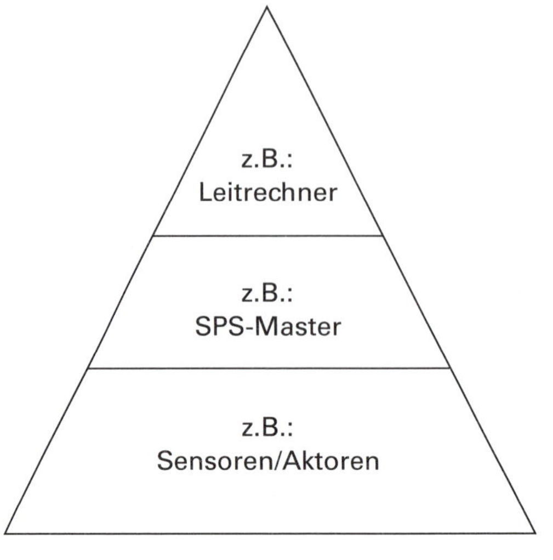

9 Informieren Sie sich mit Hilfe des Buches und des Internets und füllen Sie die Übersicht der Bussysteme aus.

Übersicht über verschiedene industrielle Bussysteme

	AS-I (Aktor/Sensor Interface)	**PROFINET**	**PROFIBUS DP** (Dezentrale Peripherie)	**CAN** (Controller Area Network)	**Interbus**	**KNX/EIB** (European Installation Bus)
Geschwin-digkeit						
Anzahl der Teilnehmer						
Topologie						
Leitungsart						
maximale Reichweite						
Zugriffs-verfahren						
Anwen-dungsgebiet						
Sonstige Hinweise						

18 Projektaufgaben

18.1 Übung: Motorsteuerung mit bibliotheksfähigen Bausteinen

Problemstellung

In einem Unternehmen werden vier Motoren verwendet. Zwei Motoren werden über eine manuelle Stern-Dreieckschaltung betrieben. Die Motoren laufen in Sternschaltung an (Netzschütz und Sternschütz) um den Anlaufstrom zu begrenzen. Danach können sie in Dreieckschaltung umgeschaltet werden (Netzschütz und Dreieckschütz).
Die anderen zwei Motoren werden direkt eingeschaltet.
Es sollen bibliotheksfähige Bausteine erstellt und im Steuerungsprogramm verwendet werden.

Technologieschema

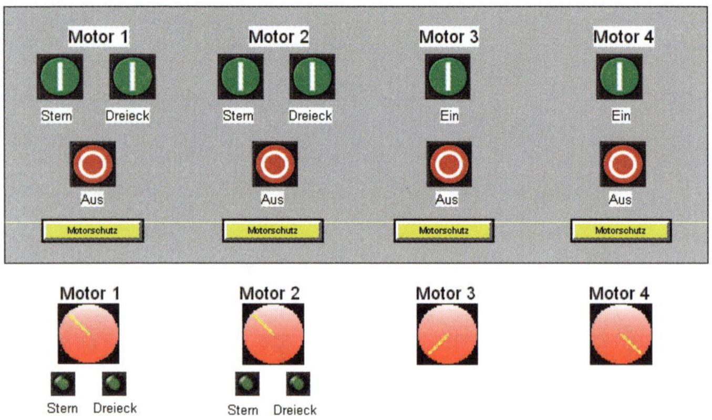

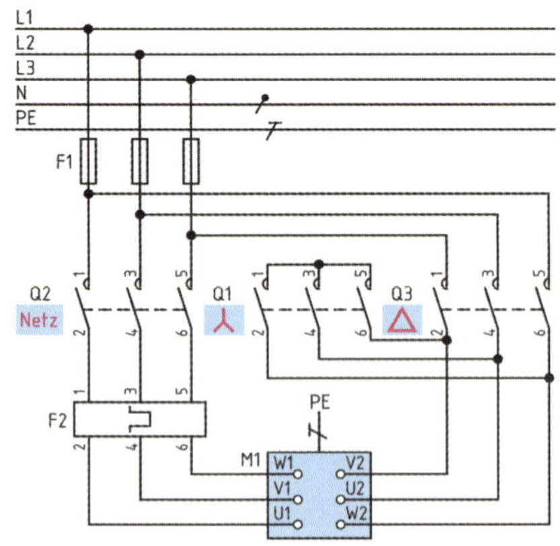

Visualisierungsdatei: *18_Motorsteuerungen.VIS* auf der Buch-CD

Zuordnungsliste:

Symbol	Operand	Kommentar	Schaltverhalten
S1	E0.0	Taster Motor 1 Stern ein	Schließer
S2	E0.1	Taster Motor 1 Dreieck ein	Schließer
S3	E0.2	Taster Motor 1 ausschalten	Öffner
Q9	E0.3	Motor 1 Motorschutzschalter	Öffner
S5	E0.4	Taster Motor 2 Stern ein	Schließer
S6	E0.5	Taster Motor 2 Dreieck ein	Schließer
S7	E0.6	Taster Motor 2 ausschalten	Öffner
Q10	E0.7	Motor 2 Motorschutzschalter	Öffner
S9	E1.0	Taster Motor 3 ein	Schließer
S10	E1.1	Taster Motor 3 aus	Öffner
Q11	E1.2	Motor 3 Motorschutzschalter	Öffner
S12	E1.3	Taster Motor 4 ein	Schließer
S13	E1.4	Taster Motor 4 aus	Öffner
Q12	E1.5	Motor 4 Motorschutzschalter	Öffner
M1 (Q1)	A0.0	Motor 1 Netzschütz	–
M1 (Q2)	A0.1	Motor 1 Sternschütz	–
M1 (Q3)	A0.2	Motor 1 Dreieckschütz	–
M2 (Q4)	A0.3	Motor 2 Netzschütz	–
M2 (Q5)	A0.4	Motor 2 Sternschütz	–
M2 (Q6)	A0.5	Motor 2 Dreieckschütz	–
M3 (Q7)	A0.6	Motor 3	–
M4 (Q8)	A0.7	Motor 4	–

Aufgaben:

1. Ergänzen Sie die Anschlusspläne.
2. Legen Sie ein SPS-Projekt an und erstellen Sie das Steuerungsprogramm. Verwenden Sie dabei den selbst erstellten bibliotheksfähigen Baustein.
3. Testen Sie das Steuerungsprogramm.

Anschlussplan:

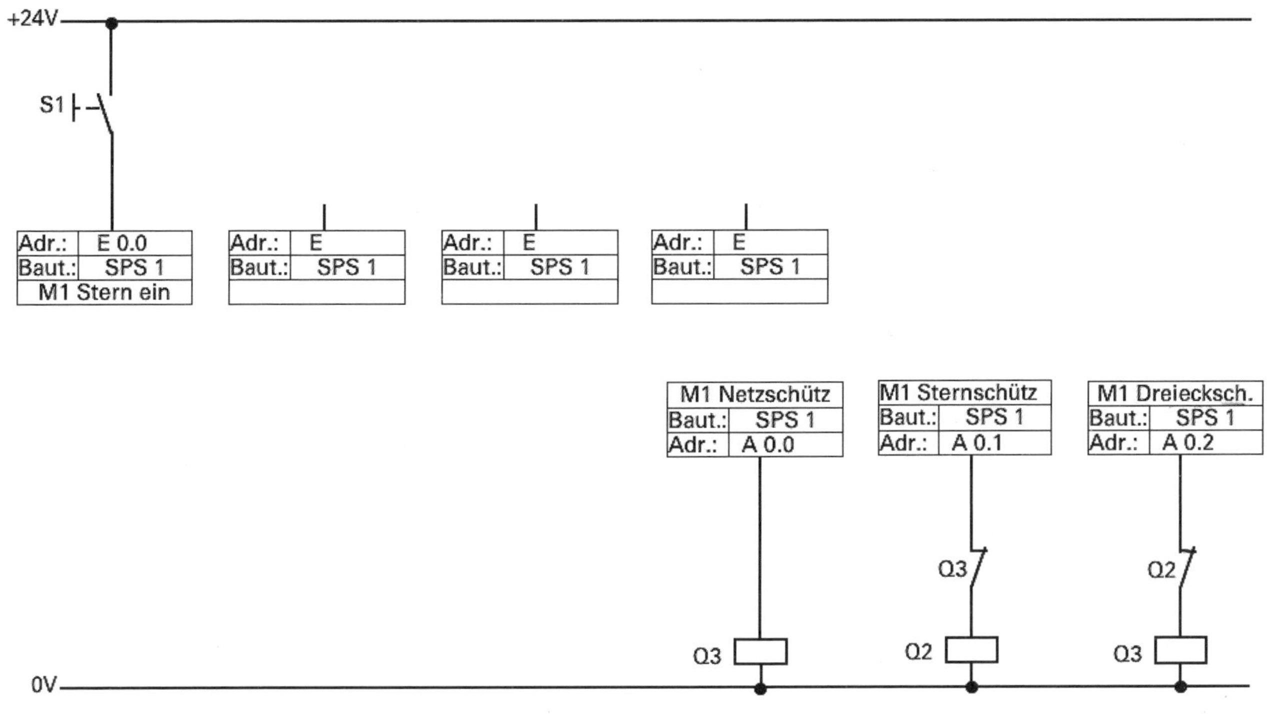

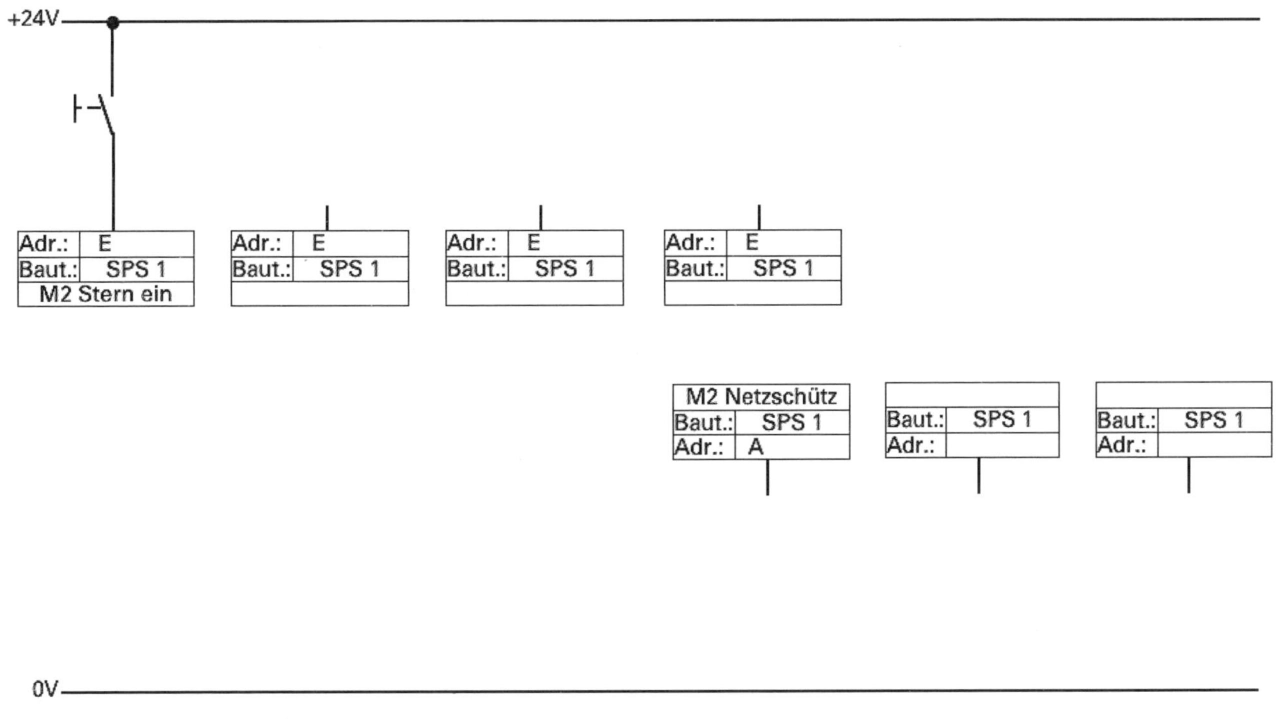

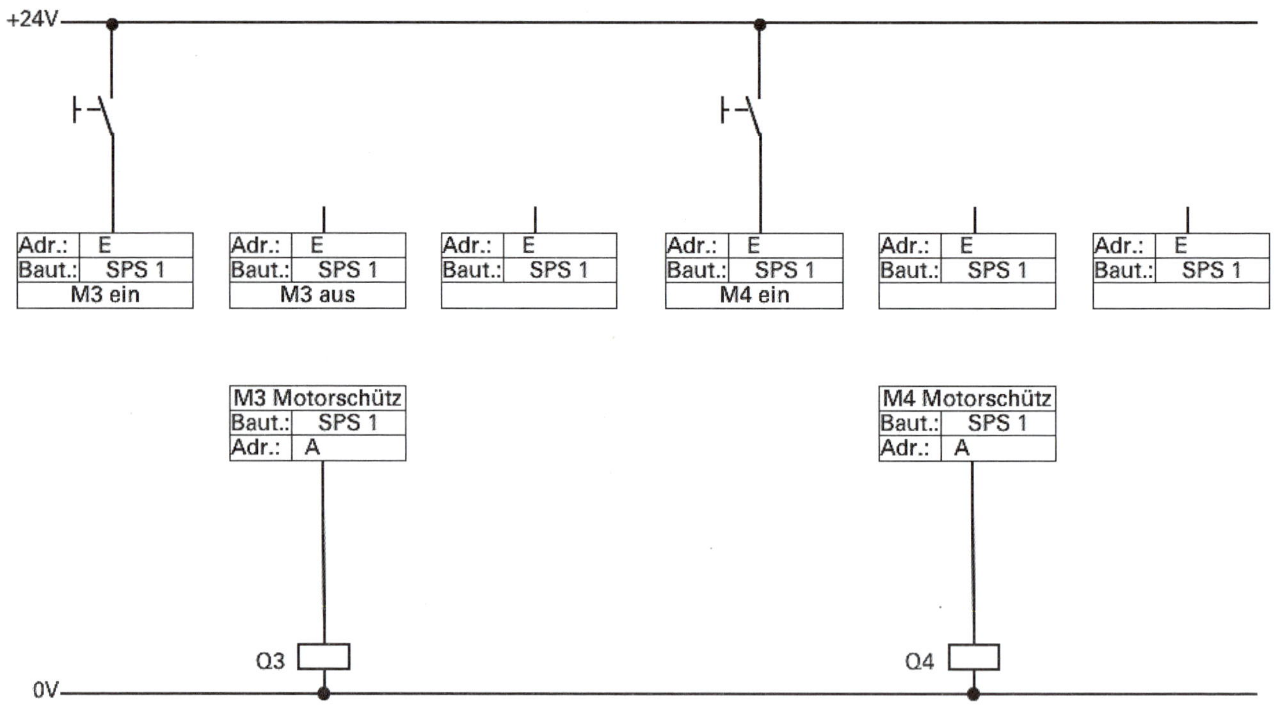

18.2 Übung: Ampelanlage

Problemstellung:

Es soll die Ampelschaltung einer realen Kreuzung in Ihrer Nähe nachprogrammiert werden. Suchen Sie sich eine Ampelanlage Ihrer Wahl aus.

Technologieschema:

Aufgabe **1** Erstellen Sie eine Zeichnung der Kreuzung mit allen Signalleuchten, Fußgängertastern, Induktionsschleifen, usw.

Zuordnungsliste:

Aufgabe 2 Tragen Sie in die Zuordnungsliste alle Betriebsmittel der Ampelanlage ein und weisen Sie ihnen die Ein- und Ausgänge der SPS zu.

Symbol	Operand	Kommentar	Schaltverhalten

Anschlussplan:

Aufgabe 3 Erstellen Sie den Anschlussplan der Steuerung.

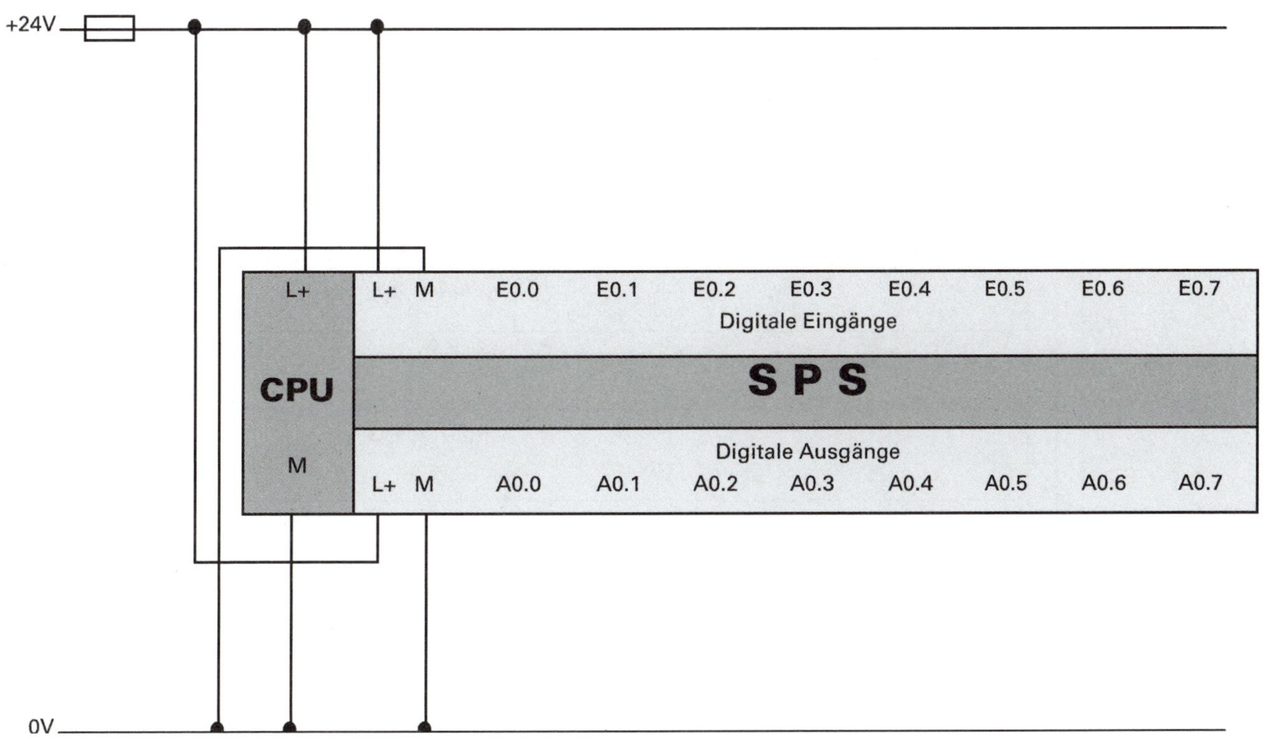

Anschlussplan:

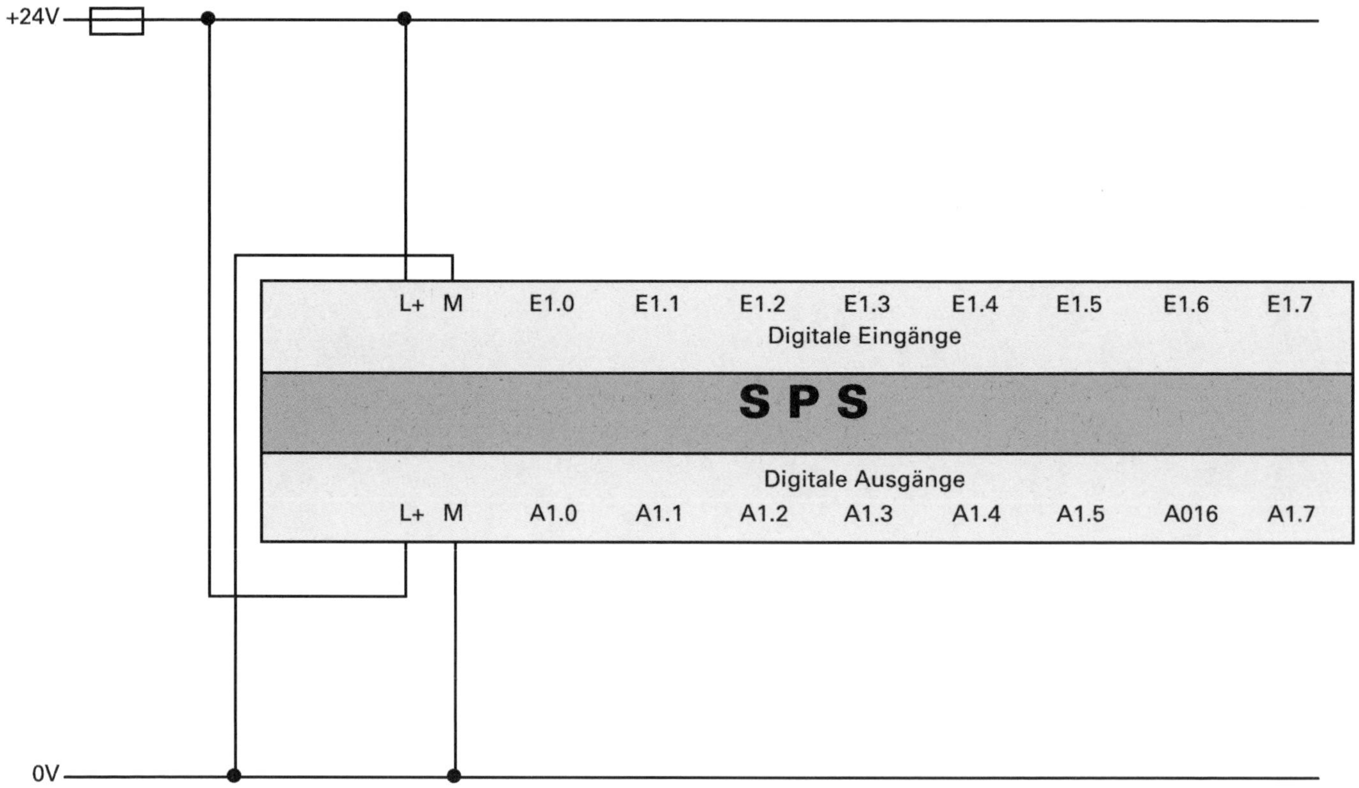

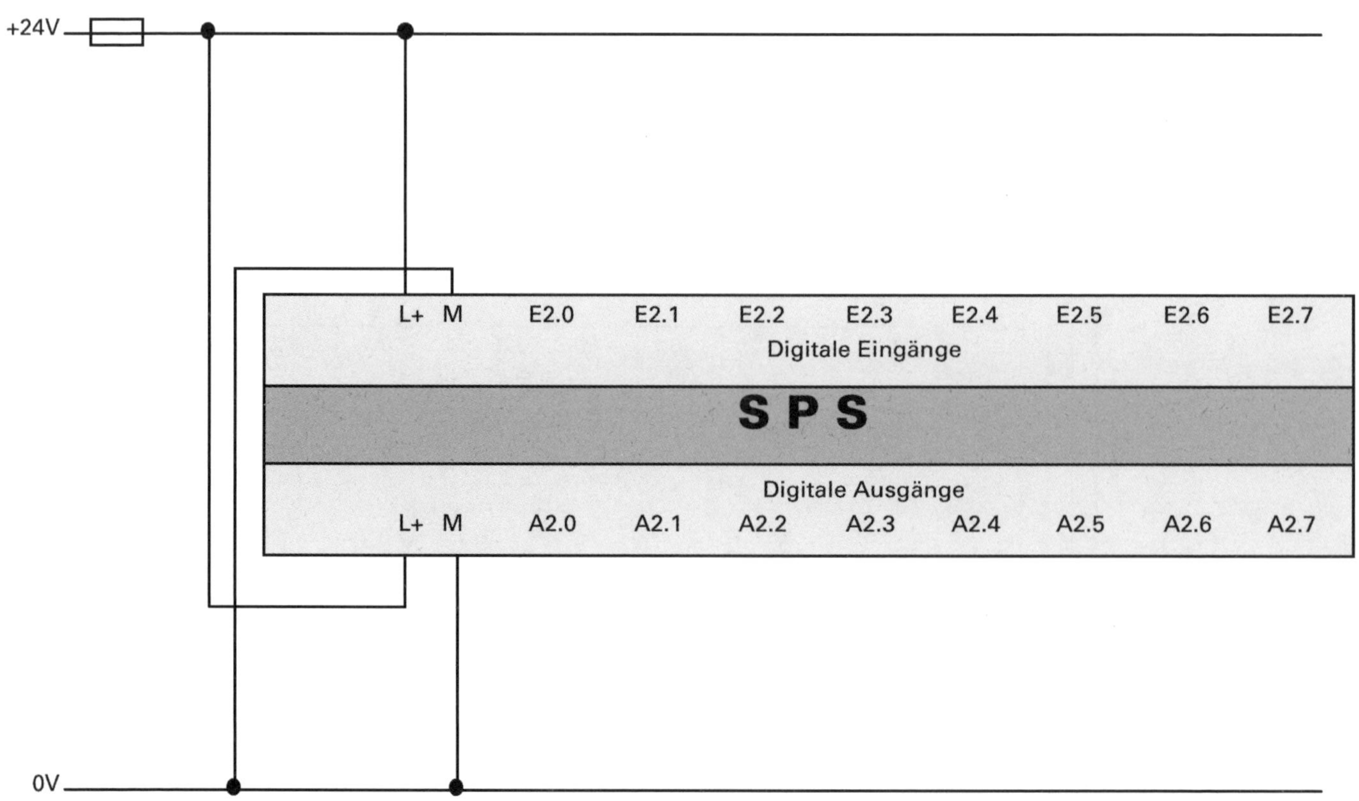

Ablaufkette:

Aufgabe **4** Skizzieren Sie die Ablaufkette nach GRAFCET.

Programmerstellung:

Aufgabe **5** Erstellung Sie das Steuerungsprogramm auf Grundlage der Ablaufkette.

Simulation:

Aufgabe **6** Erstellen Sie eine Simulation der Kreuzung mit SPS-VISU und testen Sie die Steuerung.
Alternativ können Sie das Steuerungsprogramm mit PLCSIM testen.

18.3 Übung: Lackierstraße

Problemstellung

In einer automatischen Lackierstraße werden Kisten lackiert und anschließend getrocknet. Die Anlage besteht aus vier Förderbändern für den Transport, zwei pneumatischen Schiebern für die Umsetzung von einem Förderband auf das nächste und aus 7 Lichtschranken (gelb). Die Anlage kann im Automatikbetrieb und im Handbetrieb gefahren werden.

Technologieschema:

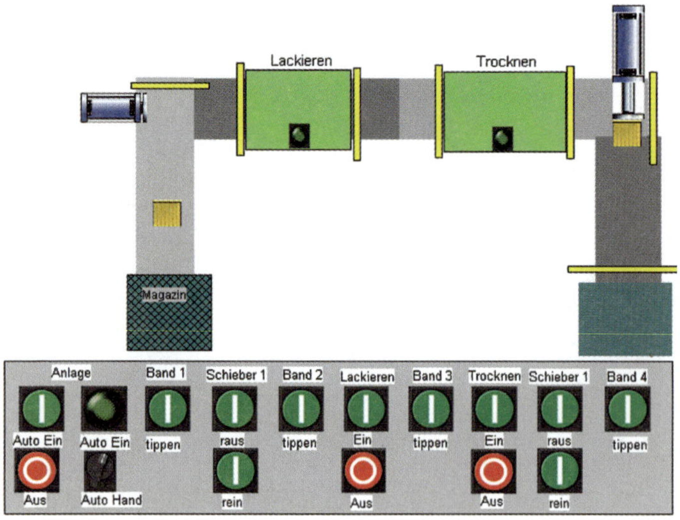

Visualisierungsdatei:
18_Lackieranlage.VIS
auf der Buch-CD

Zuordnungsliste:

Symbol	Operand	Kommentar	Schaltverhalten
B1	E0.0	Lichtschranke bei Zylinder 1	Schließer
B2	E0.1	Endlage Zylinder 1 eingefahren	Schließer
B3	E0.2	Endlage Zylinder 1 ausgefahren	Schließer
B4	E0.3	Lichtschranke vor Lackierung	Schließer
B5	E0.4	Lichtschranke nach Lackierung	Schließer
B6	E0.5	Lichtschranke vor Trocknung	Schließer
B7	E0.6	Lichtschranke nach Trocknung	Schließer
B8	E0.7	Lichtschranke bei Zylinder 2	Schließer
B9	E1.0	Endlage Zylinder 2 eingefahren	Schließer
B10	E1.1	Endlage Zylinder 2 ausgefahren	Schließer
B11	E1.2	Lichtschranke Band 4 Ende	Schließer
S1	E1.3	Anlage ein	Schließer
S2	E1.4	Anlage aus	Öffner
S3	E1.5	Band 1 tippen	Schließer
S4	E1.6	Schieber 1 ausfahren	Schließer
S5	E1.7	Schieber 1 einfahren	Schließer
S6	E2.0	Band 2 tippen	Schließer
S7	E2.1	Lackierung ein	Schließer
S8	E2.2	Lackierung aus	Öffner
S9	E2.3	Band 3 tippen	Schließer
S10	E2.4	Trocknung ein	Schließer
S11	E2.5	Trocknung aus	Öffner

Zuordnungsliste (Fortsetzung):

Symbol	Operand	Kommentar	Schaltverhalten
S12	E2.6	Schieber 2 ausfahren	Schließer
S13	E2.7	Schieber 2 einfahren	Schließer
S14	E3.0	Band 4 tippen	Schließer
S15	E3.1	Wahlschalter Auto-Hand	0 = Auto, 1 = Hand
M1 (Q1)	A0.0	Band 1	–
A1 (M2)	A0.1	Zylinder 1 ausfahren	–
A1 (M3)	A0.2	Zylinder 1 einfahren	–
M4 (Q2)	A0.3	Band 2	–
M5 (Q3)	A0.4	Lackierautomat	–
M6 (Q4)	A0.5	Band 3	–
M7 (Q5)	A0.6	Trocknung	–
A2 (M8)	A0.7	Zylinder 2 ausfahren	–
A2 (M9)	A1.0	Zylinder 2 einfahren	–
M10 (Q6)	A1.1	Band 4	–
P1	A1.2	Meldeleuchte Anlage in Betrieb	–

Aufgaben:

1. Skizieren Sie die Ablaufkette nach GRAFCET zu der Steuerung (nur Automatikbetrieb).
2. Legen Sie ein SPS-Projekt an und erstellen Sie das Steuerungsprogramm zunächst nur für den Automatikbetrieb.
3. Erweitern Sie die Schaltung um den Handbetrieb.
4. Testen Sie das Steuerungsprogramm.

Ablaufkette (GRAFCET):

18.4 Übung: Autowaschanlage

Problemstellung:

Bei einer Autowaschanlage ist durch einen Brand der Schaltschrank zerstört worden. Die neue Steuerung der Anlage soll mit einer SPS realisiert werden. Sie bekommen die Aufgabe, die Steuerung zu planen und zu programmieren.

Technologieschema:

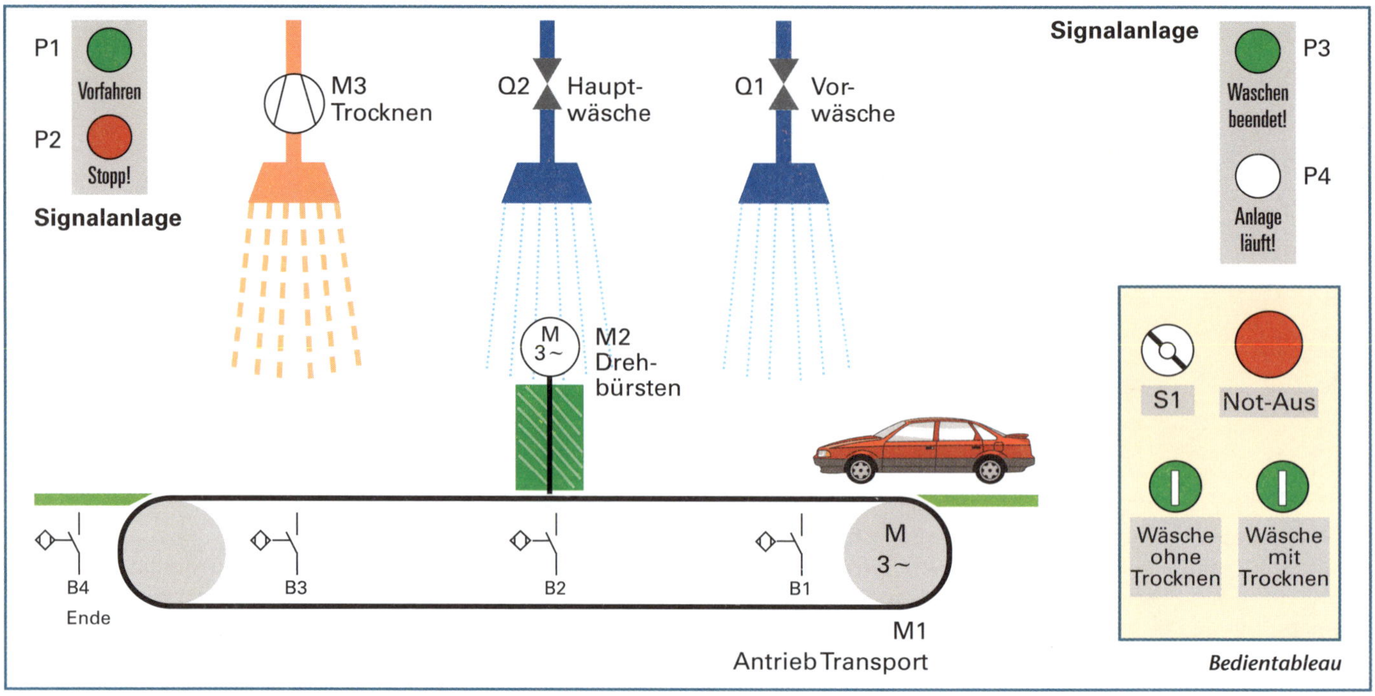

Funktionsbeschreibung:

Über den Schlüsselschalter S1 wird die Anlage betriebsbereit geschaltet. Die Lampe P1 „Vorfahren" signalisiert, dass das Auto weiter vorgefahren werden kann. Wird Sensor B1 erreicht, wird dem Fahrer durch P2 „Stopp" signalisiert, dass die Startposition erreicht ist. Durch die Taster S2 bzw. S3 wird der Waschvorgang mit oder ohne Trocknen gestartet.
Der Antrieb M1 zieht das Auto kontinuierlich durch die Waschanlage. Die Sensoren B1 bis B3 (Schließer) starten jeweils die Programmpunkte *Vorwäsche, Hauptwäsche* und ggf. *Trocknen*. Während des gesamten Waschvorgangs leuchtet P4 „Anlage läuft" im Sekundentakt. P2 leuchtet ebenfalls während des gesamten Waschvorgangs.
Wird Sensor B4 erreicht, signalisiert P3, dass der Waschvorgang beendet ist. P1 leuchtet wieder auf, um den nächsten Waschvorgang beginnen zu können.
Löst einer der Motorschutzschalter (Öffner) der Motoren M1 bis M3 aus, so wird die Anlage gestoppt und die Lampen P2 und P3 blinken im Sekundentakt.
Wird der NOT-AUS-Schalter S0 betätigt, muss die Anlage sofort stoppen.

Zuordnungsliste:

Aufgabe **1** Ergänzen Sie Zuordnungsliste.

Symbol	Operand	Kommentar	Schaltverhalten
S0, Q6-Q8	E 124.0	Sicherheitskette (Not-Aus, 3 x Motorschutzschalter)	jeweils Öffner
S1	E 124.1	Schlüsselschalter	Schließer

Zuordnungsliste (Fortsetzung):

Symbol	Operand	Kommentar	Schaltverhalten

Anschlussplan:

Aufgabe 2 Ergänzen Sie den Anschlussplan.

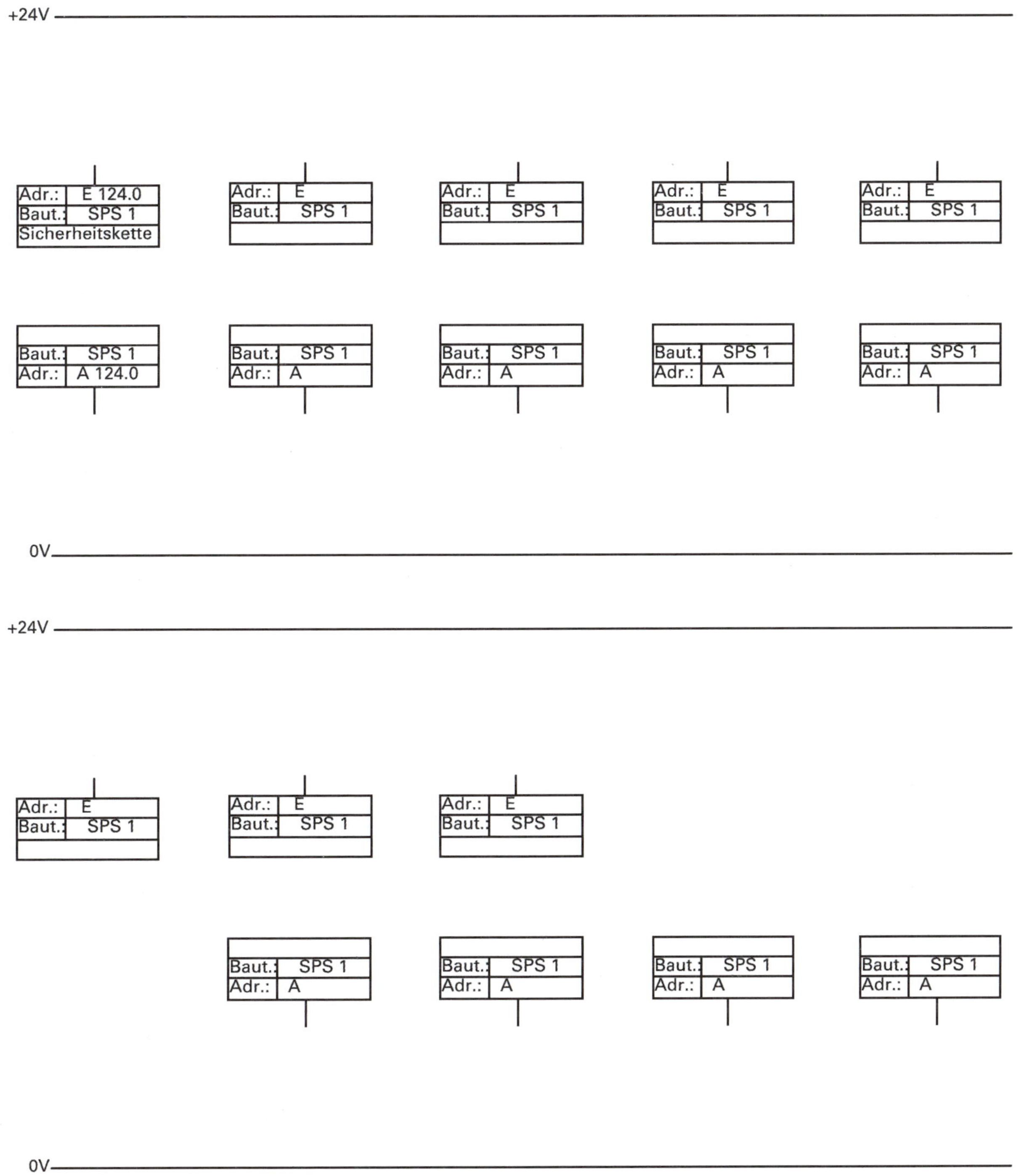

Ablaufkette:

Aufgabe 4 Skizzieren Sie die Ablaufkette nach GRAFCET.

Programmerstellung:

Aufgabe 4 Legen Sie ein Step7-Projekt an und erstellen Sie das Steuerungsprogramm

Simulation:

Aufgabe 5 Testen Sie das Steuerungsprogramm mit PLCSIM.

19 Übersicht Befehle unter Step7

Bitverknüpfungen

)	Verzweigung schließen
=	Zuweisung
CLR	Rücksetze VKE =0
FN	Flanke negativ
FP	Flanke positiv
NOT	Negiere VKE
O	Oder
O	Und vor Oder
O(	Oder mit Verzweigung
ON	Oder Nicht
ON(	Oder Nicht mit Verzweigung
R	Rücksetze
S	Setze
SAVE	Sichere VKE im BIE-Bit
SET	Setze
U	Und
U(	Und mit Verzweigung
UN	Und Nicht
UN(	Und Nicht mit Verzweigung
X	Exklusiv Oder
X(	Exklusiv Oder mit Verzweigung
XN	Exklusiv Oder Nicht
XN	Exklusiv Oder Nicht mit Verzweigung

Zeiten

FR	Freigabe Timer
L	Lade aktuellen Zeitwert als Ganzzahl in AKKU 1 (der aktuelle Zeitwert kann eine Zahl im Bereich von 0 bis 255 sein, zum Beispiel: L T 32)
LC	Lade aktuellen Zeitwert als BCD in AKKU 1 (der aktuelle Zeitwert kann eine Zahl im Bereich von 0 bis 255 sein, zum Beispiel: LC T 32)
R	Rücksetze Timer (der aktuelle Timer kann eine Zahl im Bereich von 0 bis 255 sein, zum Beispiel: R T 32)
SA	Zeit als Ausschaltverzögerung
SE	Zeit als Einschaltverzögerung
SI	Zeit als Impuls
SS	Zeit als speichernde Einschaltverzögerung
SV	Zeit als verlängerter Impuls

Zähler

FR	Freigabe Zähler (Frei, FR Z 0 zu Z 255)
L	Lade aktuellen Zählerwert als Ganzzahl in AKKU 1 (der aktuelle Zählerwert kann eine Zahl im Bereich von 0 bis 255 sein, zum Beispiel: L Z 15)
LC	Lade aktuellen Zählerwert als BCD in AKKU 1 (der aktuelle Zählerwert kann eine Zahl im Bereich von 0 bis 255 sein, zum Beispiel: LC Z 15)
R	Rücksetze Zähler (der aktuelle Zähler kann eine Zahl von 0 bis 255 sein, zum Beispiel: R Z 15)
S	Setze Zählerstartwert (der aktuelle Zähler kann eine Zahl im Bereich von 0 bis 255 sein, zum Beispiel: S Z 15)
ZR	Zählen rückwärts

Vergleichsfunktionen

? D	Vergleiche Ganzzahlen (32 Bit) ==,<>,<,>,<=,>=
? R	Vergleiche Gleitpunktzahlen (32 Bit) ==,<>,<,>,<=,>=
? I	Vergleiche Ganzzahlen (16 Bit) ==,<>,<,>,<=,>=

Mathematische Funktionen

*D	Multipliziere AKKU 1 und 2 als Ganzzahl (32 Bit)
*I	Multipliziere AKKU 1 und 2 als Ganzzahl (16 Bit)
*R	Multipliziere AKKU 1 und 2 als Gleitpunktzahl (32 Bit)
/D	Dividiere AKKU 2 durch 1 als Ganzzahl (32 Bit)
/I	Dividiere AKKU 2 durch 1 als Ganzzahl (16 Bit)
/R	Dividiere AKKU 2 durch 1 als Gleitpunktzahl (32 Bit)
+	Addiere Ganzzahlkonstante (16, 32 Bit)
+D	Addiere AKKU 1 und 2 als Ganzzahl (32 Bit)
+I	Addiere AKKU 1 und 2 als Ganzzahl (16 Bit)
+R	Addiere AKKU 1 und 2 als Gleitpunktzahl (32 Bit)
-D	Subtrahiere AKKU 1 von 2 als Ganzzahl (32 Bit)
-I	Subtrahiere AKKU 1 von 2 als Ganzzahl (16 Bit)
-R	Subtrahiere AKKU 1 von 2 als Gleitpunktzahl (32 Bit)
MOD	Divisionsrest Ganzzahl (32 Bit)
ABS	Absolutwert einer Gleitpunktzahl (32 Bit, IEEE-FP)
ACOS	Bilden des Arcuscosinus einer Gleitpunktzahl (32 Bit)
ASIN	Bilden des Arcussinus einer Gleitpunktzahl (32 Bit)
ATAN	Bilden des Arcustangens einer Gleitpunktzahl (32 Bit)
CALCULATE	frei definierbare mathematische Funktion
COS	Bilden des Cosinus eines Winkels als Gleitpunktzahl (32 Bit)
EXP	Bilden des Exponentialwerts einer Gleitpunktzahl (32 Bit)
LN	Bilden des natürlichen Logarithmus einer Gleitpunktzahl (32 Bit)
SIN	Bilden des Sinus eines Winkels als Gleitpunktzahl (32 Bit)
SQR	Bilden des Quadrats einer Gleitpunktzahl (32 Bit)
SQRT	Bilden der Quadratwurzel einer Gleitpunktzahl (32 Bit)
TAN	Bilden des Tangens eines Winkels als Gleitpunktzahl (32 Bit)

Akku-Befehle

+AR1	Addiere AKKU 1 zum Adressregister 1
+AR2	Addiere AKKU 1 zum Adressregister 2
BLD	Bildbefehl (Nulloperation)
DEC	Dekrementiere AKKU 1
ENT	Enter AKKU-Stack
INC	Inkrementiere AKKU 1
LEAVE	Leave AKKU-Stack
NOP 0	Nulloperation 0
NOP 1	Nulloperation 1

Akku-Befehle (Fortsetzung)

POP	POP CPU mit vier Akkus
POP	POP CPU mit zwei Akkus
PUSH	PUSH CPU mit vier Akkus
PUSH	PUSH CPU mit zwei Akkus
TAK	Tausche AKKU 1 mit AKKU 2

Datenbaustein-Befehle

AUF	Aufschlage Datenbaustein
L DBLG	Lade Länge Global-DB in AKKU 1
L DBNO	Lade Nummer Global-DB in AKKU 1
L DILG	Lade Länge Instanz-DB in AKKU 1
L DINO	Lade Nummer Instanz-DB in AKKU 1
TDB	Tausche Global-DB und Instanz-DB

Laden/Transferieren

L	Lade
L STW	Lade Statuswort in AKKU 1
LAR1 AR2	Lade Adressregister 1 mit Inhalt von Adressregister 2
LAR1	Lade Adressregister 1 mit Inhalt von AKKU 1
LAR1 <D>	Lade Adressregister 1 mit Pointer (32 Bit-Format)
LAR2 <D>	Lade Adressregister 2 mit Ganzzahl (32 Bit)
LAR2	Lade Adressregister 2 mit Inhalt von AKKU 1
T	Transferiere
T STW	T STWTransferiere AKKU 1 in Statuswort
TAR	Tausche Adressregister 1 mit 2
TAR1 AR2	Transferiere Adressregister 1 in Adressregister 2
TAR1	Transferiere Adressregister 1 in AKKU 1
TAR1 <D>	Transferiere Adressregister 1 nach Zieladresse (32-Bit-Pointer)
TAR2	Transferiere Adressregister 2 in AKKU 1
TAR2 <D>	Transferiere Adressregister 2 nach Zieladresse (32-Bit-Pointer)

Programmsteuerung

)MCR	Beende MCR-Bereich
BE	Bausteinende
BEA	Bausteinende absolut
BEB	Bausteinende bedingt
CALL	Bausteinaufruf
CC	Bedingter Bausteinaufruf
MCR(	Sichere VKE im MCR-Stack Beginn MCR-Bereich
MCRA	Aktiviere MCR-Bereich
MCRD	Deaktiviere MCR-Bereich
UC	Unbedingter Bausteinaufruf

Schieben/Rotieren

RLD	Rotiere links Doppelwort (32 Bit)
RLDA	Rotiere Akku 1 links über Al-Anzeige (32 Bit)
RRD	Rotiere rechts Doppelwort (32 Bit)
RRDA	Rotiere Akku 1 links über A1-Anzeige (32 Bit)
SLD	Schiebe links Doppelwort (32 Bit)
SLW	Schiebe links Wort (16 Bit)
SRD	Schiebe rechts Doppelwort (32 Bit)

Schieben/Rotieren (Fortsetzung)

SRW	Schiebe rechts Wort (16 Bit)
SSD	Schiebe Vorzeichen rechts Ganzzahl (32 Bit)
SSI	Schiebe Vorzeichen rechts Ganzzahl (16 Bit)

Sprungbefehle

LOOP	Programmschleife
SPA	Springe absolut
SPB	Springe, wenn VKE = 1
SPBB	Springe, wenn VKE = 1 und rette VKE ins BIE
SPBI	Springe, wenn BIE = 1
SPBIN	Springe, wenn BIE = 0
SPBN	Springe, wenn VKE = 0
SPBNB	Springe, wenn VKE = 0 und rette VKE ins BIE
SPL	Sprungleiste
SPM	Springe, wenn Ergebnis < 0
SPMZ	Springe, wenn Ergebnis <= 0
SPN	Springe, wenn Ergebnis <> 0
SPO	Springe, wenn OV = 1
SPP	Springe, wenn Ergebnis > 0
SPPZ	Springe, wenn Ergebnis >= 0
SPS	Springe, wenn OS = 1
SPU	Springe, wenn Ergebnis ungültig
SPZ	Springe, wenn Ergebnis = 0

Umwandlungsbefehle

BTD	BCD wandeln in Ganzzahl (32 Bit)
BTI	BCD wandeln in Ganzzahl (16 Bit)
DTB	Ganzzahl (32 Bit) in BCD wandeln
DTR	Ganzzahl (32 Bit) wandeln in Gleitpunktzahl (32 Bit, IEEE-FP)
CONVERT	Wert konvertieren
INVD	1-Komplement-Ganzzahl (32 Bit)
INVI	1-Komplement-Ganzzahl (16 Bit)
ITB	Ganzzahl (16 Bit) wandeln in BCD
ITD	Ganzzahl (16 Bit) wandeln in Ganzzahl (32 Bit)
NEGD	2-Komplement-Ganzzahl (32 Bit)
NEGI	2-Komplement-Ganzzahl (16 Bit)
NEGR	Negiere Gleitpunktzahl (32 Bit, IEEE-FP)
RND	Runden einer Gleitpunktzahl zur Ganzzahl
RND-	Runden einer Gleitpunktzahl zur nächst niedrigeren Ganzzahl
RND+	Runden einer Gleitpunktzahl zur nächst höheren Ganzzahl
TAD	Tausche Reihenfolge der Bytes im AKKU 1 (32 Bit)
TAW	Tausche Reihenfolge der Bytes im AKKU 1-L (16 Bit)
TRUNC	Runden einer Gleitpunktzahl durch Abschneiden

Wortverknüpfungen

OD	ODER-Doppelwort (32 Bit)
OW	ODER-Wort (16 Bit)
UD	UND-Doppelwort (32 Bit)
UW	UND-Wort (16 Bit)
XOD	EXKLUSIV-ODER-Doppelwort (32 Bit)
XOW	EXKLUSIV-ODER-Wort (16 Bit)

20 Sachwortverzeichnis

Bild und Textquellen

Die nachfolgenden Firmen haben den Autor dieses Buches durch Druckschriften, Bilder und Software sowohl bei der textlichen als auch bei der bildlichen Ausgestaltung unterstützt.
Es wird Ihnen hierfür an dieser Stelle herzlich bedankt.

Beckhoff Automation GmbH	33415 Verl
MHJ-Software	75015 Bretten
Eaton Electric GmbH	53115 Bonn
Omron Electronics GmbH	40764 Langenfeld
Phoenix Contact GmbH & Co KG	32823 Blomberg
Siemens AG	90475 Nürnberg

Literatur und Downloads

1. Alles über AS-Interface, Siemens AG, Erlangen
2. AS-Interface – Das Aktor-Sensor-Interface für die Automation, R. Becker, AS-International Association, Gelnhausen
3. Ausbildungsunterlagen für die durchgängige Automatisierungslösung Totally Integrated Automation (TIA), Siemens AG, Erlangen
4. Automatisieren mit SIMATIC S7-300 im TIA-Portal, Hans Berger, Siemens Publics Publishing, Erlangen 2012
5. Automatisieren mit Speicherprogrammierbaren Steuerungen, M. Diernfelder, K. Machalek, P. Roersch, Moeller GmbH Bonn
6. Automatisieren mit Step7 in AWL, H. Berger, Siemens AG, Erlangen 2004
7. Automatisieren mit SPS – Theorie und Praxis, G. Wellenreuther, D. Zastrow, Vieweg Verlag, Wiesbaden 2011
8. Crashkurs GRAFCET, B. Plagemann, Dr. Ing. Paul Christiani GmbH Co. KG Konstanz
9. Fachkunde Elektrotechnik, Verlag Europa-Lehrmittel, Haan-Gruiten 2008
10. Step7 – Dokumentation – Referenzhandbücher, Siemens AG Nürnberg
11. GRAFCET, G. Schmidt, Festo Didactics Gmbh Co. KG Denkendorf 2007
12. http://support.automation.siemens.com
13. LOGO!, H. Tapken, Verlag Europa-Lehrmittel, Haan-Gruiten 2013
14. Profibus, Profibus Nutzerorganisation e.V. Karlsruhe
15. SPS-Aufbaukurs mit SIMATIC S7, J. Kaftan, Vogel Buchverlag, Würzburg 2006
16. Steuern und Regeln, Verlag Europa-Lehrmittel, Haan-Gruiten 2008
17. Tabellenbuch Elektrotechnik, Verlag Europa-Lehrmittel, Haan-Gruiten 2009
18. www.beckhoff.com
19. www.industrial.omron.eu
20. www.mhj-software.com
21. www.eaton.de
22. www.interbusclub.com
23. www.phoenixcontact.com
24. www.profibus.com
25. www.siemens.de
26. www.siemens.de/simatic-doku (SIMATIC-Handbücher)